STARK IN...

Mathematik

Oberstufe

Schroedel

Stark in Mathematik
Oberstufe

Bearbeitet von
Anneliese Angendohr, Ludwig Augustin, Prof. Dr. Eugen Bauhoff, Rolf Breiter, Heinz Fehrmann, Andrea Gotsche-Drötboom, Walter Kaub, Sybille Stefener, Susanne Steinmeier

in Zusammenarbeit mit der Verlagsredaktion

Zum Schülerband erscheinen:
Arbeitsheft O1 Best. Nr. 43313
Arbeitsheft O2 Best. Nr. 43314
Arbeitsheft O3 Best. Nr. 43315
Materialien für Lehrerinnen und Lehrer Best. Nr. 43322
Lösungen Best. Nr. 43324

Druck A ^{16} / Jahr 2016
Alle Drucke der Serie A sind im Unterricht parallel verwendbar.

Umschlaggestaltung: Jürgen Kochinke
Innenlayout: Helke Brandt
Illustrationen: Dietmar Griese; Zeichnungen: Günter Schlierf
Satz: DTP Heimservice Gundolf Porr, 76726 Germersheim
Druck und Bindung: westermann druck GmbH, Braunschweig

ISBN 978-3-507-**43302**-1

Inhaltsverzeichnis

Bildquellenverzeichnis

Seite 10 Zefa-Index Stock, Hamburg; Seite 11 Mauritius-Arthur, Mittenwald; Seite 12, 126 Deutsche Bahn AG, Berlin; Seite 25, 32 Action press, Hamburg; Seite 35 (Königstiger), Seite 129 (Ameisenhaufen), 201 (Guppy), 228 (Pfau) Toni Angermayer, Holzkirchen; Seite 35 (Wanderfalke), 201 (Panzerwels, Roter Neon) Reinhard Tierfoto, Heiligkreuzsteinach; Seite 41 (Schere), 207 (Anzeigetafel) Zefa-Hackenberg, Hamburg; Seite 41 (Uhr) Mauritius-Habel, Mittenwald; Seite 41 (Skispringer) TCL/Bavaria, Gauting; Seite 41 (Drachenflieger), 207 (Flugzeug), 210 (Öresundbrücke), 212, 213, 215 (Petersplatz), 217, 222, 233 (Karussell), 242 (Sporthalle), 246, 266 dpa, Frankfurt; Seite 41 (Leiter, Schiene, Gartentor, Kran, Schranke), 42, 43, 58, 98, 108, 160, 190 (Schüler), 194, 198, 235, 254 Hartmut Freese, Steinhude; Seite 48, 228 (Getränk), 261 (Großraumbüro) Mauritius-Rosenfeld, Mittenwald; Seite 85 (Feuerbohne) Jaenicke; Seite 85 (Zollstock) Dieter Rixe, Braunschweig; Seite 100 Mauritius-Elsen, Mittenwald; Seite 115 (Kartoffeln) Lederer/Bavaria, Gauting; Seite 115 (Tomaten) Tschanz-Hofmann/Bavaria, Gauting; Seite 124 Zefa-Mollenhauer, Hamburg; Seite 130 Georg Kaiser; Seite 162 (Segelboot) Günter Zucchi-Interfoto, München; Seite 162 (Windsurferin), 214 Zefa-Rosenbach, Hamburg; Seite 175 Mauritius-Speedy, Mittenwald; Seite 181 Astrofoto, Sörth; Seite 190 (Gemüse) Zefa-Heilmann, Hamburg; Seite 199 Deutsche Post AG, Bonn; Seite 201 (Aquarium) Niedersächsisches Landesmuseum, Hannover; Seite 209 (Boeing 737) Zefa-Deuter, Hamburg; Seite 209 (Airbus 310, Airbus 380) EADS Airbus GmbH, Hamburg; Seite 210 (Ferienhaus) Mauritius-Hennig, Mittenwald; Seite 215 (Kolosseum) Vega/Bavaria, Gauting; Seite 227 Mauritius-Phipp, Mittenwald; Seite 228 (Bäume) IFA Bilderteam-E.Pott, Düsseldorf; Seite 228 (Schraube) Zefa-Hirdes, Hamburg; Seite 228 (Spiegelei) Zefa-TH-Foto, Hamburg; Seite 228 (Uhr) Mauritius-Kratz, Mittenwald; Seite 228 (CD) Mauritius-Hackenberg, Mittenwald; Seite 228 (Herdplatten) AEG, Nürnberg; Seite 228 (Autoreifen) Continental AG, Hannover; Seite 233 (Traktor) Mauritius-Ziechau, Mittenwald; Seite 237 IFA-Bilderteam-Deuter, Düsseldorf; Seite 238 R. Großkopf-Interfoto, München; Seite 240 (Handball) Sven Simon, Essen; Seite 240 (Leichtathletik) IFA-Bilderteam-Int. Stock, Düsseldorf; Seite 240 (Tennis) Mauritius-Pega, Mittenwald; Seite 240 (Fußball) Zefa-Madison, Hamburg; Seite 242 (Landschaft) Uwe Muuß, Kiel; Seite 245, 247, 261 (Scannerkasse) Mauritius-Ripp, Mittenwald; Seite 248 Mauritius-Hubatka, Mittenwald; Seite 261 (Computerunterricht) Zefa-Enzinger, Hamburg; Seite 261 (Überwachungsraum) Mauritius-AGE, Mittenwald; Seite 264 Torsten Warmuth, Berlin; Seite 267 Zefa-Seitz, Hamburg.

Rechnen bis 10 000

Zahlen ordnen und vergleichen

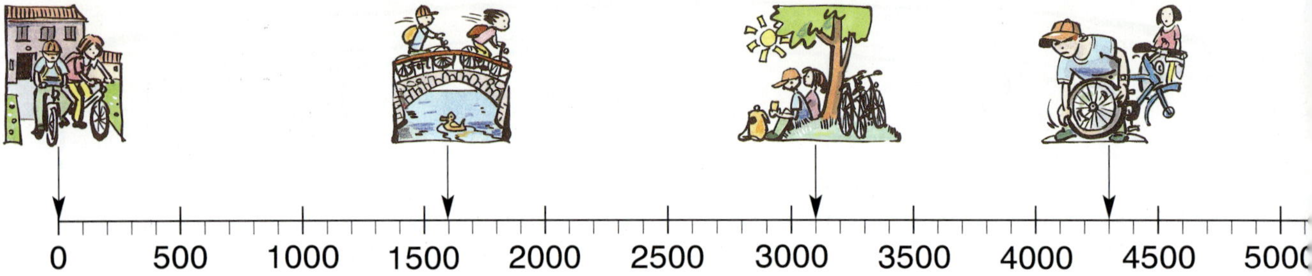

1 a) Beschreibe die Fahrradtour von Christoph und Pia.
b) Wie heißen die Zahlen bei den Pfeilen?

2 Zeige auf der Wegstrecke folgende Stellen.

a) 1 000, 3 000, 5 000, 7 000, 9 000
b) 500, 4 500, 5 500, 7 500, 9 500
c) 800, 2 200, 5 800, 7 300, 9 400
d) 600, 1 800, 3 600, 6 200, 8 400

3 Schreibe zu jeder Zahl die Nachbartausender auf.

4 000 | 4 300 | 5 000

a) 1 400, 3 700, 8 200, 6 600, 2 900, 9 300
b) 2 170, 5 650, 9 423, 3 224, 8 615, 1 514

4 Wie heißen die Zahlen bei den Fahnen?
Zwischen welchen Hundertern liegen sie?

6 200 | 6 210 | 6 300

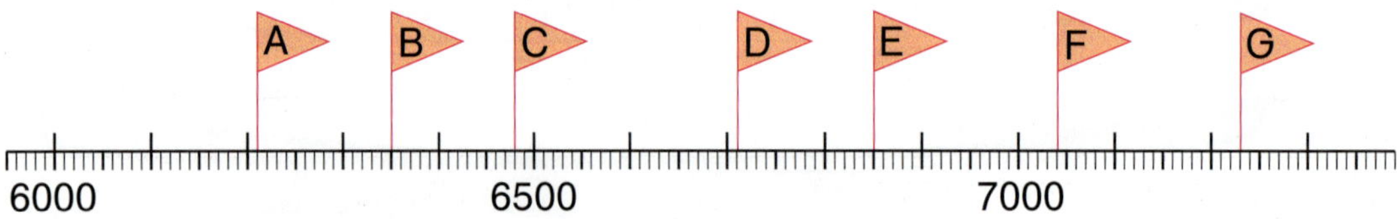

5 Wie heißt der Vorgänger, wie heißt der Nachfolger?

4 273 | 4 274 | 4 275

a) 3 462, 2 935, 6 579, 1 631, 5 849, 7 920
b) 2 790, 5 299, 4 670, 6 801, 3 700, 1 999
c) 5 100, 3 000, 8 999, 6 000, 9 999, 8 400

6 Vervollständige die Zahlenreihen und schreibe sie in dein Heft.

a)	3 300	3 400								4 200
b)	5 800	5 900								6 700
c)	1 700	1 800								2 600
d)	4 640	4 650								4 730
e)	8 970	8 980								9 060

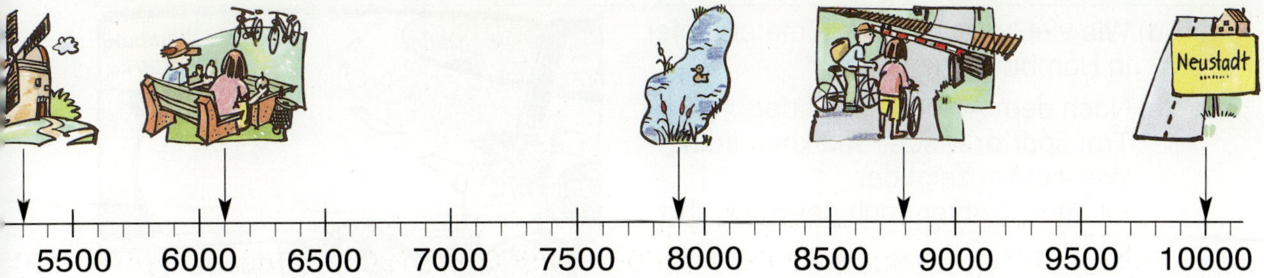

1 Vervollständige auch diese Reihen und schreibe sie in dein Heft.

a)	6700	6600							5800
b)	2200	2100							1300
c)	9400	9300							8500
d)	1300	1200							400
e)	8520	8510							8430

2 Setze ein: > (größer); < (kleiner); = (gleich)

a) 2170 ☐ 5380
4235 ☐ 1816
6728 ☐ 3539
3924 ☐ 6217

b) 3280 ☐ 3790
5924 ☐ 5948
1630 ☐ 1230
2365 ☐ 2365

c) 7815 ☐ 7820
4236 ☐ 4239
9999 ☐ 9998
2001 ☐ 2000

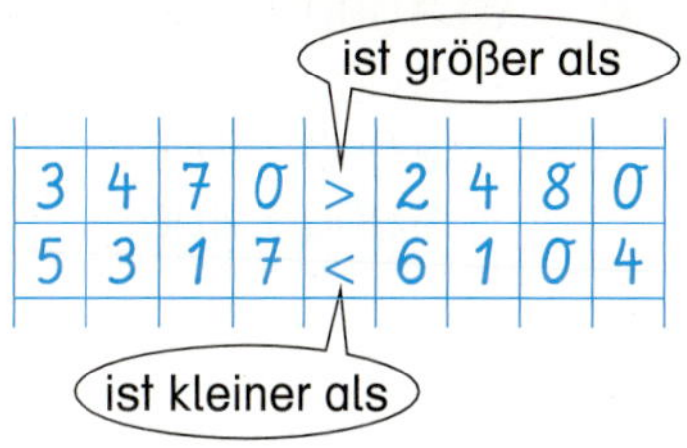

3 Ordne nach der Größe.
Beginne mit der kleinsten Zahl.

a) 3420 6870 4290 1970
b) 2960 5340 9710 7190
c) 4315 2926 4837 3508
d) 1316 3625 3242 1761
e) 6565 6865 5650 5850
f) 9001 9101 9910 8910

4 Bilde mindestens 6 verschiedene Zahlen und schreibe sie wie im Beispiel auf.

a) b)

Addieren und Subtrahieren

1 a) Wie viel km wird der Kilometerzähler in Hamburg anzeigen?

b) Nach dem Abladen fährt der Transporter wieder 300 km zurück. Wie viel km zeigt der Kilometerzähler nach der Rückfahrt an?

2

a)	b)	c)	d)
400 + 500	5 000 + 2 000	800 – 300	4 000 – 2 000
200 + 700	1 000 + 4 000	600 – 400	6 000 – 3 000
800 + 100	3 000 + 5 000	700 – 200	8 000 – 5 000
600 + 400	7 000 + 2 000	900 – 500	5 000 – 4 000

3

a)	b)	c)	d)
3 000 + 400	7 000 + 200	4 200 + 600	5 800 + 100
6 000 + 700	9 000 + 600	3 500 + 300	1 100 + 700
2 000 + 500	4 000 + 100	1 200 + 700	8 400 + 400
5 000 + 800	8 000 + 300	6 300 + 500	9 200 + 600

4

a)	b)	c)	d)
3 800 – 600	5 600 – 400	3 000 – 600	4 000 – 500
4 500 – 300	8 800 – 700	5 000 – 200	7 000 – 400
6 700 – 500	9 200 – 100	2 000 – 100	10 000 – 300
1 900 – 300	7 500 – 400	6 000 – 300	9 000 – 700

5

a)	b)	c)	d)
2 400 + 3 000	3 500 + 3 000	6 400 – 2 000	7 600 – 5 000
4 800 + 2 000	6 200 + 2 000	8 500 – 4 000	9 800 – 4 000
5 100 + 4 000	7 900 + 1 000	1 900 – 1 000	4 200 – 3 000
1 700 + 6 000	4 300 + 5 000	5 300 – 3 000	5 700 – 5 000

6

a)	3 000	+	5 000	500	50	5	4 000	400	40	4
b)	6 000	+	2 000	200	20	2	3 000	300	30	3
c)	2 000	+	6 000	600	60	6	8 000	800	80	8
d)	4 000	–	3 000	300	30	3	1 000	100	10	1
e)	7 000	–	1 000	100	10	1	2 000	200	20	2
f)	9 000	–	4 000	400	40	4	6 000	600	60	6

1

a) 3 900 + 200
5 800 + 400
2 700 + 400
4 600 + 600

b) 7 500 + 700
6 800 + 500
8 500 + 600
1 400 + 800

c) 4 100 – 200
6 300 – 400
3 200 – 500
1 400 – 600

d) 9 500 – 700
7 300 – 600
2 600 – 800
1 200 – 500

2

a) 2 400 + 1 200
4 300 + 2 300
3 100 + 5 400
5 200 + 2 600

b) 6 600 + 1 300
4 500 + 3 100
8 200 + 1 700
7 700 + 2 200

c) 4 900 – 1 300
6 700 – 3 500
5 800 – 1 500
7 600 – 4 200

d) 8 300 – 5 100
9 600 – 2 400
3 900 – 2 800
2 600 – 1 500

3

Eine Firma hat 9 500 Lackdosen bestellt.
Es werden nur 4 100 Lackdosen geliefert.
Wie viele Lackdosen müssen nachgeliefert werden?

4

a) 2 500 + □ = 3 000
4 800 + □ = 5 000
8 200 + □ = 9 000
1 300 + □ = 2 000

b) 2 300 + □ = 3 300
4 500 + □ = 6 500
3 400 + □ = 5 400
6 100 + □ = 9 100

c) 1 800 + □ = 2 100
5 900 + □ = 6 400
900 + □ = 1 800
4 700 + □ = 8 800

5

Jeder Lkw kann 7 500 kg laden.
Wie viel kg können jeweils noch zugeladen werden?

a) 

b) 

c) 

d) 

6

a)	3 000	+	80	120	230	60	910	50	490	30
b)	7 700	+	90	140	300	30	240	80	270	50
c)	4 200	+	70	250	600	90	310	20	800	30
d)	5 500	–	60	400	200	80	100	20	500	50
e)	2 400	–	50	200	300	20	400	80	100	40
f)	8 700	–	80	300	500	10	100	70	700	90

Schriftliches Addieren

1 Peter kauft einen PC und einen Monitor.
Wie viel € muss er bezahlen?

```
  1099
+  280
   1
  ----
  1379
```

2

a)	b)	c)	d)	e)	f)
6010 + 3680	106 + 1803	1621 + 270	2330 + 6569	761 + 2408	3142 + 4624

3

a)	b)	c)	d)	e)	f)
3478 + 1414	5729 + 2435	4817 + 337	663 + 3652	2048 + 3566	483 + 2427

4 Rechne schriftlich.

a)	3416	+	1238	325	2754	4093	806	1907	2009	847
b)	5092	+	3026	1547	239	4350	2245	965	4908	592
c)	874	+	6142	918	7009	3316	4530	126	947	3290
d)	4250	+	5750	2061	4775	1459	1250	800	5075	4958

5

a)	b)	c)	d)	e)
2417	3028	5309	3008	1578
1241	2454	278	2643	397
+ 4231	+ 1212	+ 2421	+ 270	+ 4302

6

a) 2438 + 3293 + 607
4082 + 2449 + 1399
3715 + 765 + 4034
5190 + 1014 + 921

b) 2427 + 1813 + 265
5081 + 373 + 1312
4916 + 2035 + 2806
573 + 5760 + 3427

c) 6509 + 1672 + 2034
5824 + 3176 + 1000
676 + 3250 + 1973
9083 + 247 + 199

7 Wie viel kg hat jeder Lkw geladen?

a) b) c)

Schriftliches Subtrahieren

1 Katrin hat 1495 € auf dem Sparbuch.
Sie kauft eine Stereoanlage.
Wie viel € behält sie übrig?

	1	4	9	5
–		4	6	8
			1	
	1	0	2	7

2
a) 9625 – 2413
b) 4628 – 2510
c) 3437 – 2127
d) 6543 – 402
e) 7359 – 5018
f) 8645 – 2314

3
a) 5372 – 3148
b) 7615 – 2453
c) 4153 – 1708
d) 8420 – 915
e) 3706 – 692
f) 9001 – 2018

4 Rechne schriftlich.

a)	5267	–	1143	2134	129	3112	3406	304	2038	2702
b)	8428	–	5276	827	4258	4230	219	2408	3428	3009
c)	6840	–	2425	6307	1567	581	3680	6359	381	241
d)	7065	–	3162	4019	865	619	5437	1024	4049	6038

5 Rechne schriftlich.

a) 10000 – 4825
6413 – 2904
4081 – 1417
8950 – 6288

b) 7308 – 614
2500 – 1923
3726 – 2446
5817 – 3408

c) 9005 – 3234
2419 – 1875
5612 – 736
4803 – 2599

d) 6274 – 3004
5816 – 1875
3960 – 1879
10000 – 625

6 Ein Lkw hat 6500 Flaschen geladen.
Eine Limonadenfabrik erhält 2750 Flaschen.
Wie viele Flaschen bleiben übrig?

7 Eine Baustoffhandlung hat 9500 Pflastersteine auf Lager.
In einer Woche werden 7485 Pflastersteine verkauft.
Wie viele Pflastersteine sind noch auf Lager?

Multiplizieren

1 a) Ein ICE fährt die Strecke Dortmund – Berlin. Wie viel km fährt der Zug bei der Hin- und Rückfahrt?

b) Der ICE fährt 6-mal in einer Woche hin und zurück. Wie viel km sind das insgesamt?

Dortmund – Berlin: 500 km

2

a)	b)	c)	d)
4 · 20	3 · 30	5 · 20	2 · 10
4 · 200	3 · 300	5 · 200	2 · 100
4 · 2 000	3 · 3 000	5 · 2 000	2 · 1 000

3

a)	b)	c)	d)
3 · 50	4 · 300	3 · 2 000	70 · 30
5 · 60	6 · 400	5 · 1 000	80 · 20
9 · 40	2 · 700	2 · 4 000	40 · 60
8 · 70	9 · 300	4 · 1 000	50 · 40

4 Wie viel Minuten sind es?

3 h 5 h 2 h 4 h 8 h 10 h 7 h 12 h

5

a)	b)	c)	d)
5 · 2 000	2 · 600	1 · 9 000	7 · 500
6 · 300	3 · 2 000	9 · 200	5 · 800
4 · 600	5 · 300	6 · 400	4 · 2 000
7 · 1 000	8 · 400	8 · 300	8 · 600

6

a) 3 ·	b) 6 ·	c) 5 ·	d) 8 ·
800	700	300	200
600	500	600	500
500	200	900	700
200	800	800	400

7

a)	4	·	300	500	200	700	900	400	800	600
b)	2	·	800	400	300	600	700	200	900	500
c)	9	·	200	400	600	300	700	900	500	800
d)	7	·	500	200	400	700	300	800	600	900
e)	8	·	600	300	800	500	900	200	700	400

Dividieren

1 a) Wie viele Farbdosen sind in jeder kleinen Kiste?
b) Wie viele Farbdosen sind in jeder großen Kiste?

2

a)	b)	c)	d)
36 : 6	27 : 3	20 : 5	32 : 4
360 : 6	270 : 3	200 : 5	320 : 4
3 600 : 6	2 700 : 3	2 000 : 5	3 200 : 4

3

a)	b)	c)	d)
160 : 4	1 200 : 3	1 800 : 6	9 000 : 3
560 : 7	2 400 : 6	4 000 : 5	8 000 : 4
120 : 2	4 500 : 9	2 700 : 9	2 000 : 2
480 : 6	6 300 : 7	2 100 : 3	6 000 : 3

4

a)	b)	c)	d)
3 200 : 8	1 500 : 3	3 600 : 4	8 100 : 9
1 600 : 4	4 200 : 6	3 600 : 9	7 200 : 8
2 800 : 7	6 300 : 9	2 000 : 5	5 400 : 6
3 000 : 5	4 900 : 7	5 600 : 7	4 500 : 5

5 Ein Lkw mit 6 000 kg Ladegewicht wird zur Hälfte beladen.
Wie viel kg Ladung sind das?

6

a) : 2	b) : 3	c) : 5	d) : 8
800	1 200	100	160
1 600	600	2 000	3 200
1 200	1 800	200	240
400	2 400	1 000	4 000

7

a)	1 600	2 800	1 200	800	2 400	2 000	3 200	3 600	:	4
b)	1 800	3 600	4 200	2 400	1 200	4 800	3 000	6 000	:	6
c)	2 700	4 500	6 300	1 800	5 400	3 600	7 200	8 100	:	9
d)	1 400	3 500	2 800	6 300	4 200	3 500	2 100	5 600	:	7

Schriftliches Multiplizieren

1 Eine Jugendgruppe von 8 Schülern plant eine Ferienfahrt.

2

a)	b)	c)	d)
223 · 3	110 · 5	152 · 3	131 · 5
142 · 2	230 · 3	436 · 2	106 · 6
122 · 4	323 · 3	118 · 4	171 · 4
403 · 2	424 · 2	206 · 3	218 · 3

242 · 3
726

3

a)	b)	c)	d)
642 · 7	391 · 4	472 · 6	1234 · 5
583 · 6	507 · 7	893 · 2	2083 · 4
728 · 8	262 · 5	370 · 4	4543 · 2
409 · 9	904 · 8	627 · 5	3078 · 3

4

a)	b)	c)	d)
43 · 50	59 · 40	65 · 50	29 · 40
67 · 30	27 · 70	53 · 80	52 · 60
38 · 40	93 · 50	41 · 90	19 · 80
86 · 20	74 · 60	78 · 30	83 · 20

64 · 20
128
00
1280

5 Wie viel € kosten alle Spiele zusammen?

Mathewerkstatt: Rechenschieber

1 So baust du einen Rechenschieber:

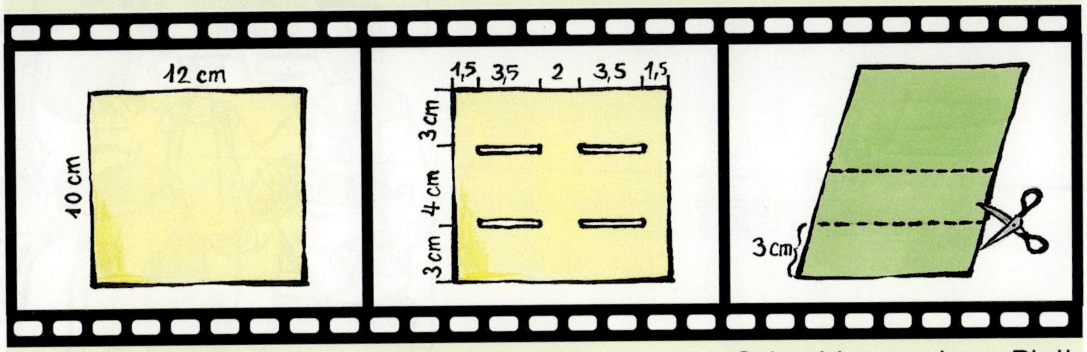

In ein Stück Pappe schneidest du 4 Schlitze. Schneide von einem Blatt Papier zwei Streifen ab.

Teile die Streifen ein und schreibe je 5 Zahlen auf die Felder. Schiebe den Streifen durch die Schlitze. Schiebe die Streifen in verschiedene Positionen. Du erhältst viele Aufgaben.

2 Verwende auch diese Streifen für den Rechenschieber.

a)

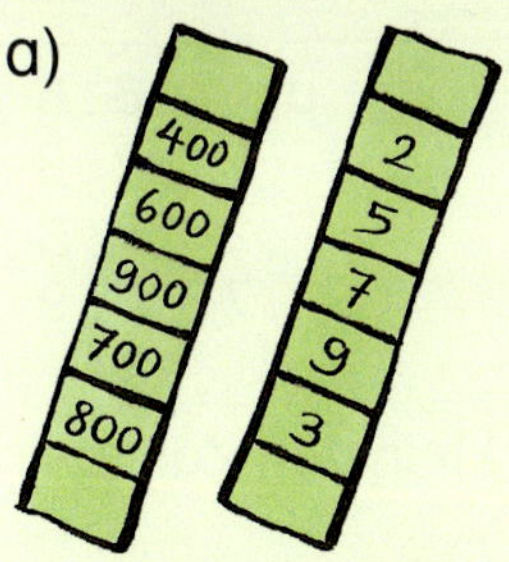

b)

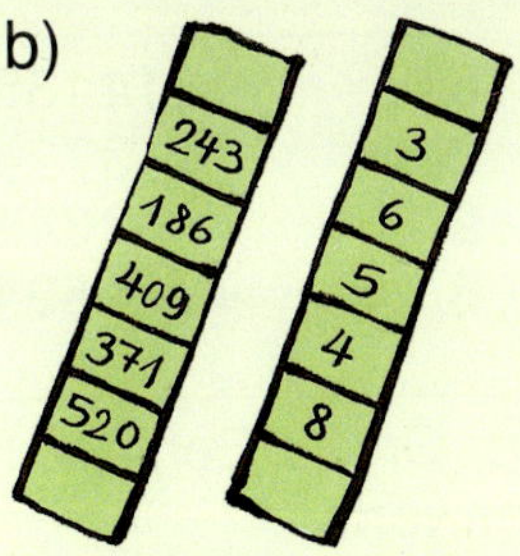

c)

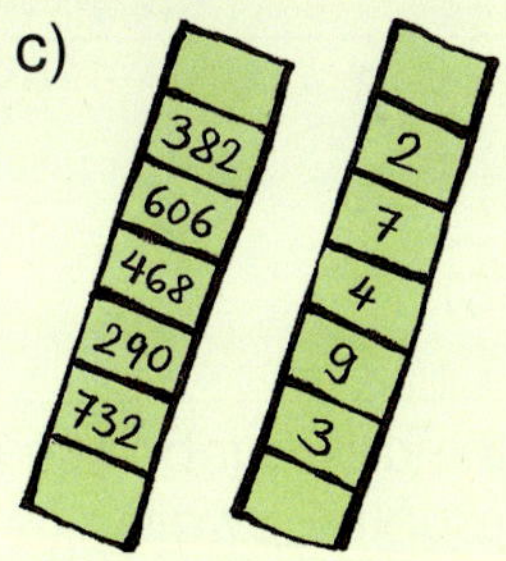

d)

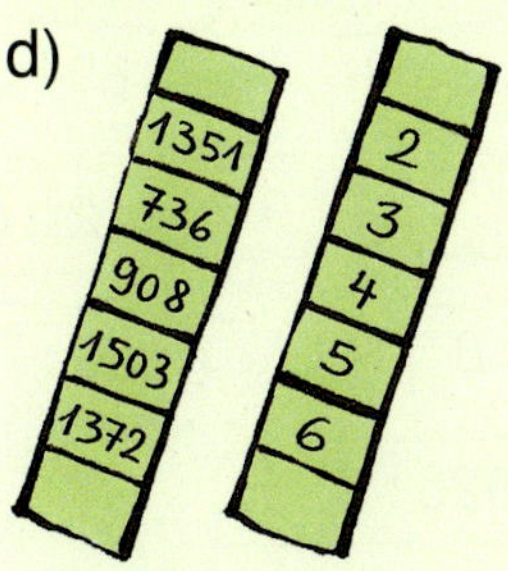

e)

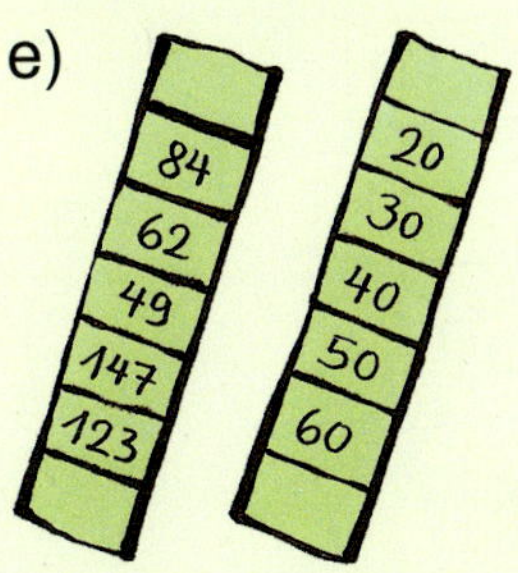

f)

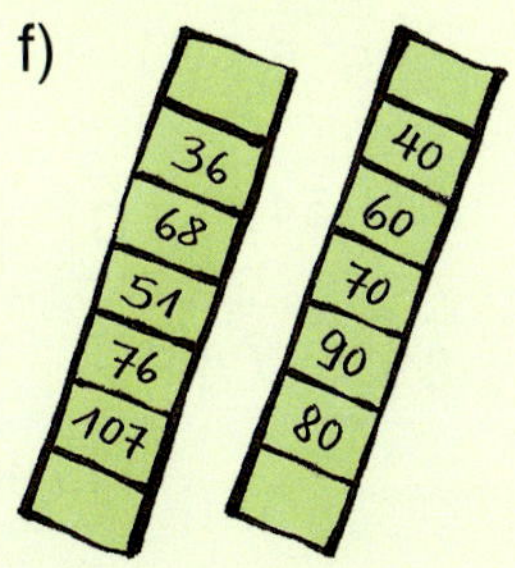

Schriftliches Dividieren

1 Wie viel € kostet eine Fahrkarte?

```
828 : 6 = 138
6
22
18          Probe:
 48
 48          138 · 6
  0            828
```

2

a) 612 : 4
567 : 3
825 : 5
954 : 6

b) 984 : 8
896 : 7
518 : 2
756 : 6

c) 3 574 : 2
6 685 : 5
7 446 : 3
8 538 : 6

d) 9 872 : 4
4 917 : 3
9 828 : 7
8 944 : 8

3

a)

975	7 296	9 726	:	3
725	2 840	4 935	:	5

b)

616	3 464	9 652	:	4
814	5 216	6 012	:	2

c)

846	3 144	4 872	:	6
792	2 648	5 776	:	8

d)

414	2 538	8 244	:	9
308	4 074	5 971	:	7

e)

312	2 172	3 332	:	4
891	7 344	6 588	:	9

f)

976	4 656	8 992	:	8
896	5 894	7 406	:	7

4

a) 216 : 3
128 : 4
455 : 5
567 : 7

b) 4 356 : 6
1 372 : 2
5 139 : 9
2 168 : 8

c) 4 135 : 5
3 724 : 7
2 348 : 4
1 594 : 2

d) 4 416 : 6
5 792 : 8
2 658 : 3
7 317 : 9

5 Ordne die Ergebnisse nach der Größe. Beginne mit der kleinsten Zahl.
Du erhältst jeweils ein Lösungswort.

a)
4 265 : 5 U
2 526 : 3 D
5 154 : 6 C
6 744 : 8 R
8 925 : 7 E
9 396 : 4 R
1 798 : 2 K

b)
2 658 : 3 I
3 894 : 6 N
3 592 : 4 T
1 248 : 2 O
4 736 : 8 M
6 566 : 7 O
4 925 : 5 R

1

2 Vorsicht bei Nullen!

a)	b)	c)	d)
650 : 5	3 460 : 2	906 : 3	2 505 : 5
920 : 4	6 250 : 5	606 : 6	6 084 : 3
840 : 6	7 040 : 4	804 : 4	5 608 : 2
510 : 3	9 720 : 6	408 : 8	9 204 : 4

3

a)	b)	c)	d)
621 : 3	756 : 7	2 124 : 3	7 329 : 7
535 : 5	927 : 9	8 368 : 4	5 265 : 5
816 : 4	840 : 8	1 614 : 2	3 645 : 9
604 : 2	624 : 6	4 254 : 6	1 632 : 8

4 Bei diesen Aufgaben bleibt ein Rest.

a)	b)	c)
812 : 6	4 831 : 2	8 104 : 3
126 : 8	1 342 : 3	9 211 : 9
748 : 9	2 748 : 7	1 004 : 3
256 : 7	9 655 : 8	7 425 : 6

```
953 : 4 = 238 R 1
8
15          Probe:
12
 33         238 · 4
 32           952
  1
            952 + 1 = 953
```

5 Bei einigen Aufgaben bleibt ein Rest.

a)	b)	c)	d)
845 : 3	4 104 : 9	2 736 : 9	7 204 : 8
739 : 7	9 469 : 8	5 445 : 5	4 976 : 5
632 : 6	3 244 : 5	6 508 : 4	6 237 : 3
456 : 4	3 071 : 6	3 412 : 7	9 032 : 4

Längen

1 a) Kann der Lkw durch den Tunnel fahren?
b) Wie viel cm Platz sind zwischen Lkw und Tunnel?

1 cm = 10 mm **1 m = 100 cm** **1 km = 1 000 m**

3 cm 2 mm = 3,2 cm **1 m 5 cm = 1,05 m** **1 km 483 m = 1,483 km**
32 mm = 3,2 cm **105 cm = 1,05 m** **1483 m = 1,483 km**

2 Wandle um in cm.

50 mm 40 mm 70 mm 30 mm 25 mm 85 mm

3 Wandle um in m.

200 cm 400 cm 800 cm 150 cm 230 cm 460 cm

4 Wandle um in km.

4 000 m 6 000 m 1 000 m 2 300 m 4 100 m 3 800 m

5 Übertrage die Tabelle in dein Heft und vervollständige sie.

1 cm 5 mm	2 m 25 cm	3 km 235 m			5 km 78 m	6 m 4 cm
1,5 cm			7,3 cm			
15 mm				481 cm		

6 Setze ein : > (größer); < (kleiner); = (gleich)

a) 2 cm ☐ 15 mm
3,5 cm ☐ 35 mm
1,7 cm ☐ 20 mm
0,5 cm ☐ 5 mm

b) 3 m ☐ 280 cm
1,40 m ☐ 120 cm
2,50 m ☐ 190 cm
1,10 m ☐ 110 cm

c) 5 km ☐ 2 000 m
3,500 km ☐ 3 500 m
1,200 km ☐ 2 100 m
0,800 km ☐ 900 m

7 Ordne nach der Größe. Beginne mit der kleinsten Länge.

a) 25 cm
5,2 cm
50 mm

b) 430 cm
4,03 m
4 m 43 cm

c) 1,85 m
150 cm
1 m 80 cm

d) 3 km 210 m
3 120 m
3,021 km

Gewichte

1 a) Darf der Lkw alle Kisten laden?

b) Wie viel kg dürfen zusätzlich zu den Kisten aufgeladen werden?

1 kg = 1000 g

1 kg 284 g = 1,284 kg
1 284 g = 1,284 kg

1 t = 1000 kg

1 t 385 kg = 1,385 t
1 385 kg = 1,385 t

2 Wandle um in kg.

3 000 g 8 000 g 2 500 g 4 600 g 5 100 g 7 225 g

3 Wandle um in t.

4 000 kg 6 000 kg 3 500 kg 1 900 kg 2 850 kg 1 265 kg

4 Übertrage die Tabelle in dein Heft und vervollständige sie.

1 kg 245 g	3 t 566 kg		2 kg 524 g		4 kg 30 g	
1,245 kg				6,329 t		
1245 g		9 703 g				1 078 kg

5 Setze ein : > (größer); < (kleiner); = (gleich)

a) 3 kg □ 3 050 g
2,505 kg □ 2 505 g
4 kg 283 g □ 4 083 g
0,856 kg □ 8 500 g

b) 9,525 kg □ 9 500 g
0,525 kg □ 525 g
6 kg 45 kg □ 6 045 g
1,253 kg □ 1 453 g

c) 6 t □ 6 100 kg
4,750 t □ 4 750 kg
2 t 350 kg □ 2 530 kg
0,825 t □ 1 825 kg

6 Ordne nach der Größe. Beginne mit dem kleinsten Gewicht.

a) 4,825 kg
4 000 g
3 kg 200 g

b) 0,350 kg
3 500 g
5 kg 300 g

c) 6 t 250 kg
6,555 t
5 600 kg

d) 5,721 t
5 700 kg
5 t 70 kg

7
a) 800 g + □ g = 1 kg
750 g + □ g = 1 kg
670 g + □ g = 1 kg

b) 490 g + □ g = 1 kg
50 g + □ g = 1 kg
170 g + □ g = 1 kg

c) 500 kg + □ kg = 1 t
450 kg + □ kg = 1 t
250 kg + □ kg = 1 t

Geld

1 Uli und Julia kaufen das gleiche Comicheft.

a) Wie viel € bekommt Uli zurück?

b) Wie viel € bekommt Julia zurück?

1 € = 100 Cent

2 € 57 Cent = 2,57 €
257 Cent = 2,57 €

2 Wandle um in €.

200 Cent 600 Cent 420 Cent 170 Cent 565 Cent 850 Cent

3 Schreibe die Geldbeträge mit Komma.

a) 23 € 85 Cent	b) 200 € 83 Cent	c) 10 € 1 Cent	d) 99 € 9 Cent
152 € 28 Cent	73 € 2 Cent	208 € 80 Cent	100 € 10 Cent
89 € 6 Cent	144 € 10 Cent	61 € 4 Cent	25 € 5 Cent

4 Setze ein : > (größer); < (kleiner); = (gleich)

a) 5,73 € ☐ 537 Cent	b) 2 € 45 Cent ☐ 245 Cent	c) 10 € 6 Cent ☐ 10,60 €
9,05 € ☐ 905 Cent	7 € 4 Cent ☐ 740 Cent	6 € 10 Cent ☐ 6,10 €
3,50 € ☐ 325 Cent	8 € 30 Cent ☐ 800 Cent	15 € 73 Cent ☐ 15,37 €

5 Ordne nach der Größe. Beginne mit dem kleinsten Geldbetrag.

a) 4 € 82 Cent	b) 16,05 €	c) 3 € 20 Cent	d) 32,74 €
428 Cent	16 € 50 Cent	3,23 €	32 € 47 Cent
4,20 €	655 Cent	302 Cent	3 240 Cent

6 Rechne schriftlich.

a) 25,37 € + 78,09 €	b) 156,83 € + 87,04 € + 116,70 €
112,80 € + 93,74 €	74,80 € + 306,97 € + 92,04 €
376,05 € + 82,06 €	203,68 € + 65,05 € + 31,60 €
243,68 € − 125,39 €	327,39 € + 219,57 € + 8,23 €
90,75 € − 21,08 €	38,98 € + 413,44 € + 7,07 €

7 Bastian kauft zwei CDs zum Preis von je 19 €.
Er gibt der Kassiererin einen 50-€-Schein.
Wie viel € bekommt Bastian zurück?

Zeit

1 a) Um wie viel Uhr machen die Wanderer Rast?

b) Um wie viel Uhr sind die Wanderer an der Burg?

Eine Stunde hat 60 Minuten.
1 h = 60 min
Eine Minute hat 60 Sekunden
1 min = 60 s

Ein Jahr hat 12 Monate.
Eine Woche hat 7 Tage.
Ein Tag hat 24 Stunden.

2 Wandle um in Minuten.

2 h 4 h 3 h 5 h 2 h 40 min 1 h 55 min 4 h 20 min

3 Wandle um in Stunden.

240 min 120 min 60 min 300 min 420 min 540 min

4 Schreibe immer zwei Uhrzeiten auf.

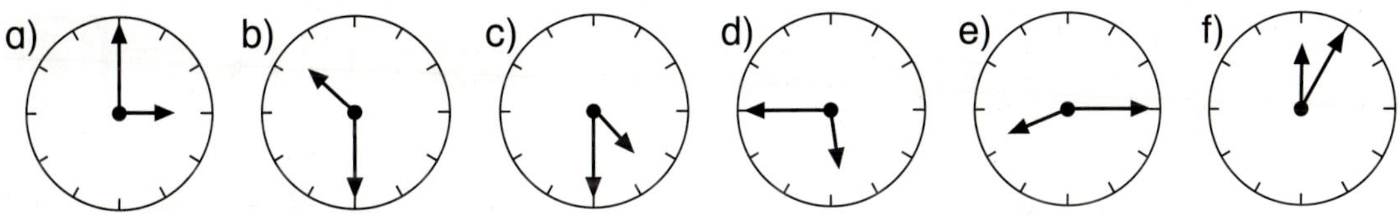

5 Übertrage die Tabelle in dein Heft und ergänze die fehlenden Angaben.

Abfahrt	9.10	14.20	7.30	18.15		
Fahrzeit	30 min	40 min			15 min	30 min
Ankunft			7.55	18.55	12.45	10.00

6 Übertrage die Tabelle in dein Heft und vervollständige sie.

Wochen	2		5			8
Tage		21		28	7	

7

a) Wie alt ist Max?

b) Wie alt ist Tina?

Vermischte Übungen

1

Wie viele Container muss jedes Schiff transportieren?

2 Wie viele Nägel sind es?

Gewicht	1 kg	7 kg	9 kg	5 kg	3 kg	6 kg	20 kg	30 kg
Anzahl	258 Stück							

3 Lea kauft eine Stereoanlage.
Sie hat 1235 € gespart.

a) Wie viel € muss sie bezahlen?

b) Wie viel € behält sie übrig?

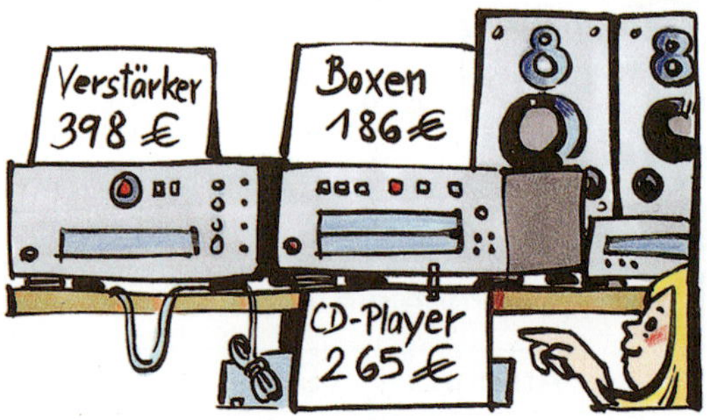

4

a) 4203 + 873
2493 + 2107
3840 + 1756
5812 + 2036

b) 7413 – 3189
9208 – 3874
5247 – 854
6023 – 2509

c) 647 · 4
89 · 30
268 · 6
62 · 50

d) 2505 : 3
6020 : 5
8064 : 8
5929 : 7

Punkt vor Strich – Klammern

1

a) Wie viel € muss Frau Göben bezahlen?

b) Wie viel € muss Herr Reitmeier bezahlen?

Merke

Für Aufgaben mit mehreren Rechenzeichen gilt
Klammern zuerst
Punktrechnung (· und :) vor Strichrechnung (+ und –)

2

a) (28 + 32) · 3
(45 + 55) · 6
(37 + 13) · 8

b) (62 – 22) · 4
(71 – 41) · 7
(86 – 46) · 5

c) (120 + 30) : 3
(480 + 20) : 5
(640 + 160) : 4

3

a) 7 · 3 + 4 · 5
6 · 2 + 3 · 9
4 · 8 + 2 · 6

b) 2 · 40 + 3 · 50
4 · 30 + 6 · 20
5 · 20 + 7 · 40

c) 36 : 6 – 21 : 7
45 : 5 – 16 : 4
63 : 9 – 35 : 5

4

a) (150 + 50) : 5
150 + 50 : 5

b) (120 + 80) : 4
120 + 80 : 4

c) (37 + 13) · 2
37 + 13 · 2

5

a) 24 + 16 : 2
(24 + 16) : 2

b) 42 – 6 · 2
(42 – 6) · 2

c) 78 – 18 : 2
(78 – 18) : 2

6

a) 3 · 4 + 2 · 4
(3 + 2) · 4

b) 6 · 5 + 4 · 5
(6 + 4) · 5

c) 32 : 4 + 8 : 4
(32 + 8) : 4

7

Maler Schmidt holt 4 Eimer mit je 10 l Farbe und später noch 3 Eimer mit je 5 l Farbe.
Wie viel l Farbe holt er insgesamt?

Wiederholen und Üben

1
a) 2 000 + 7 000
4 000 + 3 000
3 200 + 600

b) 7 300 + 2 000
3 500 + 4 300
1 800 + 400

c) 8 000 – 3 000
9 000 – 6 000
7 900 – 500

d) 5 200 – 3 000
8 500 – 4 100
3 400 – 600

2

a)	5 318	+	2 403	3 820	1 454	2 143	4 508	483	4 038	1 224
b)	6 267	+	3 388	2 509	627	1 906	2 145	1 609	2 413	1 946
c)	4 530	–	3 715	967	2 407	1 478	753	2 305	1 977	3 197
d)	8 904	–	5 209	2 399	1 025	4 850	997	1 985	3 069	1 974

3
a) 4 · 600
3 · 800
5 · 2 000

b) 9 · 700
8 · 600
6 · 800

c) 1 500 : 5
3 600 : 9
2 700 : 3

d) 4 900 : 7
7 200 : 8
4 200 : 6

4
a) 438 · 3
197 · 4
609 · 5

b) 345 · 7
259 · 8
407 · 9

c) 24 · 60
38 · 30
53 · 40

d) 14 · 90
56 · 50
47 · 60

5 Bei einigen Aufgaben bleibt ein Rest.

a) 355 : 5
164 : 4
711 : 3

b) 3 406 : 2
8 525 : 5
2 015 : 3

c) 5 210 : 3
8 475 : 5
9 999 : 2

d) 5 376 : 4
4 056 : 6
7 419 : 9

6 Übertrage die Tabelle in dein Heft und vervollständige sie.

4 m 13 cm	12 m 85 cm	7 m 9 cm			2 m 8 cm	
4,13 m			8,43 m			1,70 m
413 cm				302 cm		

7 Rechne aus und schreibe das Ergebnis in €.

a) 4 · 80 Cent
3 · 60 Cent
6 · 20 Cent

b) 2 · 90 Cent
5 · 70 Cent
3 · 90 Cent

c) 6 · 30 Cent
7 · 10 Cent
8 · 50 Cent

d) 9 · 40 Cent
10 · 10 Cent
4 · 60 Cent

8
a) 40 min + ☐ min = 1 h
25 min + ☐ min = 1 h
15 min + ☐ min = 1 h

b) 10 min + ☐ min = 1 h
6 min + ☐ min = 1 h
24 min + ☐ min = 1 h

c) 55 min + ☐ min = 1 h
37 min + ☐ min = 1 h
9 min + ☐ min = 1 h

9
a) (25 + 45) · 4
(17 + 23) · 8
(53 + 27) · 6

b) (160 + 20) : 6
(490 + 50) : 9
(300 – 60) : 8

c) 6 · 4 + 2 · 8
3 · 6 + 5 · 3
49 : 7 – 21 : 3

Zahlen bis 100 000

Zahlen darstellen

1 Ordne zu:

Einer (**E**) Zehner (**Z**) Hunderter (**H**)
Tausender (**T**) Zehntausender (**ZT**) Hunderttausender (**HT**)

a) 

b) 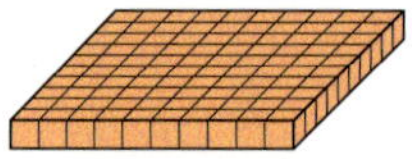

c) 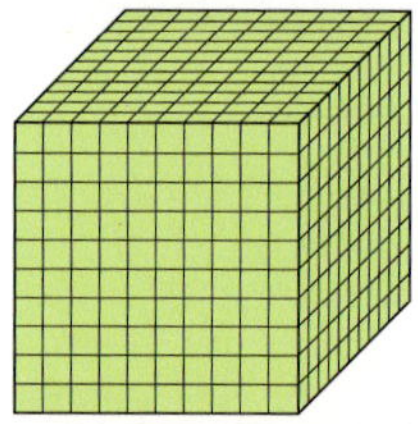

d) 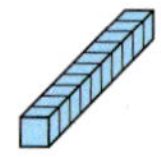

e) 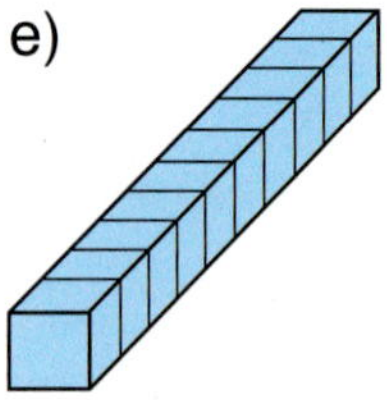

f) 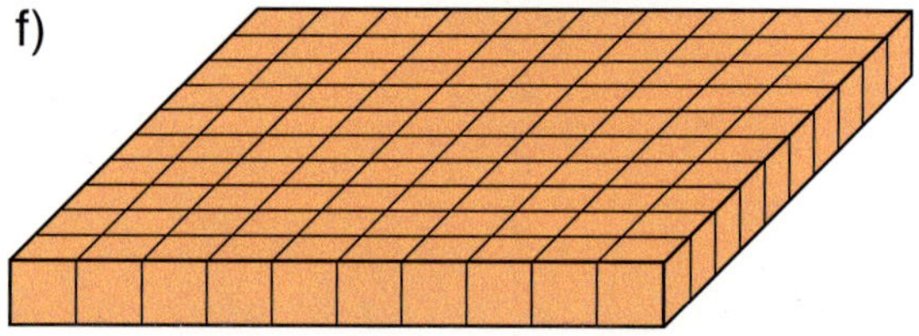

2 Vergleiche Würfel, Stangen und Platten.

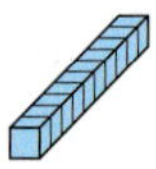 ?  1 Z = ☐ E	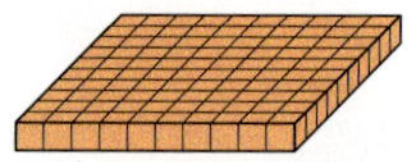 ?  1 H = ☐ E
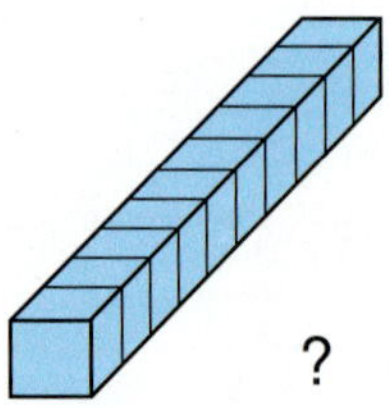 ? 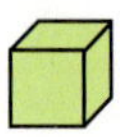 1 ZT = ☐ T	 ? 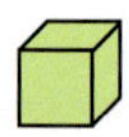 1 HT = ☐ T

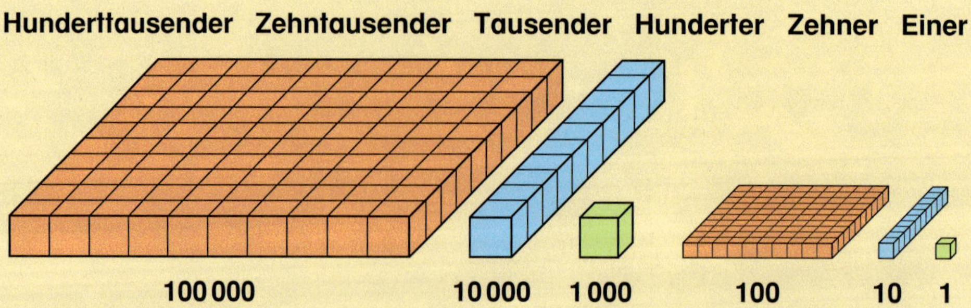

Zahlen benennen

1 Trage in eine Stellenwerttafel ein.

ZT	T	H	Z	E	Zahl
2	0	0	0	0	20 000

a) 2 ZT
1 ZT
5 ZT
8 ZT

b) 6 T
4 ZT
5 H
2 T

c) 8 E
5 T
7 ZT
3 Z

d) 1 ZT 3 T 4 H 5 Z 2 E
4 ZT 1 T 5 H 2 Z 9 E
3 ZT 6 T 2 H 7 Z 1 E

e) 2 ZT 5 H 6 Z
6 T 2 H 8 E
7 ZT 8 T 9 H

f) 5 T 2 Z 3 E
3 ZT 1 H
6 H 9 Z

2 Schreibe die Zahlen auf.

a) 2 T, 5 E, 4 H, 2 Z, 1 ZT

b) 3 H, 4 T, 5 ZT, 7 E

c) 1 T, 2 E, 5 Z, 2 ZT, 9 H

d) 6 H, 1 ZT, 8 Z

3 Lies die Zahlen und trage sie in eine Stellenwerttafel ein.

a) 12 363
34 216
21 052
48 404

b) 26 501
31 200
75 003
40 302

c) 6 489
108
10 260
4 700

d) 40 700
1 050
10 009
70 030

4

Lege Zahlen und diktiere sie deinem Partner.

5 Schreibe wie im Beispiel.

20 000 + 4 000 + 900 + 70 + 3 = 24 973

a) 30 000 + 8 000 + 400 + 60 + 5
60 000 + 3 000 + 700 + 20 + 6
40 000 + + 900 + 10 + 7
80 000 + 9 000 + 100 + + 8

b) 80 000 + 7 000 + 200 + 70 + 6
50 000 + 2 000 + + 90 + 3
10 000 + 3 000 + 900 + + 7

Übungen am Zahlenstrahl

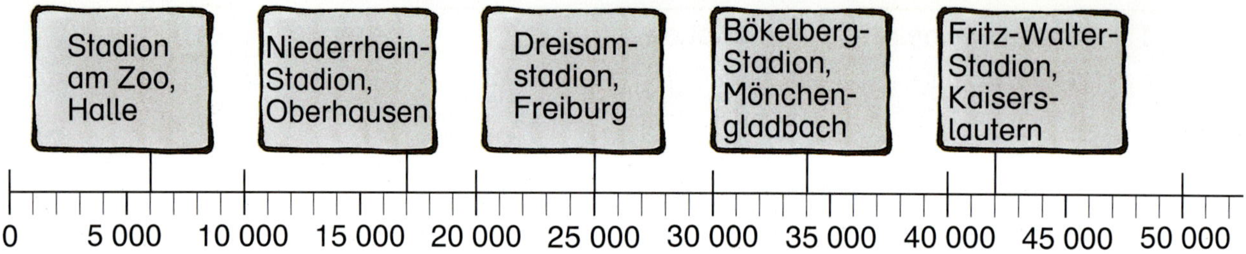

1 Wie viele Zuschauerplätze hat jedes Stadion?

2 Zeige am Zahlenstrahl.

a) 40 000, 20 000, 90 000, 55 000
b) 75 000, 35 000, 11 000, 81 000
c) 19 000, 62 000, 73 000, 5 000
d) 44 000, 87 000, 2 000, 15 000

3 Wie heißen die Zahlen bei den Fahnen?

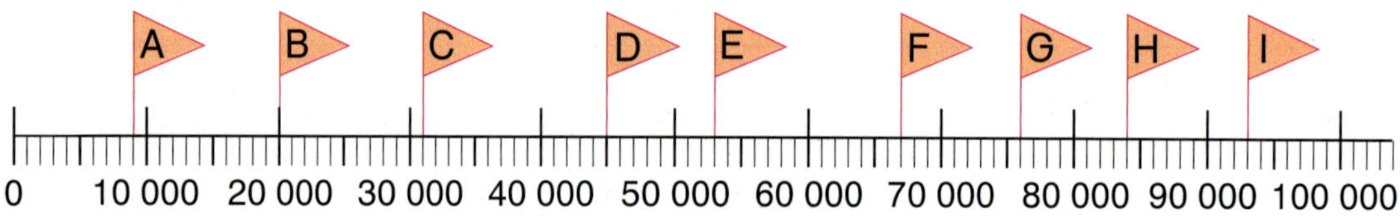

4 Schreibe zu jeder Zahl die Nachbarzehntausender auf.

10 000 | 15 000 | 20 000

a) 25 000,	65 000,	45 000,	35 000,	85 000,	75 000
b) 33 000,	16 000,	89 000,	72 000,	41 000,	56 000
c) 14 500,	28 420,	67 340,	37 373,	52 491,	43 438
d) 20 700,	62 405,	12 004,	97 008,	19 050,	64 719

5 Wie heißen die Zahlen bei den Fahnen?
Schreibe zu jeder Zahl die Nachbartausender auf.

34 000 | 34 600 | 35 000

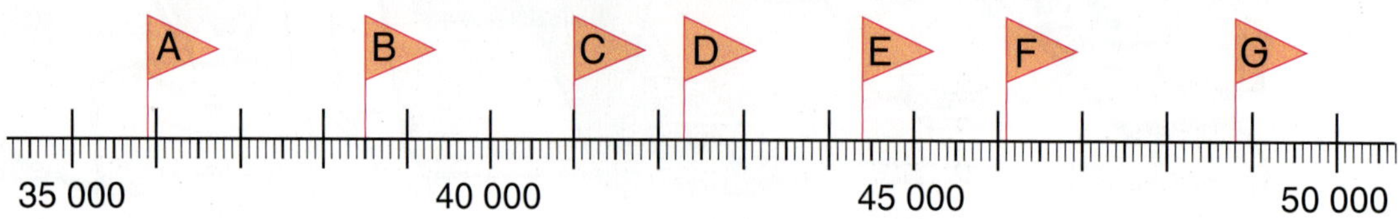

6 Schreibe zu jeder Zahl die Nachbartausender auf.

a) 37 800,	39 068,	35 504,	48 186,	45 080,	38 001,	41 900
b) 14 708,	56 881,	17 102,	53 310,	22 097,	4 354,	28 200
c) 7 020,	67 676,	88 008,	9 097,	98 987,	30 004,	50 090

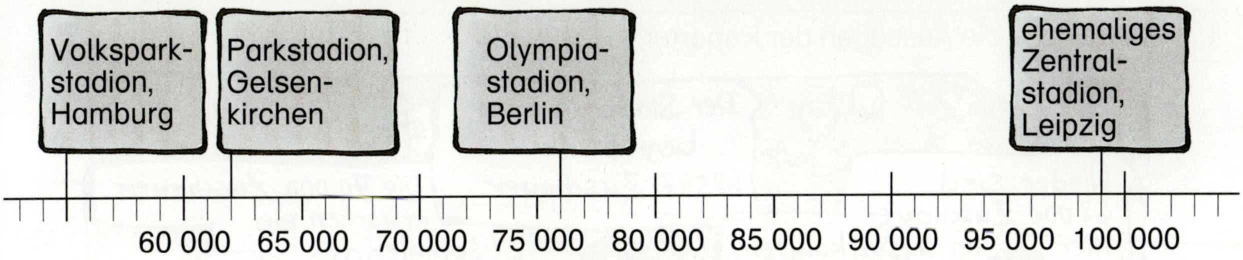

1 Vervollständige die Zahlenreihen.

a)	10 000	20 000								100 000
b)	17 000	18 000								26 000
c)	25 000	30 000								70 000
d)	46 000	45 000								37 000
e)	80 000	75 000								35 000
f)	19 600	19 700								20 500

2 Setze die Zahlenreihen jeweils bis 50 000 fort.

a) 36 000 37 000 38 000
28 000 30 000 32 000
22 000 26 000 30 000

b) 43 500 44 000 44 500
47 800 48 000 48 200
48 600 48 700 48 800

3 Setze ein : > (größer); < (kleiner); = (gleich)

a) 21 000 ☐ 13 000
56 000 ☐ 60 000
29 000 ☐ 32 000
42 000 ☐ 24 000

b) 12 500 ☐ 20 300
43 060 ☐ 43 060
38 009 ☐ 37 500
64 567 ☐ 64 900

c) 15 303 ☐ 7 998
7 000 ☐ 70 000
34 789 ☐ 34 789
89 405 ☐ 8 945

4 Ordne nach der Zahl der Zuschauerplätze. Beginne mit der kleinsten Zahl.

a) Bochum 33 000
Bremen 35 300
Rostock 25 000
Stuttgart 46 500

b) Dortmund 68 600
Düsseldorf 55 850
Hannover 56 000
München 63 000

c) Duisburg 30 100
Karlsruhe 33 800
Offenbach 31 500
Saarbrücken 35 300

5 Schreibe Vorgänger und Nachfolger jeder Zahl auf.

a) 55 555
56 794
62 808
69 860

b) 43 501
34 603
25 687
57 049

c) 31 870
19 008
20 870
10 000

d) 35 000
28 000
55 000
72 000

e) 45 789
72 809
60 000
25 999

Runden

1 Vergleiche die Aussagen der Reporter.

2 a) Welche ist die genaue Zuschauerzahl?
b) Warum werden Besucherzahlen bei Großveranstaltungen oft gerundet?

Runden auf Zehntausender:	**23 143 ≈ 20 000**	**28 943 ≈ 30 000**
Runden auf Tausender:	**23 143 ≈ 23 000**	**28 943 ≈ 29 000**
Abrunden bei 0, 1, 2, 3, 4		**Aufrunden bei 5, 6, 7, 8, 9**

3 Runde auf Zehntausender.

a)	b)	c)	d)
29 976	38 289	24 987	20 803
22 249	43 571	35 102	9 479
21 718	29 003	86 084	15 000
27 501	12 802	73 555	40 010

4

	Berlin	Dortmund	München
1. Spieltag	58 916	63 289	61 445
11. Spieltag	43 117	59 012	60 793
19. Spieltag	45 301	64 980	59 357

a) Runde die Besucherzahlen auf Tausender.
b) Runde die Besucherzahlen auf Zehntausender.

5 Runde die Zahl der Konzertbesucher auf Tausender.

Rechnen mit großen Zahlen

1

a) 5 000 + 3 000
6 000 + 2 000
4 000 + 6 000
7 000 + 5 000

b) 20 000 + 50 000
40 000 + 10 000
30 000 + 60 000
10 000 + 90 000

c) 12 000 + 20 000
23 000 + 50 000
10 000 + 47 000
21 000 + 60 000

2

a) 8 000 – 2 000
7 000 – 5 000
14 000 – 3 000
19 000 – 6 000

b) 60 000 – 30 000
90 000 – 20 000
70 000 – 10 000
60 000 – 40 000

c) 45 000 – 10 000
79 000 – 40 000
38 000 – 30 000
56 000 – 50 000

3

a)	14 000	+	5 000	10 000	6 000	20 000	12 000
b)	39 000	–	7 000	20 000	3 000	19 000	31 000

4

a) 2 · 400
2 · 4 000
2 · 40 000

b) 3 · 300
3 · 3 000
3 · 30 000

c) 200 · 2
2 000 · 2
20 000 · 2

d) 200 · 5
2 000 · 5
20 000 · 5

5

a) 6 · 500
9 · 200
8 · 800
4 · 700

b) 4 · 2 000
3 · 5 000
5 · 8 000
6 · 9 000

c) 3 000 · 9
7 000 · 2
8 000 · 6
4 000 · 7

d) 20 000 · 4
30 000 · 3
50 000 · 2
20 000 · 3

6

a) 800 : 2
8 000 : 2
80 000 : 2

b) 600 : 3
6 000 : 3
60 000 : 3

c) 150 : 5
1 500 : 5
15 000 : 5

d) 360 : 4
3 600 : 4
36 000 : 4

7

a) 900 : 3
400 : 4
800 : 4
600 : 2

b) 4 000 : 2
8 000 : 4
6 000 : 2
9 000 : 9

c) 60 000 : 6
90 000 : 3
40 000 : 2
80 000 : 4

d) 25 000 : 5
10 000 : 2
20 000 : 4
40 000 : 5

8

a) 12 000 : 3
18 000 : 2
24 000 : 8
16 000 : 4

b) 21 000 : 7
48 000 : 6
27 000 : 9
36 000 : 4

c) 49 000 : 7
54 000 : 9
18 000 : 3
32 000 : 4

d) 72 000 : 8
81 000 : 9
56 000 : 7
42 000 : 6

9

a) 50 000
48 000 + □
□ + 10 000
6 000 + □

b) 50 000
53 000 – □
□ – 10 000
71 000 – □

c) 10 000
5 · □
□ · 1 000
2 · □

d) 10 000
30 000 : □
□ : 6
50 000 : □

Schriftliches Addieren

1 Eine Musikgruppe gibt drei Konzerte in einer Stadt.
Zu den Auftritten kommen:

Freitag: 11 879 Besucher
Samstag: 12 054 Besucher
Sonntag: 10 945 Besucher

Wie viele Besucher werden insgesamt gezählt?

2

a) 2 056 + 3 471
6 367 + 2 235
4 458 + 2 721
4 507 + 4 655

b) 5 280 + 3 952
3 579 + 5 791
8 647 + 6 056
6 666 + 7 777

c) 1 305 + 2 618 + 1 573
4 376 + 3 514 + 2 182
3 960 + 2 897 + 6 085
7 041 + 2 309 + 6 470

3 Addiere mindestens 2 Zahlen. Das Ergebnis soll kleiner als 10 000 sein.
Überschlage zuerst.

a)

b)

c)

d)

4

a) 12 056 + 31 683
61 437 + 16 528
35 713 + 28 206
48 501 + 20 753

b) 39 705 + 21 572
34 666 + 42 579
47 087 + 12 991
28 876 + 35 709

c) 52 182 + 4 952
13 075 + 2 460
5 123 + 26 155
37 642 + 1 957

5 Bei den Spielen der Hinrunde hat ein Sportverein 42 345 Eintrittskarten verkauft.
Zu den Spielen der Rückrunde kommen 37 167 Zuschauer.
Wie viele Zuschauer kommen insgesamt zu den Spielen?

6 Bilde Additionsaufgaben.

a)

b)

c)

Schriftliches Subtrahieren

1 Wie viel km wurden bei der Fahrt zum Fußballspiel zurückgelegt?

Abfahrt: 48 782

Ankunft: 50 121

2

a) 4 567 – 2 036
8 356 – 3 419
7 432 – 1 912
3 575 – 3 294

b) 6 035 – 1 871
2 304 – 2 158
5 890 – 479
4 537 – 2 908

c) 7 596 – 5 888
3 260 – 805
8 009 – 1 110
5 050 – 3 210

3 Bilde Subtraktionsaufgaben.

a)

b)

c)

4

a) 53 464 – 11 161
21 956 – 19 425
15 711 – 12 310
96 501 – 55 351

b) 31 030 – 10 381
35 258 – 29 787
92 061 – 15 072
40 650 – 6 444

c) 16 222 – 834
40 404 – 20 508
25 700 – 18 151
11 056 – 8 471

5 Für ein Fußball-Länderspiel wurden 65 000 Eintrittskarten gedruckt.
Einen Tag vor Spielbeginn sind bereits 53 976 Karten verkauft.
Wie viele Eintrittskarten sind noch übrig?

6 Ergänze so, dass die Zahlen in jedem Stockwerk zusammen die Zahl im Dach ergeben.

a)

75 000	
63 800	
72 550	
70 999	
51 290	

b)

60 000	
	33 333
25 250	
	15 800
17 340	

c)

40 000	
5 678	
	12 369
15 081	
	24 148

Schriftliches Multiplizieren und Dividieren

1

a) 4 123 · 2
2 419 · 3
1 503 · 5
3 571 · 3
2 932 · 5

b) 33 142 · 2
21 518 · 3
26 946 · 2
18 342 · 4
14 131 · 5

c) 12 053 · 4
15 705 · 5
13 210 · 7
20 309 · 3
18 550 · 2

d) 11 792 · 6
8 057 · 8
10 087 · 9
14 169 · 7
12 080 · 8

2 Bilde Multiplikationsaufgaben.

a)

b)

c)

3

a) 639 : 3
418 : 2
816 : 6
504 : 4
370 : 5

b) 9 135 : 5
9 128 : 8
2 065 : 5
2 478 : 7
3 512 : 4

c) 42 884 : 2
21 706 : 2
92 216 : 8
19 420 : 4
61 311 : 3

d) 51 004 : 2
63 465 : 5
37 908 : 9
60 020 : 5
45 668 : 7

4 Bilde Divisionsaufgaben.

a)

b)

c)

5 Rechne jeweils mindestens 3 Divisionsaufgaben.
Das Ergebnis soll stets größer als 10 000 sein.

a)

b)

c)

Bedrohte Tierwelt

Um das Jahr 1900 lebten schätzungsweise 100 000 Königstiger (Bengaltiger).
Im Jahr 1994 gab es nur noch 5 080 Tiger.
Dank der Arbeit vieler Schutzverbände ist der Bestand jetzt wieder auf 7 436 Tiere gestiegen.

1 Berechne die Unterschiede.

a) Um wie viele Tiere ist der Bestand zwischen den Jahren 1900 und 1994 gesunken?

b) Wie viele Königstiger leben jetzt mehr als im Jahr 1994?

2 Heute leben noch 420 Sibirische Tiger in freier Wildbahn.
Fünfmal so viele Tiere leben in Tierparks.

a) Wie viele Sibirische Tiger leben in Tierparks?

b) Wie viele Sibirische Tiger gibt es insgesamt?

Im Jahr 1950 lebten in Europa ungefähr 70 000 Wanderfalken.
Im Jahr 1975 lag die Bestandsschätzung bei 8 500 Tieren.
Im Jahr 2000 war die Zahl in Europa auf 14 800 Wanderfalken angestiegen.

3 Berechne die Unterschiede.

a) Um wie viele Falken ist der Bestand zwischen den Jahren 1950 und 1975 gesunken?

b) Um wie viele Tiere stieg der Bestand von 1975 bis zum Jahr 2000?

4 In den nächsten Jahrzehnten könnte sich die Zahl der Wanderfalken in Europa bei umfassenden Schutzmaßnahmen verdoppeln.
Wie viele Falken würde es dann in Europa geben?

5 In Asien gab es vor 50 Jahren schätzungsweise 89 500 Wanderfalken.
Der heutige Bestand dieser Tiere beträgt nur die Hälfte davon.
Wie viele Wanderfalken gibt es demnach in Asien?

Schriftliches Multiplizieren mit Zehnerzahlen

1

Wie viel kostet die Unterkunft für alle 23 Personen zusammen?

3	1	2	·	2	3
		6	2	4	

mit den Zehnern multiplizieren

3	1	2	·	2	3
		6	2	4	
			9	3	6

mit den Einern multiplizieren

3	1	2	·	2	3
		6	2	4	
			9	3	6
		1			
		7	1	7	6

addieren

2

a) 32 · 13
41 · 20
24 · 12
13 · 23

b) 14 · 41
27 · 32
26 · 30
37 · 25

c) 45 · 27
68 · 81
44 · 52
51 · 19

d) 73 · 50
64 · 46
39 · 63
57 · 80

3

a) 231 · 33
142 · 21
312 · 30
121 · 42

b) 345 · 12
334 · 23
888 · 11
152 · 52

c) 609 · 21
427 · 70
540 · 13
708 · 25

d) 423 · 40
592 · 63
378 · 76
687 · 97

4 Bilde Multiplikationsaufgaben.

a)

b)

c)

5 Ein Reiseveranstalter verlost 15 Urlaubsreisen im Wert von 975 € pro Person. Wie viel € werden für alle Gewinner zusammen bezahlt?

1 An der Klassenfahrt nehmen 26 Personen teil.

a) Wie viel € erhält die Jugendherberge insgesamt?

b) Wie viel € werden insgesamt für Eintritt und Ausflüge eingesammelt?

c) Wie viel € kostet die Klassenfahrt für alle Teilnehmer zusammen?

Kosten pro Person	
Jugendherberge	76 €
Fahrt	38 €
Eintritt, Ausflüge	14 €
Insgesamt	128 €

2

a)	b)	c)	d)
4 314 · 12	3 527 · 15	5 134 · 17	2 073 · 24
2 313 · 31	2 652 · 25	4 268 · 19	1 304 · 60
2 432 · 22	5 126 · 13	4 554 · 18	2 170 · 29
1 203 · 23	3 072 · 30	3 456 · 19	1 003 · 82

3

a)	b)	c)	d)
531 · 42	79 · 86	1 069 · 26	907 · 85
406 · 34	83 · 69	2 701 · 20	480 · 76
918 · 40	248 · 37	2 040 · 44	3 078 · 17
299 · 51	103 · 74	5 420 · 17	1 060 · 70

4 Bilde jeweils mindestens 3 Multiplikationsaufgaben.
Das Ergebnis soll kleiner als 50 000 sein.

a)

b)

c)

5

a)

347	·	5	20	31
519	·	4	30	25

b)

405	·	8	50	43
650	·	6	60	66

c)

2 314	·	3	30	33
1 862	·	2	40	15

d)

1 970	·	5	20	38
2 405	·	7	40	29

6 Berechne die Kosten für die Anschaffungen.

Wiederholen und Üben

1 Lies die Zahlen und trage sie in eine Stellenwerttafel ein.

a)	b)	c)	d)	e)
14 125	18 600	5 117	20 406	14 041
21 453	25 709	601	9 701	70 300
19 711	34 920	19 055	54 008	9 412

2 Vervollständige die Zahlenreihen.

a)	15 000	16 000							24 000
b)	51 000	52 000							60 000
c)	100 000	90 000							10 000

3 Ordne nach der Größe. Beginne mit der kleinsten Zahl.

a)	b)	c)	d)	e)
12 079	34 600	11 000	26 589	42 317
11 989	35 711	10 010	26 550	43 271
12 101	35 512	10 100	26 499	47 213

4 Runde auf Zehntausender.

29 879 12 703 18 048 41 955 33 590 15 678 25 404

5 Runde auf Tausender.

4 985 6 059 11 957 16 307 21 650 18 511 22 468

6

a)	b)	c)
12 429 + 13 397	27 111 + 5 908	14 521 + 11 354 + 2 123
19 281 + 25 148	18 705 + 5 515	11 709 + 25 052 + 5 910
15 089 + 12 905	9 988 + 23 232	23 086 + 4 258 + 601
20 805 + 20 751	1 060 + 19 975	4 657 + 15 798 + 175

7

a)	b)	c)
45 676 – 23 652	27 024 – 16 583	19 215 – 4 444
36 957 – 28 047	21 430 – 20 001	12 420 – 5 432
29 475 – 15 679	58 000 – 4 222	45 701 – 4 571
30 864 – 20 915	12 345 – 11 907	26 139 – 808

8

a)	b)	c)	d)
12 915 · 4	418 · 60	391 · 90	909 · 84
24 302 · 3	853 · 67	1 279 · 31	2 104 · 40
13 523 · 5	2 089 · 25	1 510 · 50	1 008 · 39
19 094 · 3	2 135 · 12	3 806 · 19	2 037 · 46

9

a)	b)	c)	d)
555 : 3	7 055 : 5	35 772 : 2	60 305 : 5
712 : 4	1 212 : 2	55 660 : 5	43 245 : 9
258 : 3	2 304 : 3	47 168 : 8	35 120 : 4
492 : 6	2 709 : 7	29 031 : 3	43 470 : 7

Winkel und Dreiecke

Umgang mit dem Geodreieck

So zeichnest du die Senkrechte zu einer Geraden durch den Punkt P.

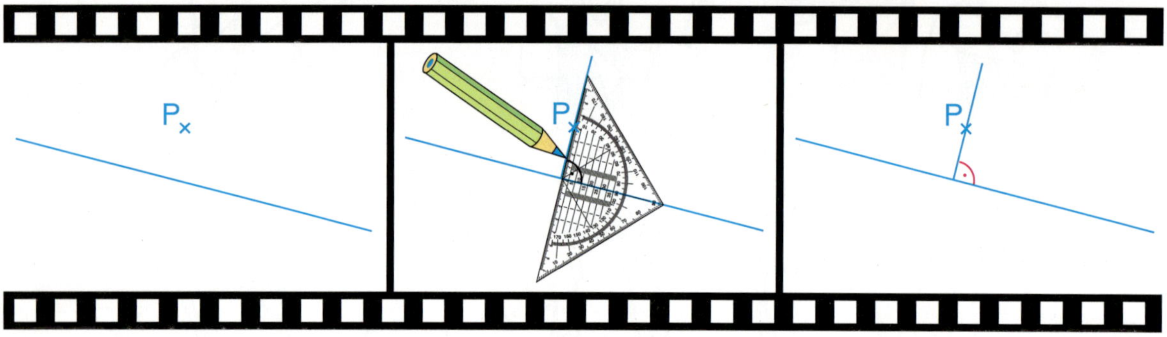

1 Zeichne die Senkrechte zu einer Geraden durch den Punkt P.

a) Der Punkt liegt über der Geraden.

b) Der Punkt liegt unter der Geraden.

c) Der Punkt liegt auf der Geraden.

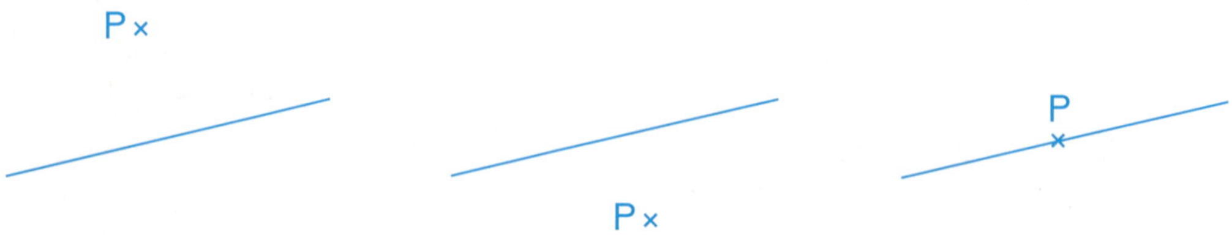

So zeichnest du die Parallele zu einer Geraden durch den Punkt P.

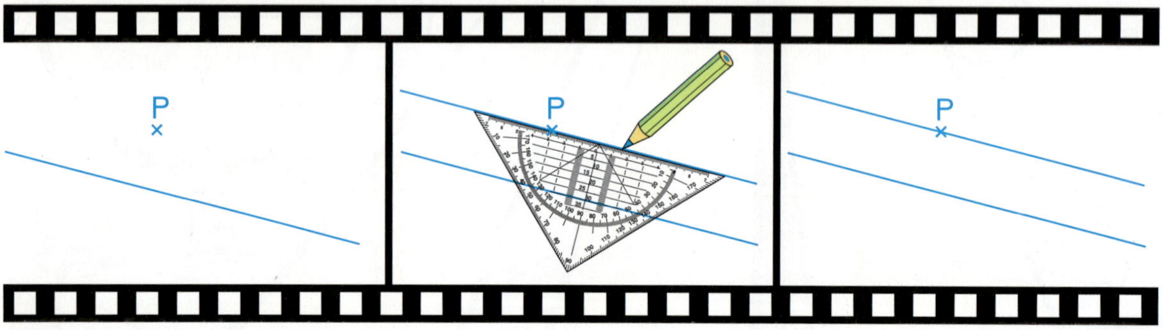

2 Prüfe mit dem Geodreieck.

a) Welche Geraden sind parallel? Schreibe : a ∥ c

b) Welche Geraden sind zueinander senkrecht? Schreibe : a ⊥ h

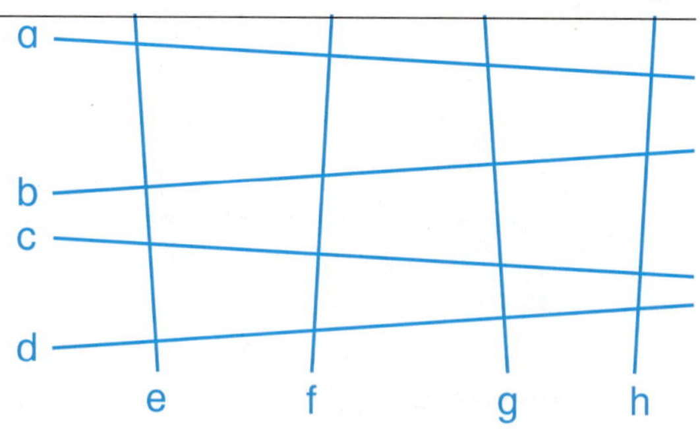

3 Zeichne zwei Parallelen im Abstand von

a) 1 cm b) 2 cm c) 2,5 cm d) 3 cm e) 4,5 cm f) 5 cm

Winkel in der Umwelt

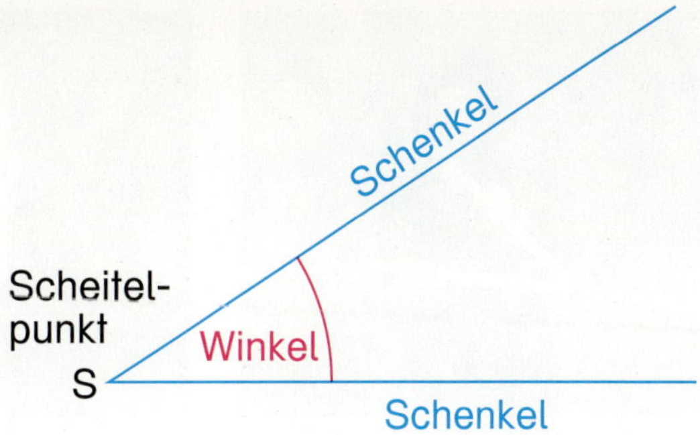

1 Zeige jeweils den Scheitelpunkt und die Schenkel.

Spitzer Winkel – rechter Winkel – stumpfer Winkel

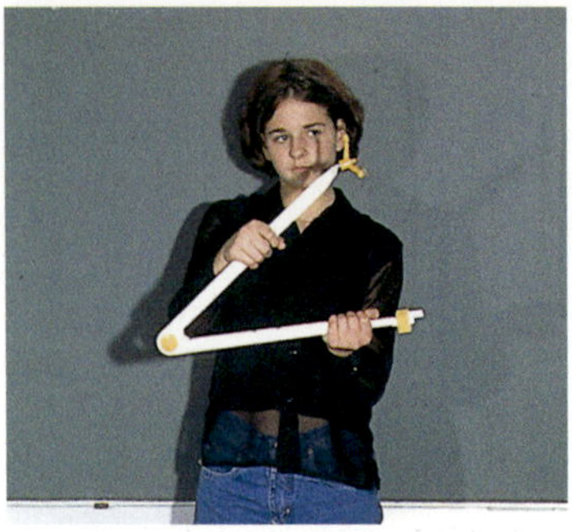

spitzer Winkel

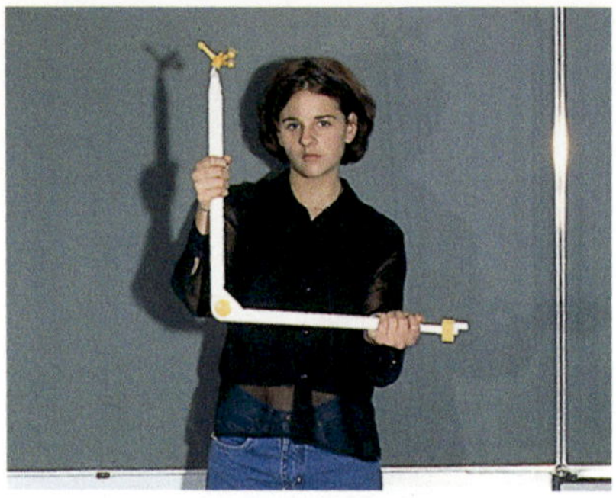

rechter Winkel

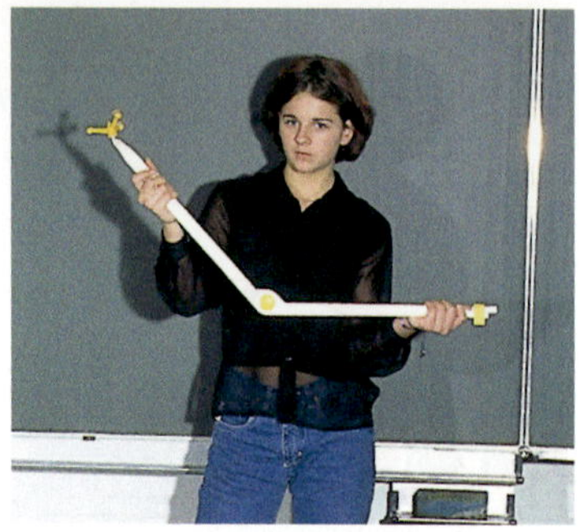

stumpfer Winkel

1 a) Kannst du die Namen der Winkel erklären?
b) Bilde mit dem Zirkel verschiedene Winkel.

2 Wo bilden die Zeiger einen spitzen, stumpfen oder einen rechten Winkel?

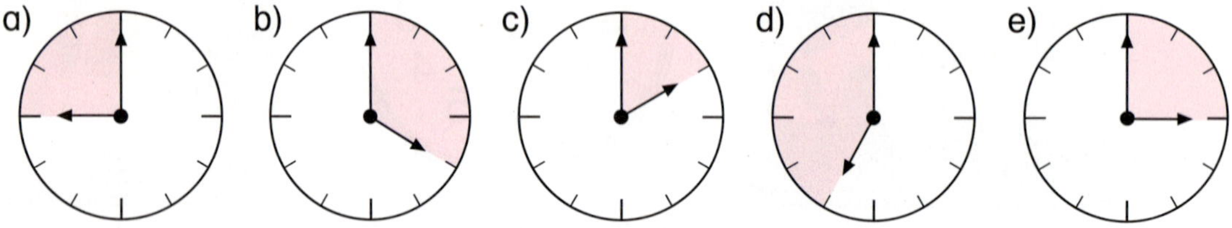

3 Ist der Winkel spitz, stumpf oder ein rechter Winkel?
Überprüfe mit dem Geodreieck.

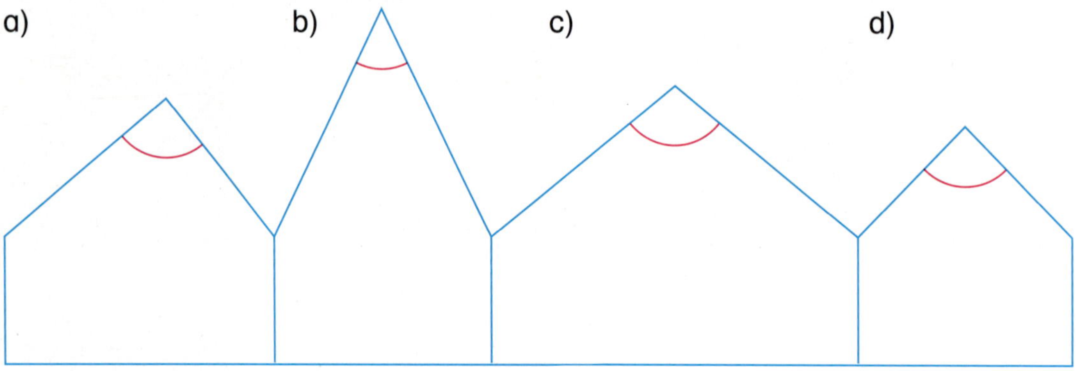

4 Welcher Winkel ist spitz, stumpf oder ein rechter Winkel?

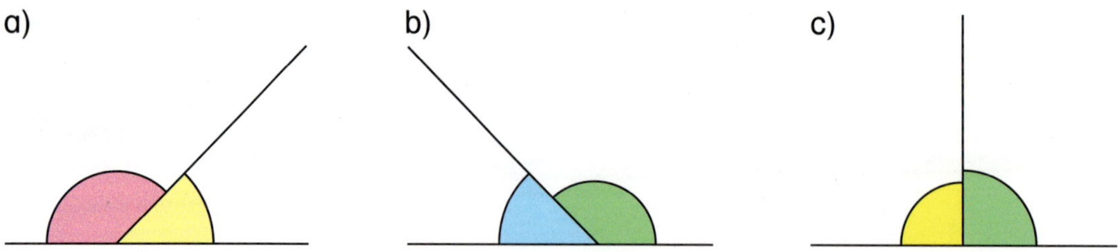

Mathewerkstatt: Winkelscheibe

Mit der Winkelscheibe kannst du alle möglichen Winkel darstellen.

So stellst du eine Winkelscheibe her.

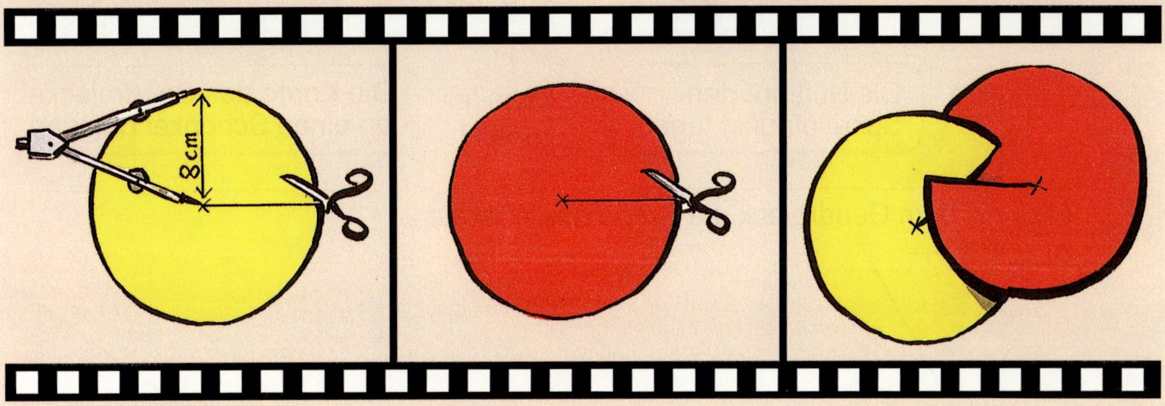

1 a) Zeige mit deiner Winkelscheibe verschiedene Winkel.
b) Zeige mit deiner Winkelscheibe spitze, stumpfe und rechte Winkel.

2 Ist der Winkel spitz, stumpf oder ein rechter Winkel?

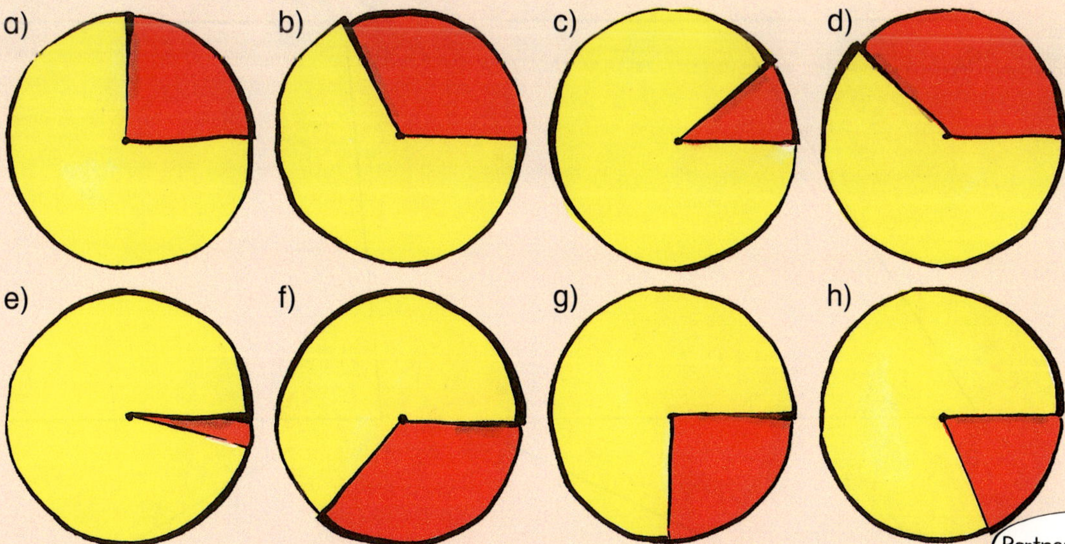

3 Stelle mit deiner Winkelscheibe einen Winkel ein. Dein Nachbar sagt, ob es ein spitzer, ein stumpfer oder ein rechter Winkel ist.

Winkel messen

Winkel werden in Grad gemessen:
1 Grad = 1°

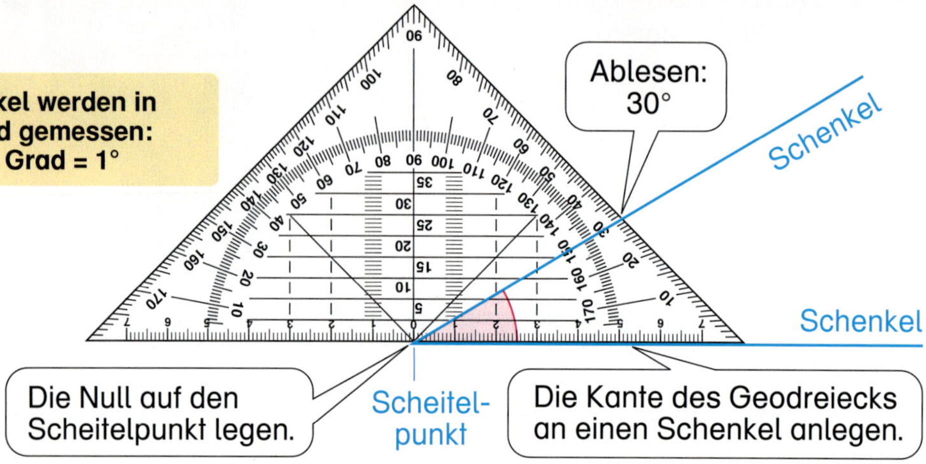

1 Miss mit dem Geodreieck die Größe des Winkels.

a)

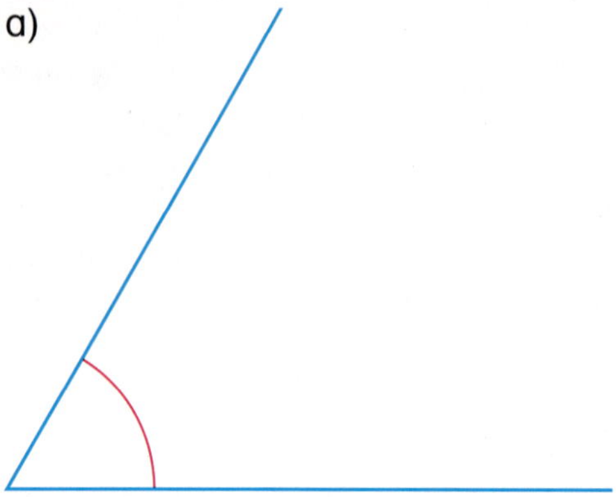

b)

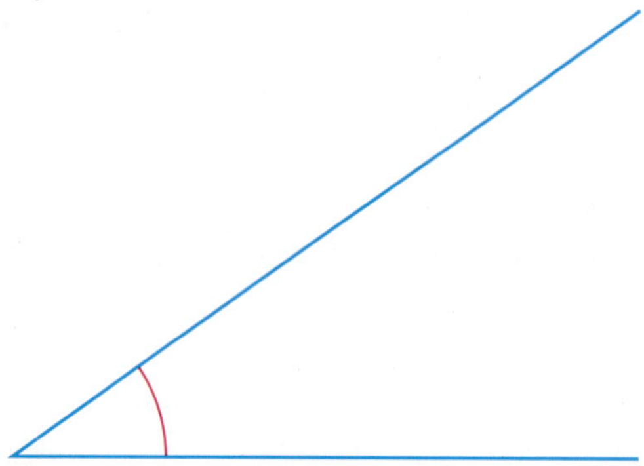

c)

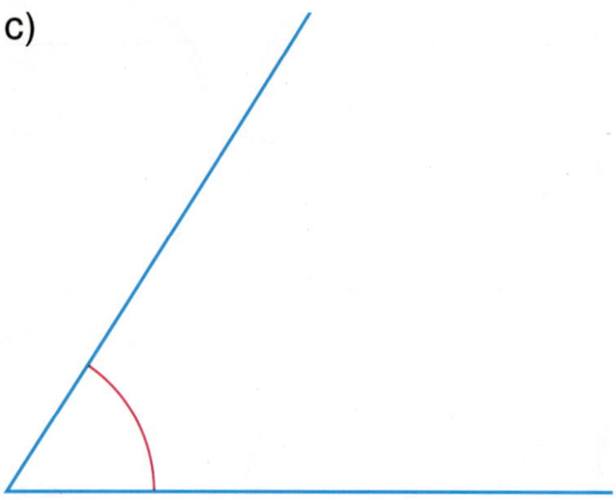

d)

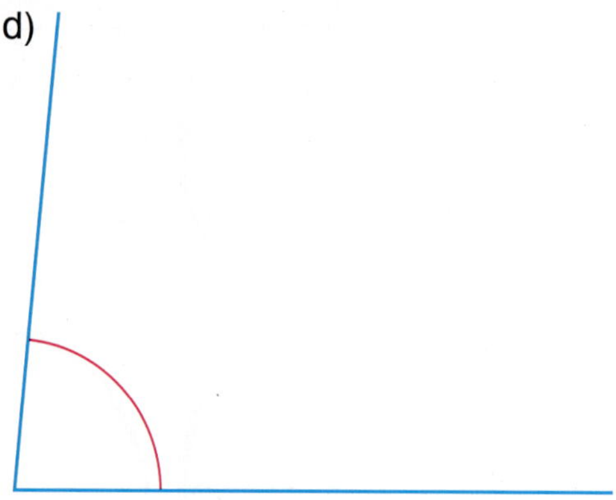

e)

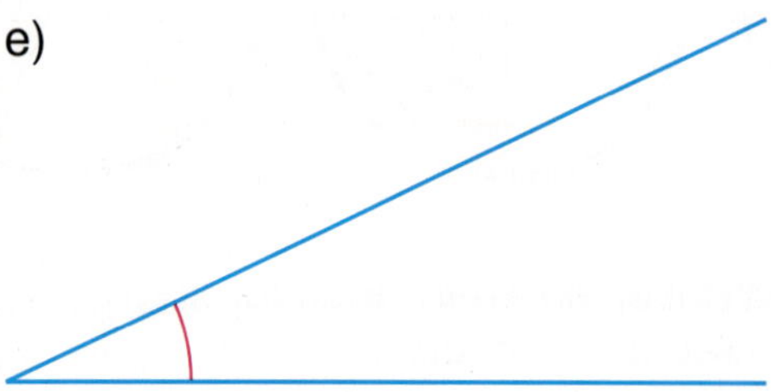

f)

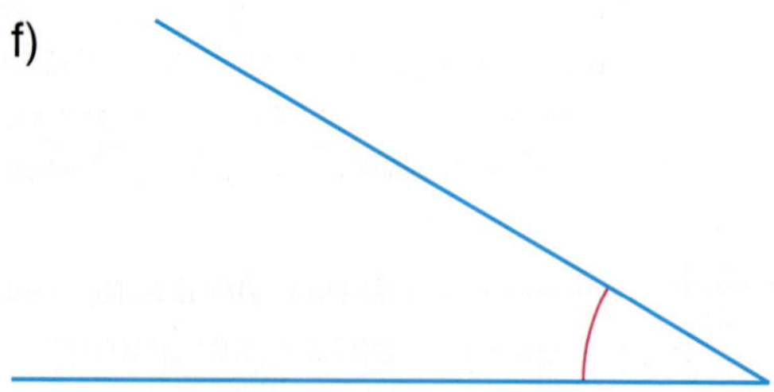

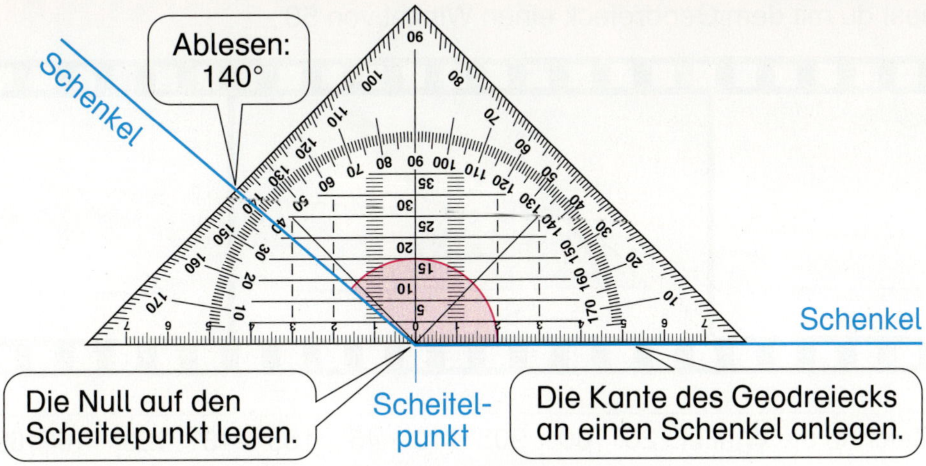

1 Miss mit dem Geodreieck die Größe des Winkels.

a)

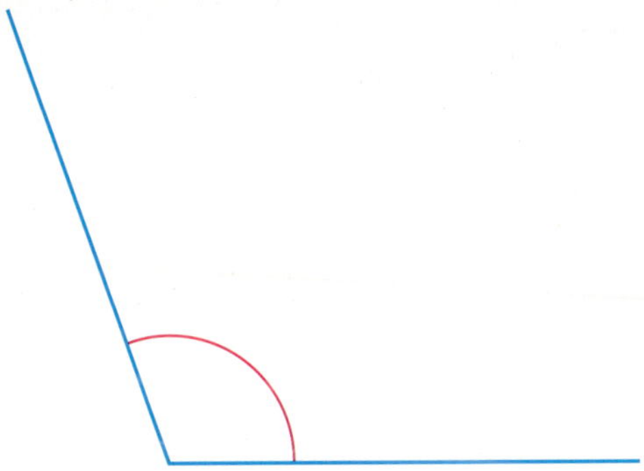

b)

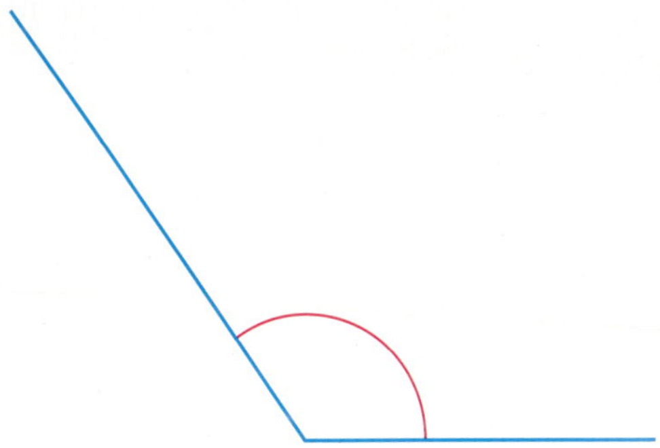

c)

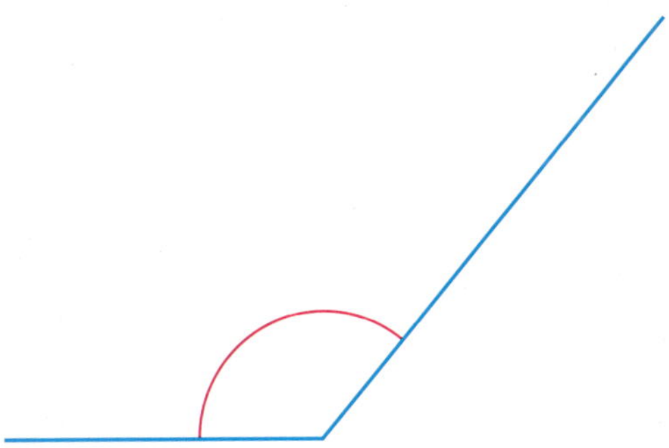

d)

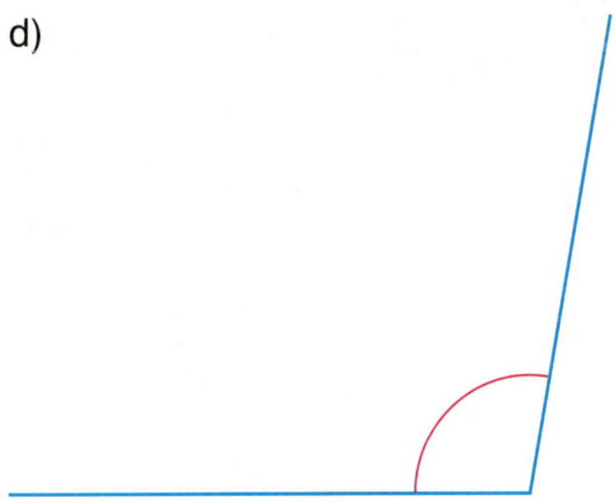

2 Stelle auf deiner Winkelscheibe einen Winkel ein. Dein Partner schätzt die Größe des Winkels. Messt mit dem Geodreieck nach.

Winkel messen und zeichnen

So zeichnest du mit dem Geodreieck einen Winkel von 50°.

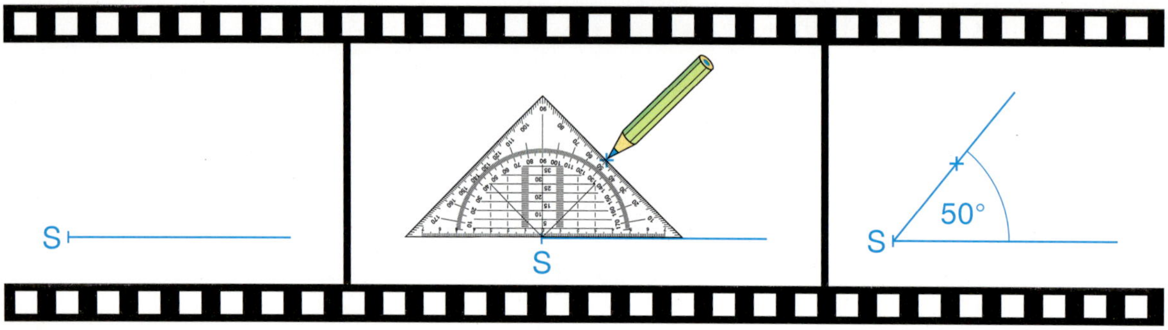

1 a) Zeichne die Winkel: 20° 60° 90° 110° 45° 165° 48° 123° 16° 69° 175°
b) Markiere spitze Winkel rot, stumpfe Winkel blau und rechte Winkel grün.

2 a) Schätze die Größe des Winkels. Überprüfe durch Messen.
b) Zeichne den Winkel in dein Heft.

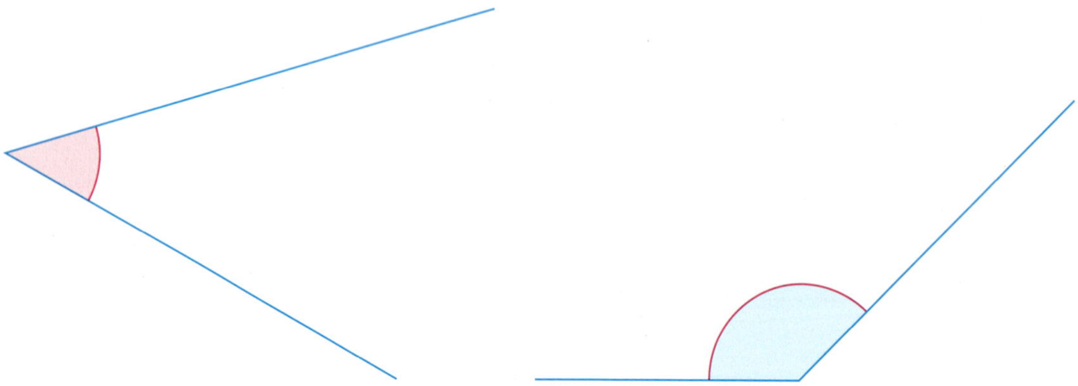

3 Miss die Größe des Winkels.
Zeichne den Winkel in dein Heft.

a)

b)

c)

1 a) Miss die Größe der Lichtkegel.
b) Zeichne die Winkel in dein Heft.

2 Bei Sonnenschein mäht das Solarschaf „Sonny“ kreuz und quer den Rasen. Wenn es an ein Hindernis stößt, ändert es die Richtung.
a) Miss die Winkel bei den Hindernissen.
b) Übertrage Sonnys Weg in dein Heft.

Bezeichnungen am Dreieck

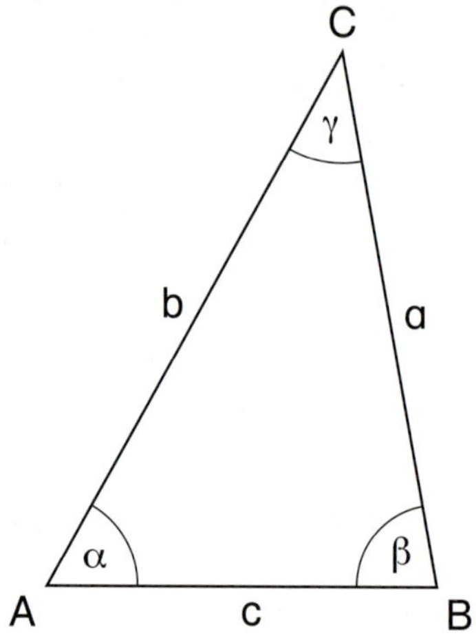

So beschriften wir Dreiecke. Die Winkel werden mit den griechischen Buchstaben α (alfa), β (beta) und γ (gamma) bezeichnet.

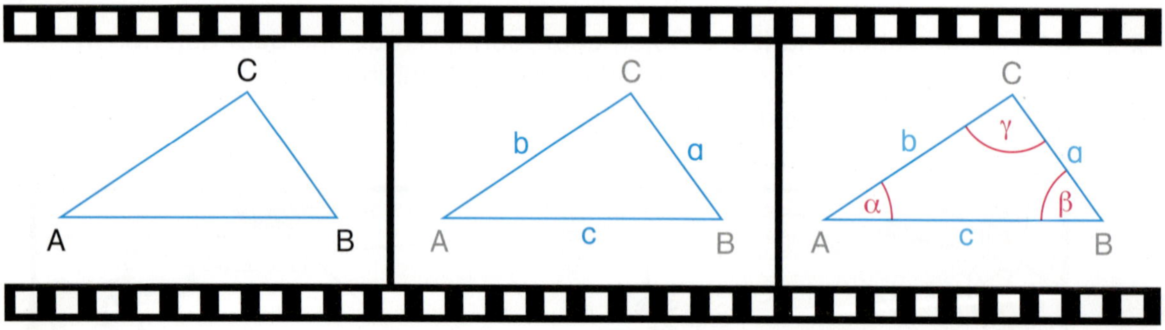

1 Übertrage die Dreiecke in dein Heft und ergänze die fehlenden Bezeichnungen.

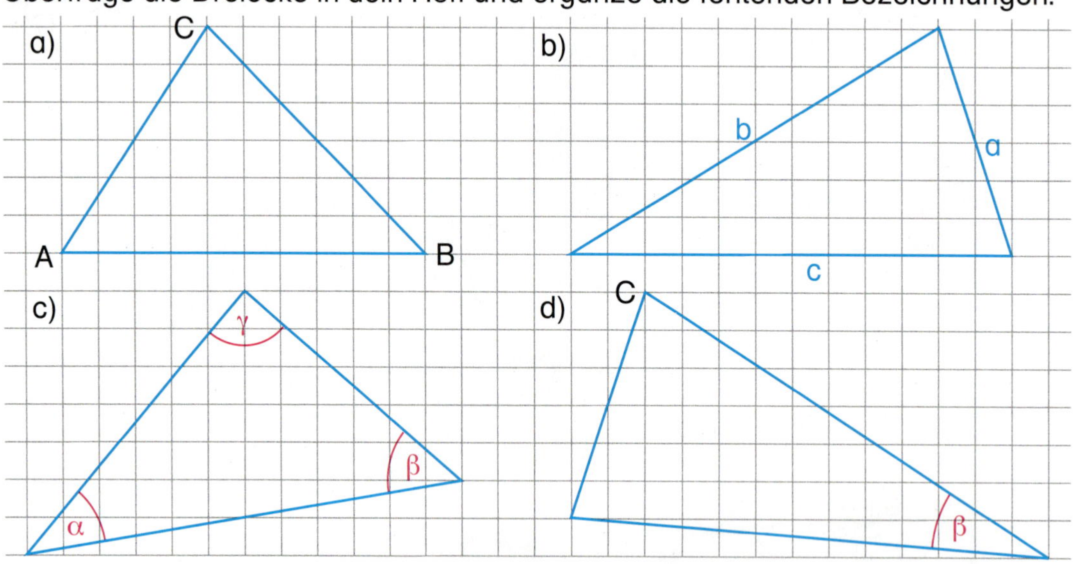

Dreiecke zeichnen (WSW)

So zeichnest du ein Dreieck, wenn eine Seite und zwei Winkel gegeben sind.

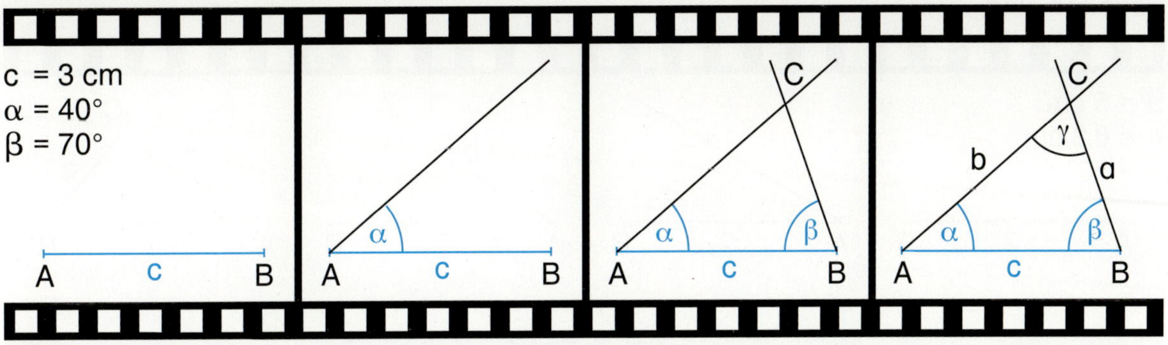

1 Zeichne das Dreieck. Beginne mit der Seite c.

a) c = 4 cm, α = 60°, β = 75°
b) c = 5 cm, α = 80°, β = 45°
c) c = 4,5 cm, α = 50°, β = 85°
d) c = 6 cm, α = 110°, β = 45°

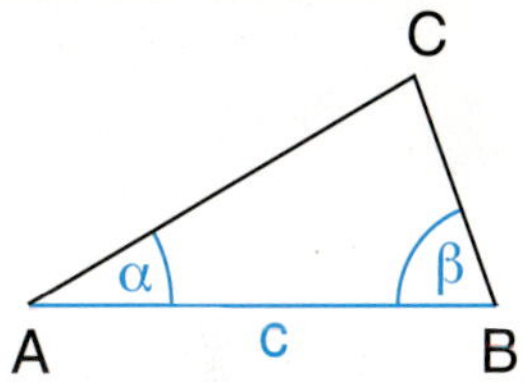

2 Zeichne das Dreieck. Beginne mit der Seite a.

a) a = 6 cm, β = 20°, γ = 100°
b) a = 5,5 cm, β = 105°, γ = 35°
c) a = 7,5 cm, β = 20°, γ = 125°
d) a = 3,5 cm, β = 80°, γ = 65°

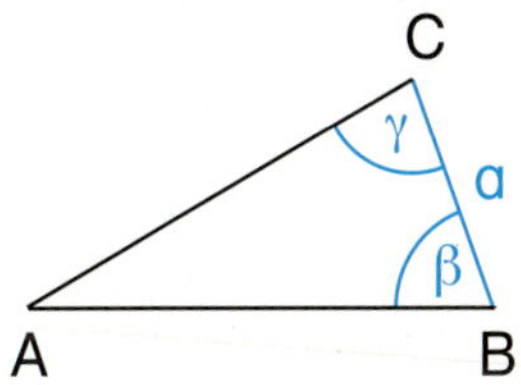

3 Zeichne das Dreieck. Beginne mit der Seite b.

a) b = 4 cm, α = 35°, γ = 60°
b) b = 6,5 cm, α = 85°, γ = 45°
c) b = 4,5 cm, α = 43°, γ = 92°
d) b = 7,5 cm, α = 56°, γ = 62°

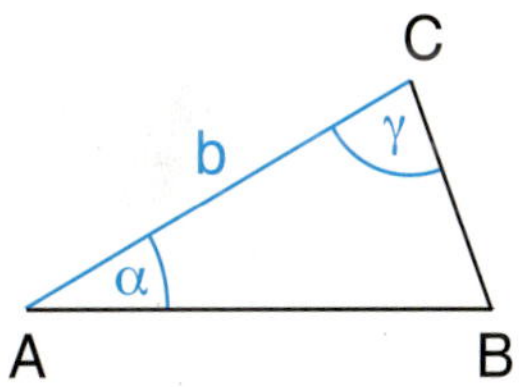

4 a) Bestimme die Höhe des Baumes. Für 10 m zeichne 1 cm in dein Heft.

b) Bestimme die Entfernungen Hannover – Berlin und Berlin – Erfurt. Für 30 km zeichne 1 cm in dein Heft.

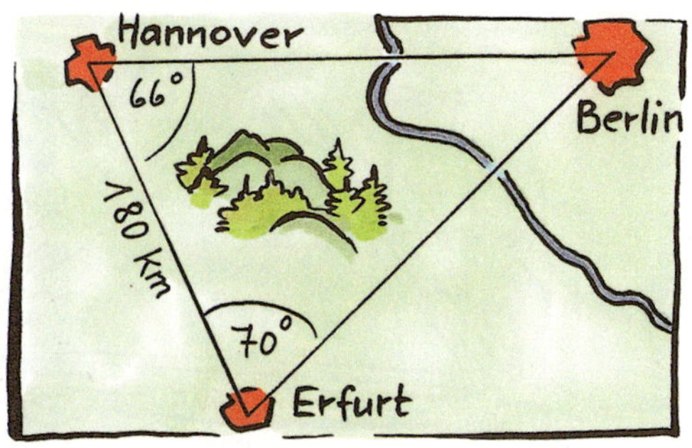

Dreiecke zeichnen (SWS)

So zeichnest du ein Dreieck, wenn zwei Seiten und der eingeschlossene Winkel gegeben sind.

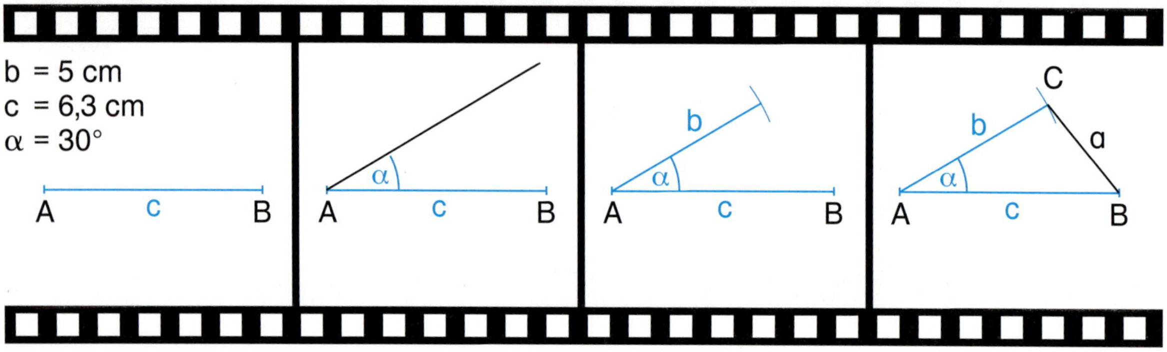

1 Zeichne das Dreieck. Beginne mit der Seite c.

a) b = 5 cm, c = 6 cm, $\alpha = 65°$
b) b = 5 cm, c = 5,5 cm, $\alpha = 90°$
c) b = 8 cm, c = 6,5 cm, $\alpha = 50°$
d) b = 4 cm, c = 6 cm, $\alpha = 60°$

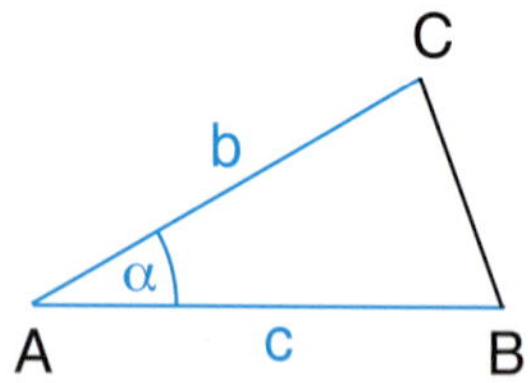

2 Zeichne das Dreieck. Beginne mit der Seite c.

a) a = 5 cm, c = 5,8 cm, $\beta = 25°$
b) a = 6,2 cm, c = 8 cm, $\beta = 15°$
c) a = 7 cm, c = 6 cm, $\beta = 32°$
d) a = 5,7 cm, c = 7,5 cm, $\beta = 43°$

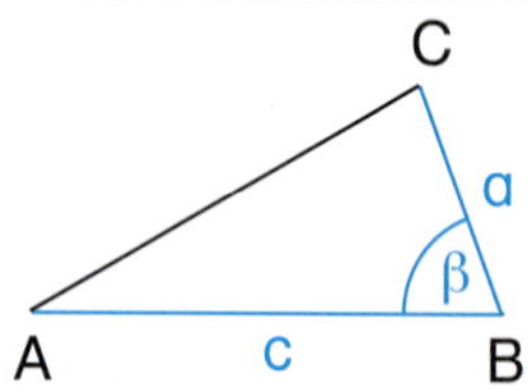

3 Zeichne das Dreieck.

a) a = 5 cm, b = 6 cm, $\gamma = 30°$
b) a = 6,5 cm, b = 8 cm, $\gamma = 24°$
c) a = 4,5 cm, b = 7 cm, $\gamma = 57°$
d) a = 3 cm, b = 5,5 cm, $\gamma = 90°$

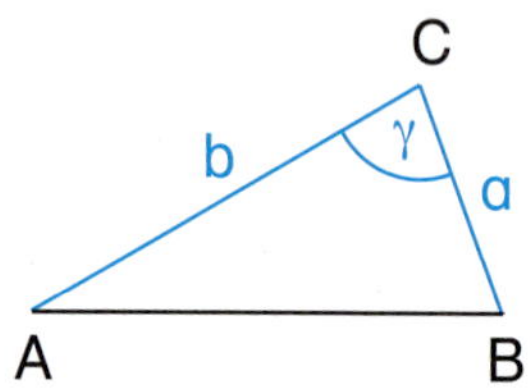

4 Bestimme mit einer Zeichnung:

a) Länge der Verbindungsstraße

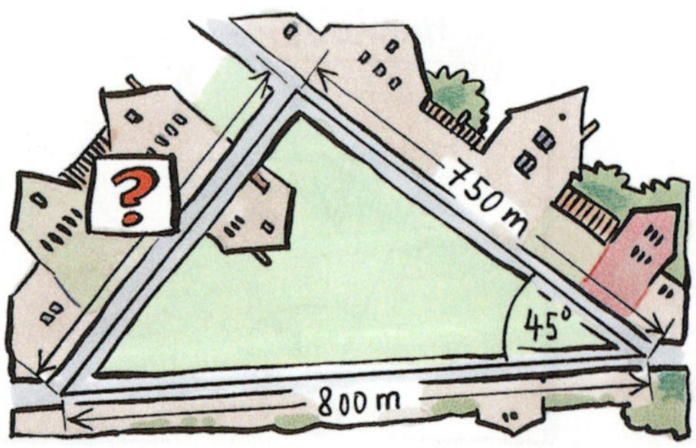

b) Länge des Sees

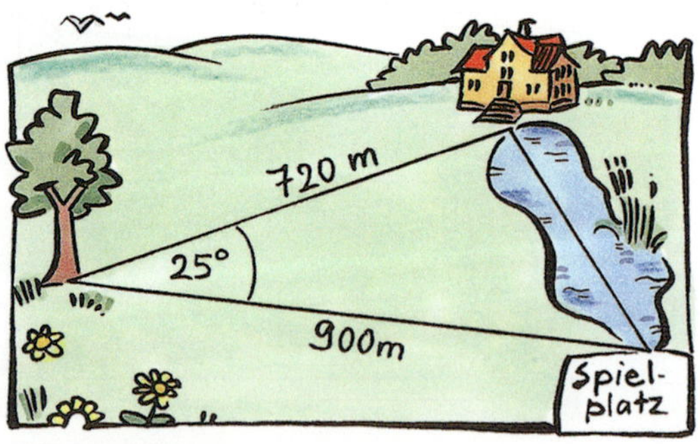

Für 100 m in der Wirklichkeit zeichne 1 cm in dein Heft.

Dreiecke zeichnen (SSS)

So zeichnest du ein Dreieck, wenn die drei Seiten gegeben sind.

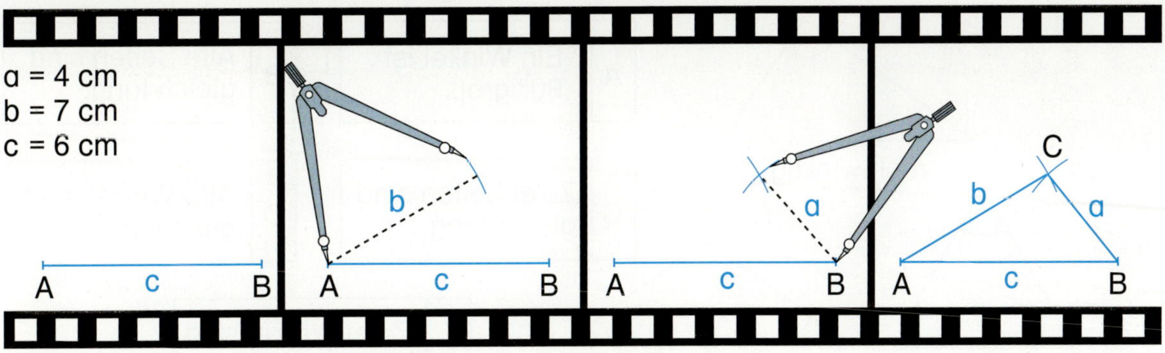

1 Zeichne das Dreieck. Beginne mit der Seite c.

a) a = 6 cm, b = 5 cm, c = 7 cm
b) a = 3 cm, b = 4 cm, c = 6 cm
c) a = 4 cm, b = 6 cm, c = 5 cm
d) a = 6 cm, b = 3 cm, c = 4 cm
e) a = 7 cm, b = 6 cm, c = 9 cm
f) a = 4,5 cm, b = 6 cm, c = 8 cm
g) a = 3,5 cm, b = 5 cm, c = 7,5 cm
h) a = 5,5 cm, b = 6,5 cm, c = 9 cm
i) a = 6 cm, b = 6 cm, c = 8,5 cm
j) a = 6,5 cm, b = 6,5 cm, c = 6,5 cm

2 a)

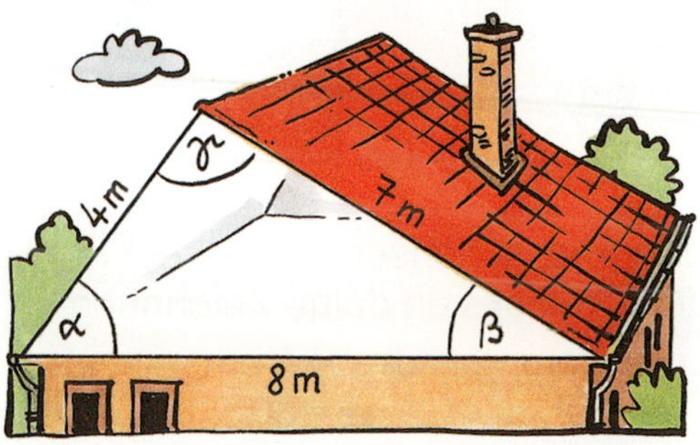

Zeichne den Giebel der Halle.
Für 1 m in Wirklichkeit zeichne 1 cm in dein Heft.
Miss die Winkel α, β und γ.

b)

Zeichne den Kurs des Schiffes.
Für 1 km in Wirklichkeit zeichne 1 cm in dein Heft.
Miss die Winkel.

3 Zeichne den Rahmen des Fahrrades.
Für 10 cm in Wirklichkeit zeichne 1 cm in dein Heft.
Miss die Winkel.

Besondere Dreiecke

1 Was ist das Besondere an den Dreiecken?

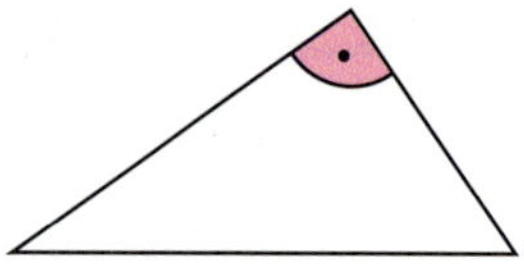

rechtwinklig

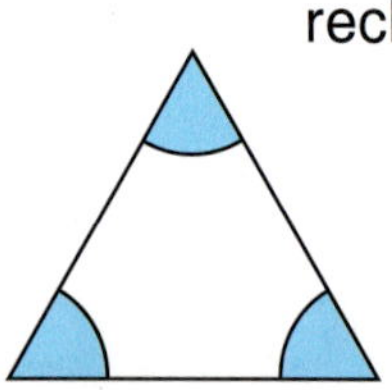

gleichseitig

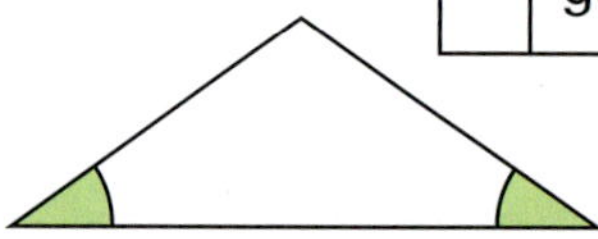

gleichschenklig

A	Ein Winkel ist 90° groß.
B	Alle Seiten sind gleich lang.
C	Zwei Seiten sind gleich lang.
D	Alle Winkel sind gleich groß.
E	Zwei Winkel sind gleich groß.

2 Welche besonderen Dreiecke erkennst du?

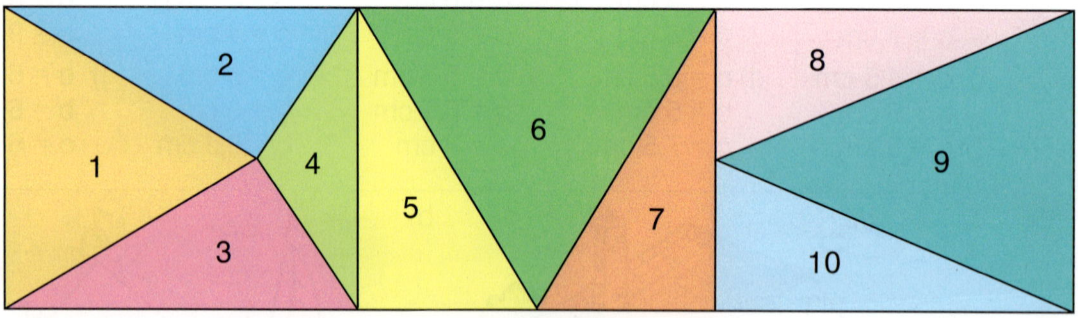

3 Zeichne das Dreieck. Ist es gleichschenklig, gleichseitig oder rechtwinklig? Schreibe den besonderen Namen des Dreiecks an deine Zeichnung.

a) $c = 5$ cm, $\alpha = 60°$, $\beta = 60°$	b) $a = 6$ cm, $c = 6$ cm, $\beta = 60°$	c) $c = 7$ cm, $\alpha = 30°$, $\beta = 30°$	d) $c = 5$ cm, $\alpha = 30°$, $\beta = 60°$	e) $a = 6$ cm, $b = 6$ cm, $c = 2$ cm
f) $c = 4{,}5$ cm, $\alpha = 75°$, $\beta = 15°$	g) $c = 6{,}5$ cm, $\alpha = 40°$, $\beta = 40°$	h) $b = 5{,}5$ cm, $\alpha = 60°$, $\gamma = 60°$	i) $a = 7$ cm, $b = 7$ cm, $\gamma = 90°$	j) $b = 6$ cm, $\alpha = 75°$, $\gamma = 30°$

4 Wie viele Dreiecke siehst du?

a)

b)

Winkelsumme im Dreieck

1 Fabio und Hannah haben ein großes Dreieck auf Papier gezeichnet.
Wie haben sie die Winkelsumme bestimmt?

In jedem Dreieck beträgt die Winkelsumme 180°. $\alpha + \beta + \gamma = 180°$

2 a) Zeichne ein Dreieck auf Papier. Miss die Winkel.
Berechne die Summe der Winkel.

b) Schneide das Dreieck aus. Zeige wie Hannah durch Aneinanderlegen der Winkel, dass die Winkelsumme 180° beträgt.

3 Berechne den fehlenden Winkel. Dann prüfe mit deinem Geodreieck.

a)

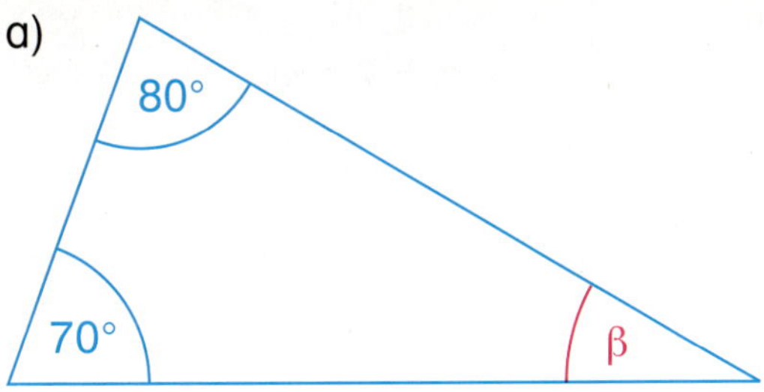

b)

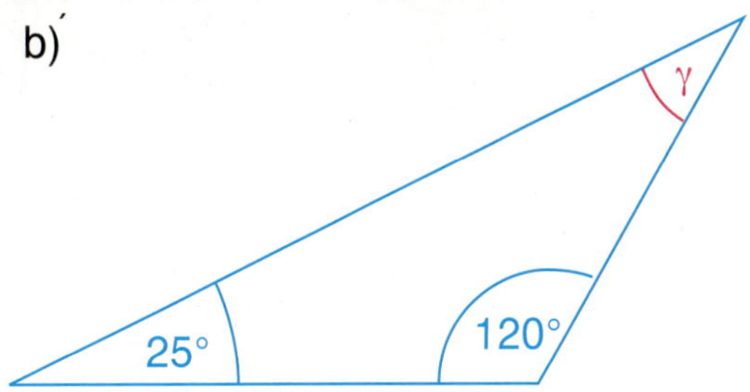

4 Berechne den fehlenden Winkel.

	a)	b)	c)	d)	e)	f)	g)	h)
α	40°		60°	35°	55°		82°	42°
β	60°	70°		65°		110°	40°	
γ		50°	45°		65°	67°		58°

Wiederholen und Üben

1 Prüfe mit dem Geodreieck.

a) Welche Geraden sind zueinander parallel?

b) Welche Geraden sind zueinander senkrecht?

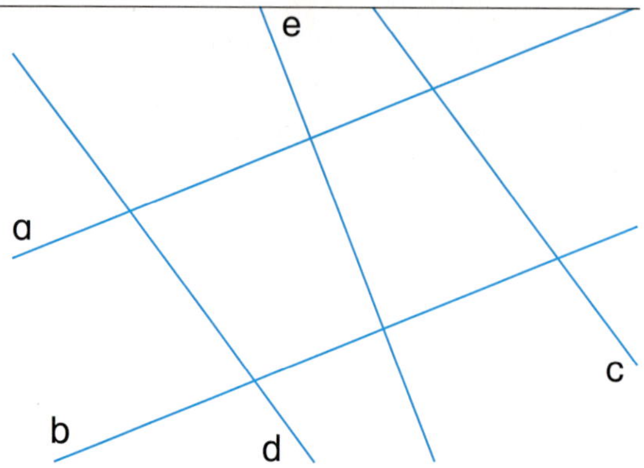

2 Ist der Winkel spitz, stumpf oder ein rechter Winkel?

a)

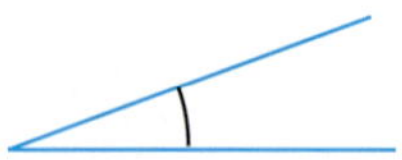

b)

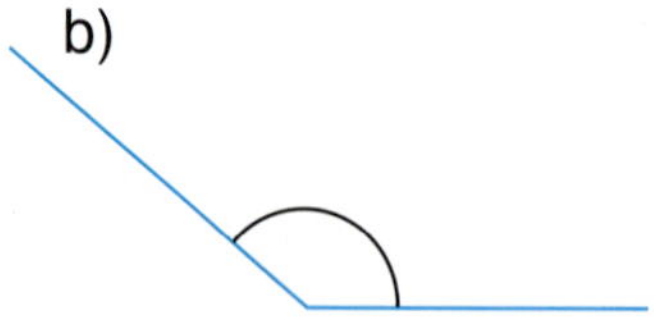

c)

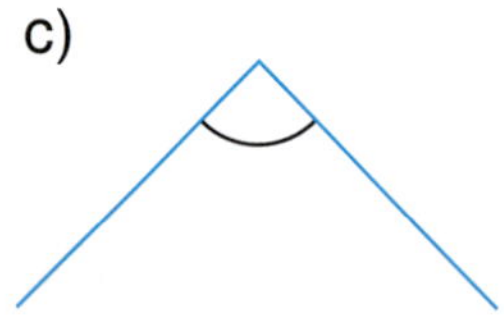

d)

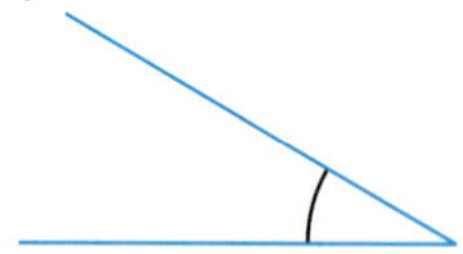

3 a) Zeichne die Winkel: 10° 30° 90° 120° 150° 7° 85° 103° 37°

b) Markiere spitze Winkel rot, stumpfe Winkel blau und rechte Winkel grün.

4 Zeichne das Dreieck.

a) $c = 6$ cm, $\alpha = 30°$, $\beta = 75°$

b) $a = 5$ cm, $\beta = 60°$, $\gamma = 45°$

c) $a = 4{,}5$ cm, $c = 6{,}5$ cm, $\beta = 50°$

d) $b = 4$ cm, $c = 5$ cm, $\alpha = 85°$

e) $a = 5$ cm, $b = 6$ cm, $c = 8$ cm

5 a)

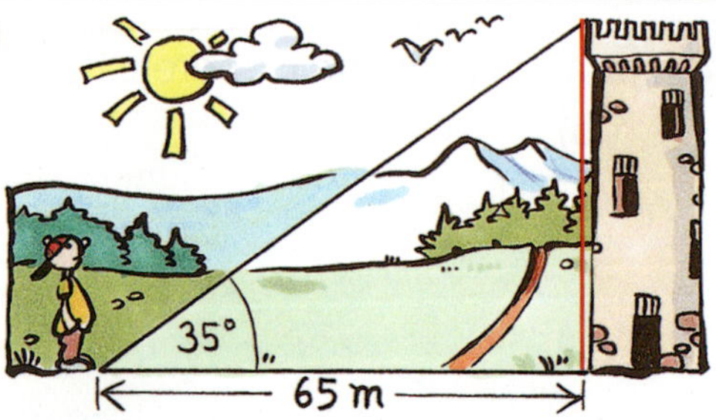

Bestimme die Höhe des Turmes.
Für 10 m in Wirklichkeit zeichne 1 cm in deinem Heft.

b)

Bestimme den Winkel α des Daches.
Für 1 m in Wirklichkeit zeichne 1 cm in deinem Heft.

6 Bei einem Dreieck sind zwei Winkel bekannt.
Berechne den dritten Winkel.

α	115°	80°			18°
β	20°	35°	100°	60°	
γ			40°	57°	112°

Bruchrechnung 1

Stammbrüche

1 Welche Bruchteile sind hier dargestellt?

2 Welche Bruchteile sind farbig dargestellt?

a) b) c) d) e)

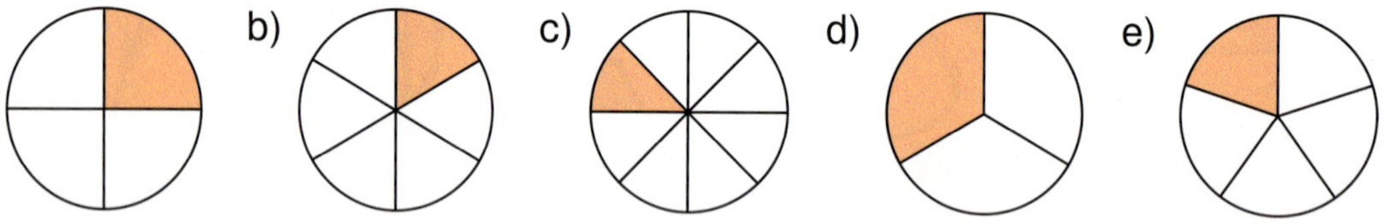

f) g) h) i) j)

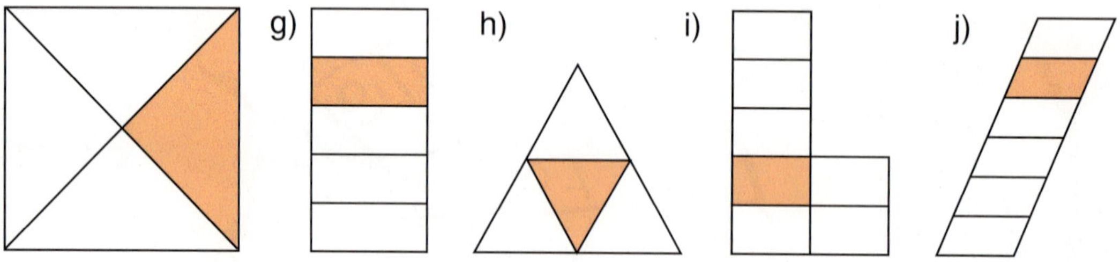

3 Zeichne die Figuren in dein Heft. Färbe jeweils den angegebenen Bruchteil.

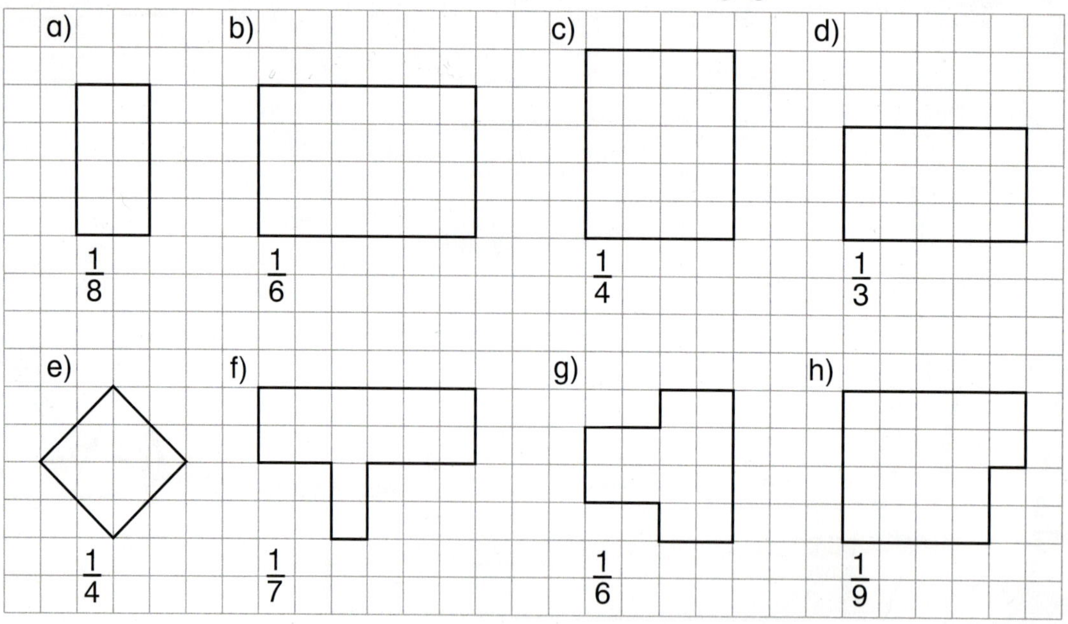

a) $\frac{1}{8}$ b) $\frac{1}{6}$ c) $\frac{1}{4}$ d) $\frac{1}{3}$

e) $\frac{1}{4}$ f) $\frac{1}{7}$ g) $\frac{1}{6}$ h) $\frac{1}{9}$

Abgeleitete Brüche

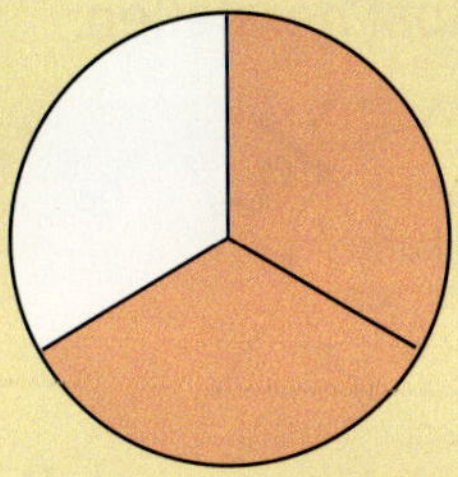

$\frac{2}{3}$ → Zähler (2), Bruchstrich, Nenner (3)

Der Zähler zählt die Teile, die vom Ganzen genommen werden.
Der Nenner gibt an, in wie viele Teile das Ganze geteilt wurde.

1 Welche Bruchteile sind farbig dargestellt?

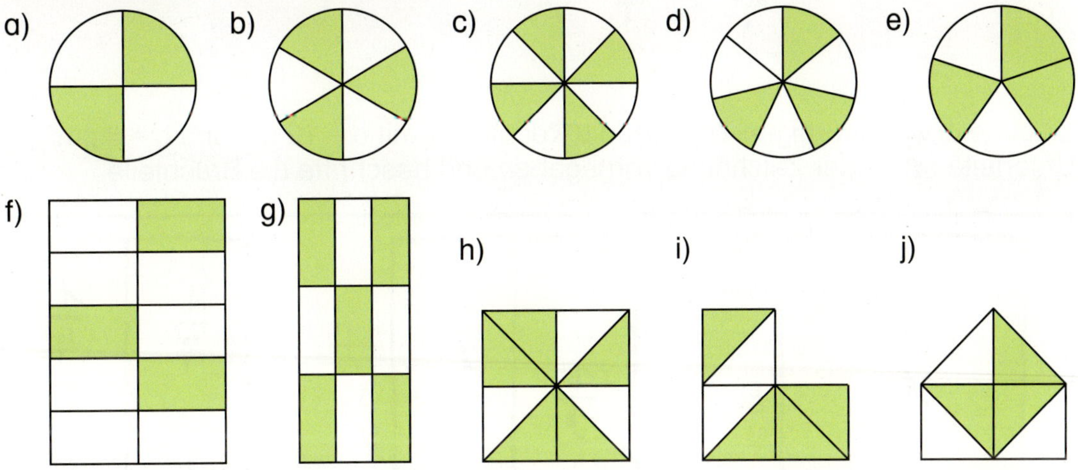

2 Zeichne die Figuren in dein Heft. Färbe jeweils den angegebenen Bruchteil.

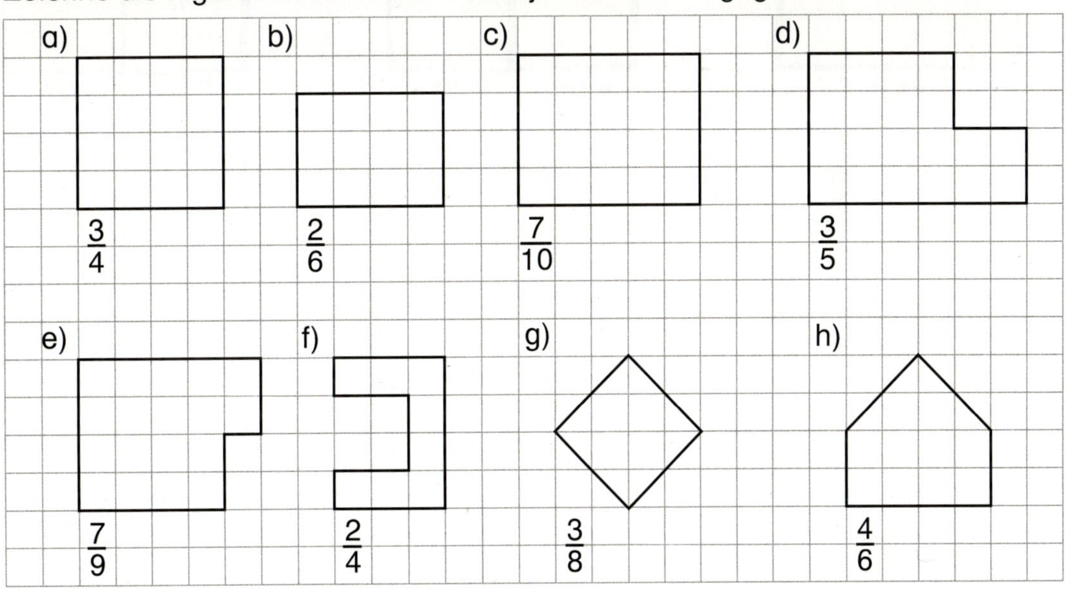

Mathewerkstatt: Bruch – Material

Brüche aus Rechtecken und Kreisen kannst du auch selbst herstellen.

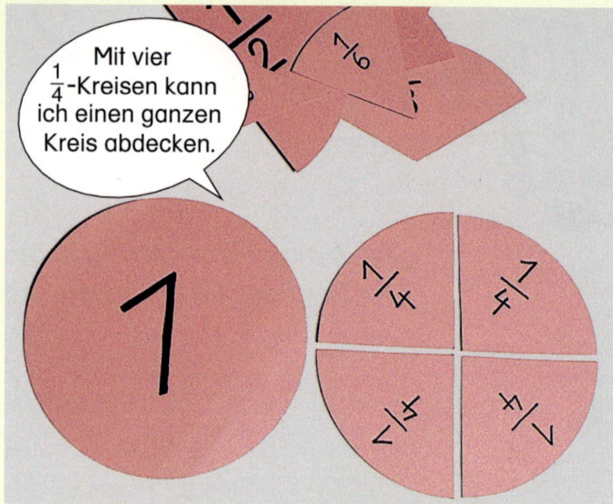

Zeichne auf zweifarbigen Tonkarton 6 Rechtecke mit a = 12 cm und b = 8 cm.
Unterteile wie in der Zeichnung vorgegeben und beschrifte die Bruchteile.

✂ Jetzt musst du die Bruchteile nur noch auseinanderschneiden.

Für die Bruchkreise benötigst du 2 Vorlagen.
Schneide aus Papier 2 Kreise mit r = 6 cm aus.

Zeichne auf zweifarbigen Tonkarton 6 Kreise mit r = 6 cm.
Übertrage mit Hilfe der Vorlagen die Schnittlinien für die Kreisausschnitte und beschrifte.

Mit Stecknadeln verbindest du zuerst Vorlage und Tonkarton im Mittelpunkt. Übertrage dann die Punkte für die Schnittlinien.

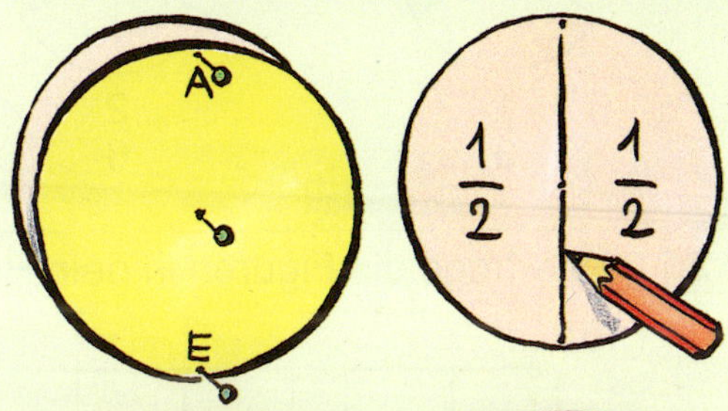

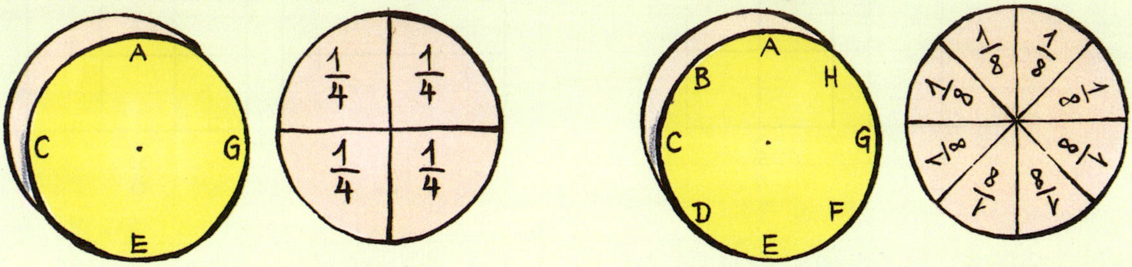

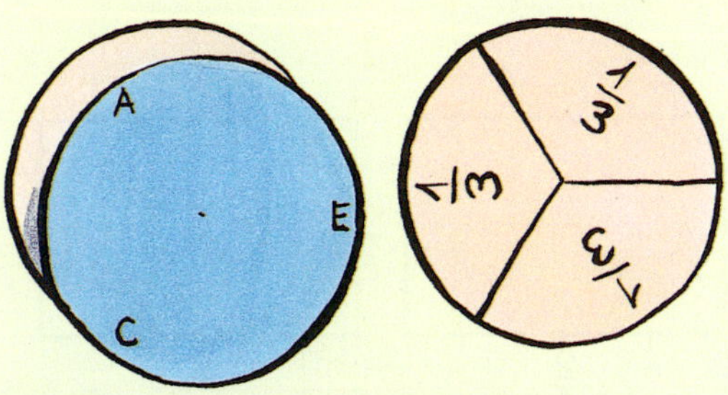

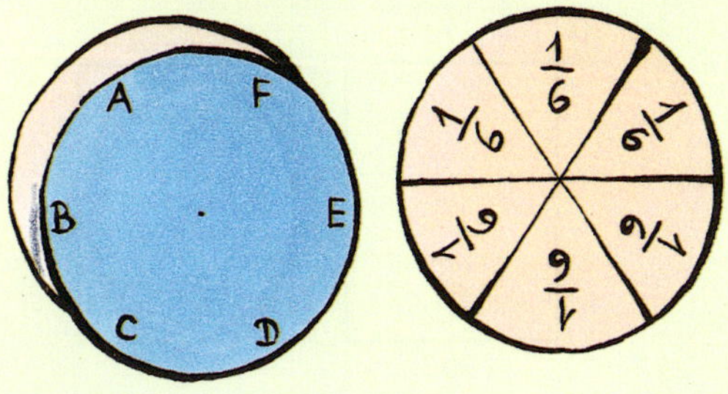

✂ Jetzt kannst du die Bruchteile auseinanderschneiden.

Erweitern

1 Lege mit deinem Bruch-Material. Was fällt dir auf?

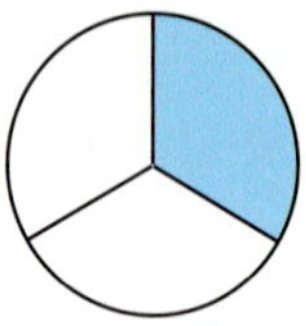

$\frac{1}{3}$

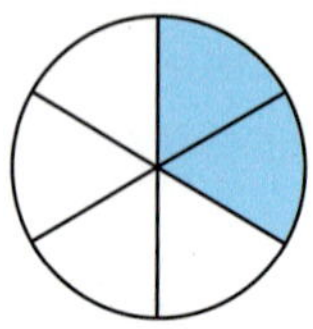

$\frac{2}{6}$

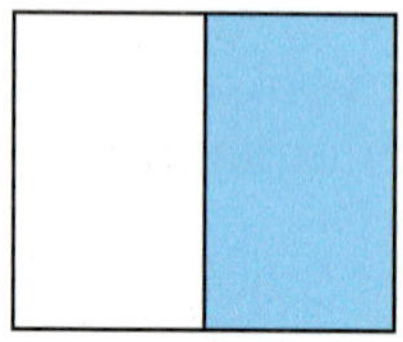

$\frac{1}{2}$

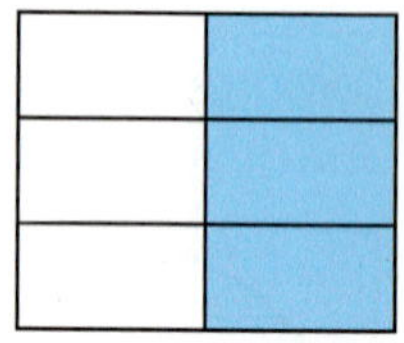

$\frac{3}{6}$

2 Übertrage die Figuren in dein Heft. Färbe die angegebenen Bruchteile.

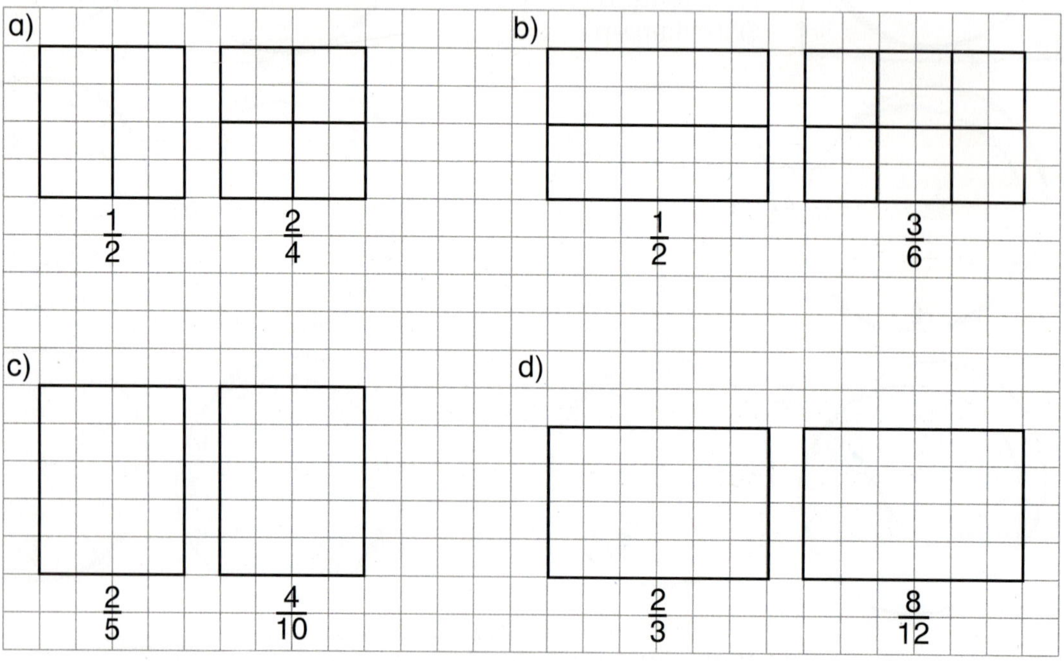

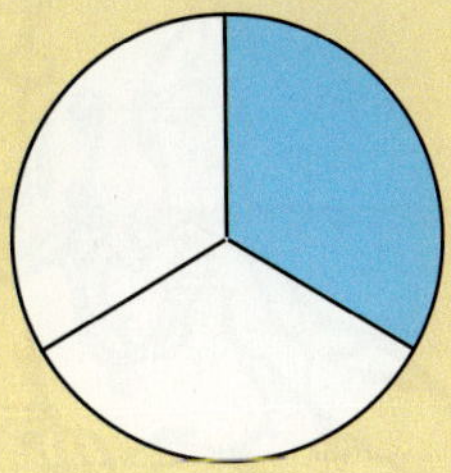

$\frac{1}{3}$

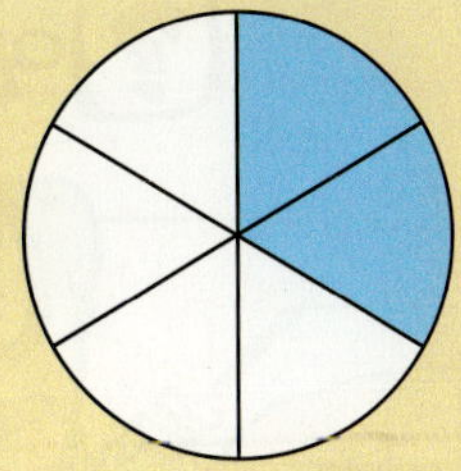

mit 2 erweitert $\frac{1 \cdot 2}{3 \cdot 2} = \frac{2}{6}$

Beim *Erweitern* werden Zähler und Nenner mit der gleichen Zahl multipliziert.
Die Größe des Bruchteils ändert sich beim Erweitern nicht.

1 Erweitere die Brüche mit 2.

$\frac{3}{6} = \frac{3 \cdot 2}{6 \cdot 2} = \frac{6}{12}$

a) $\frac{1}{2}$ b) $\frac{3}{4}$ c) $\frac{4}{6}$ d) $\frac{2}{5}$ e) $\frac{4}{7}$ f) $\frac{7}{9}$

2 Erweitere die Brüche mit 3.

a) $\frac{2}{3}$ b) $\frac{1}{7}$ c) $\frac{3}{5}$ d) $\frac{5}{8}$ e) $\frac{4}{6}$ f) $\frac{3}{9}$ g) $\frac{4}{7}$

3 Erweitere mit der Zahl im Dach.

a)

4		
$\frac{1}{2}$	$\frac{3}{8}$	$\frac{3}{4}$
$\frac{7}{10}$	$\frac{5}{9}$	$\frac{5}{7}$

b)

6		
$\frac{2}{5}$	$\frac{4}{8}$	$\frac{6}{10}$
$\frac{3}{6}$	$\frac{4}{7}$	$\frac{3}{9}$

c)

7		
$\frac{2}{3}$	$\frac{4}{5}$	$\frac{1}{4}$
$\frac{6}{8}$	$\frac{3}{9}$	$\frac{7}{10}$

d)

9		
$\frac{2}{5}$	$\frac{4}{6}$	$\frac{2}{3}$
$\frac{7}{9}$	$\frac{5}{7}$	$\frac{8}{9}$

4 Mit welcher Zahl wurde hier erweitert?
Schreibe die Aufgaben in dein Heft. Ergänze die fehlenden Zahlen.

a) $\frac{3}{4} = \frac{3 \cdot \square}{4 \cdot \square} = \frac{9}{12}$ b) $\frac{2}{6} = \frac{2 \cdot \square}{6 \cdot \square} = \frac{10}{30}$ c) $\frac{5}{8} = \frac{5 \cdot \square}{8 \cdot \square} = \frac{20}{\square}$

d) $\frac{2}{3} = \frac{2 \cdot \square}{3 \cdot \square} = \frac{20}{\square}$ e) $\frac{3}{9} = \frac{3 \cdot \square}{9 \cdot \square} = \frac{\square}{81}$ f) $\frac{7}{10} = \frac{7 \cdot \square}{10 \cdot \square} = \frac{\square}{100}$

5 Erweitere die Brüche auf Hundertstel.

a) $\frac{1}{10} = \frac{1 \cdot \square}{10 \cdot \square} = \frac{\square}{100}$ b) $\frac{3}{10} = \frac{3 \cdot \square}{10 \cdot \square} = \frac{\square}{100}$ c) $\frac{9}{10} = \frac{9 \cdot \square}{10 \cdot \square} = \frac{\square}{100}$

d) $\frac{1}{2} = \frac{1 \cdot \square}{2 \cdot \square} = \frac{\square}{100}$ e) $\frac{1}{4} = \frac{1 \cdot \square}{4 \cdot \square} = \frac{\square}{100}$ f) $\frac{3}{4} = \frac{3 \cdot \square}{4 \cdot \square} = \frac{\square}{100}$

Kürzen

1 Lege mit deinem Bruch-Material. Was fällt dir auf?

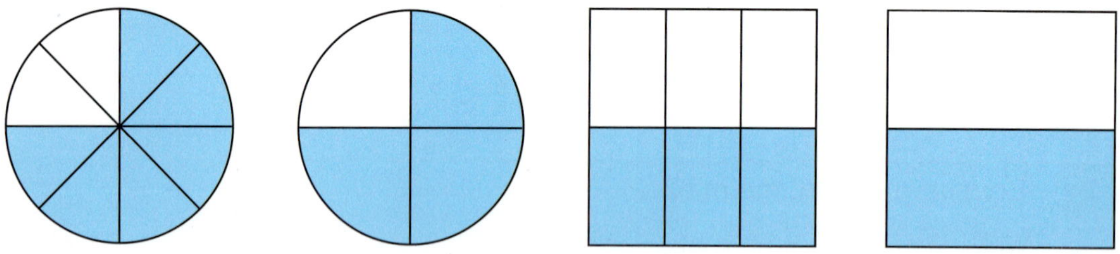

2 Zeichne die Figuren in dein Heft. Färbe die angegebenen Bruchteile.

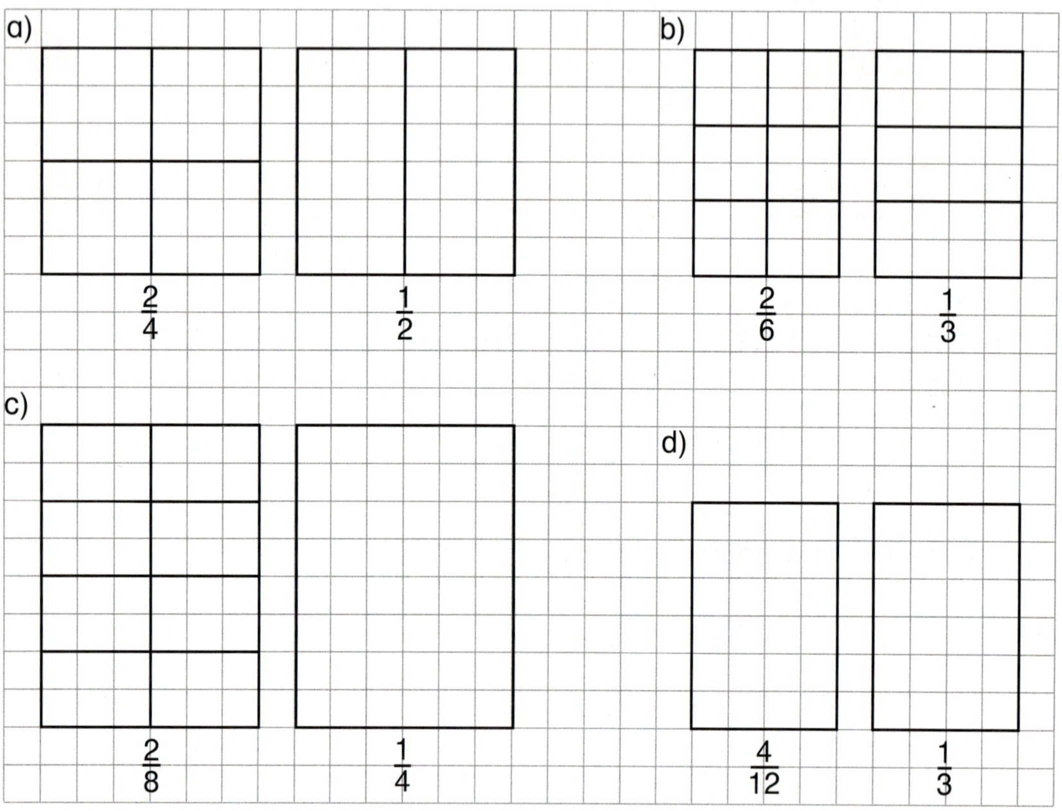

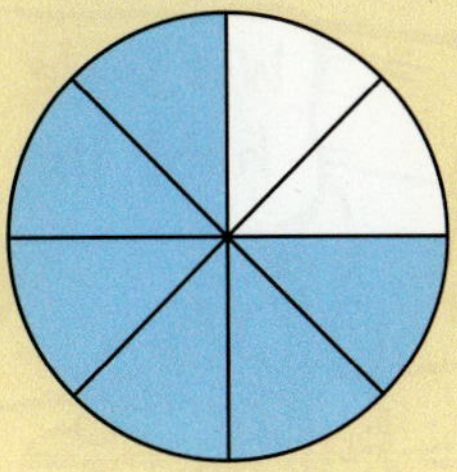

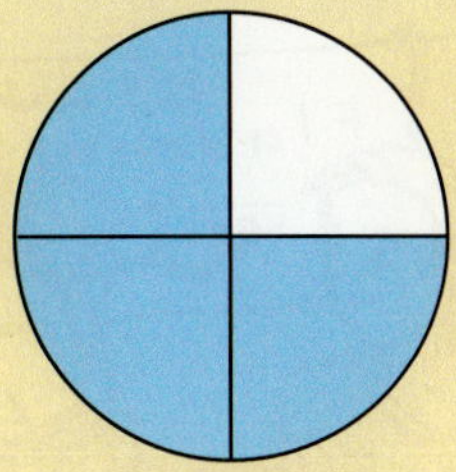

$\frac{6}{8}$ gekürzt durch 2 $\frac{6:2}{8:2} = \frac{3}{4}$

Beim *Kürzen* werden Zähler und Nenner durch die gleiche Zahl dividiert.
Die Größe des Bruchteils ändert sich beim Kürzen nicht.

1 Kürze die Brüche

$\frac{6}{10} = \frac{6:2}{10:2} = \frac{3}{5}$

a) durch 2: $\frac{4}{6}$ $\frac{6}{8}$ $\frac{4}{10}$ $\frac{2}{8}$ $\frac{2}{20}$ $\frac{6}{14}$

b) durch 5: $\frac{5}{10}$ $\frac{5}{20}$ $\frac{15}{25}$ $\frac{20}{35}$ $\frac{10}{25}$ $\frac{35}{45}$

c) durch 3: $\frac{3}{9}$ $\frac{6}{15}$ $\frac{9}{15}$ $\frac{9}{30}$ $\frac{18}{21}$ $\frac{9}{24}$

2 Kürze durch die Zahl im Dach.

a) 4

$\frac{8}{12}$	$\frac{12}{28}$	$\frac{4}{40}$
$\frac{16}{24}$	$\frac{12}{20}$	$\frac{28}{36}$

b) 10

$\frac{20}{40}$	$\frac{30}{50}$	$\frac{40}{70}$
$\frac{10}{80}$	$\frac{70}{90}$	$\frac{10}{20}$

c) 6

$\frac{6}{36}$	$\frac{18}{30}$	$\frac{24}{60}$
$\frac{30}{48}$	$\frac{12}{42}$	$\frac{42}{54}$

d) 8

$\frac{40}{48}$	$\frac{8}{80}$	$\frac{24}{32}$
$\frac{16}{56}$	$\frac{64}{72}$	$\frac{48}{56}$

3 Durch welche Zahl wurde hier gekürzt?
Schreibe die Aufgaben in dein Heft. Ergänze die fehlenden Zahlen.

a) $\frac{5}{20} = \frac{5:\square}{20:\square} = \frac{1}{4}$ b) $\frac{4}{16} = \frac{4:\square}{16:\square} = \frac{1}{4}$ c) $\frac{7}{28} = \frac{7:\square}{28:\square} = \frac{1}{\square}$

d) $\frac{16}{20} = \frac{16:\square}{20:\square} = \frac{4}{\square}$ e) $\frac{20}{30} = \frac{20:\square}{30:\square} = \frac{\square}{3}$ f) $\frac{21}{49} = \frac{21:\square}{49:\square} = \frac{\square}{7}$

4 Kürze soweit wie möglich: a) $\frac{8}{12}$ b) $\frac{16}{20}$ c) $\frac{12}{15}$ d) $\frac{6}{18}$ e) $\frac{14}{28}$

5 Kürze die Hundertstelbrüche.

a) $\frac{10}{100} = \frac{10:\square}{100:\square} = \frac{1}{10}$ b) $\frac{30}{100} = \frac{30:\square}{100:\square} = \frac{3}{10}$ c) $\frac{70}{100} = \frac{70:\square}{100:\square} = \frac{7}{10}$

d) $\frac{50}{100} = \frac{50:\square}{100:\square} = \frac{1}{2}$ e) $\frac{25}{100} = \frac{25:\square}{100:\square} = \frac{1}{4}$ f) $\frac{75}{100} = \frac{75:\square}{100:\square} = \frac{3}{4}$

Addieren gleichnamiger Brüche

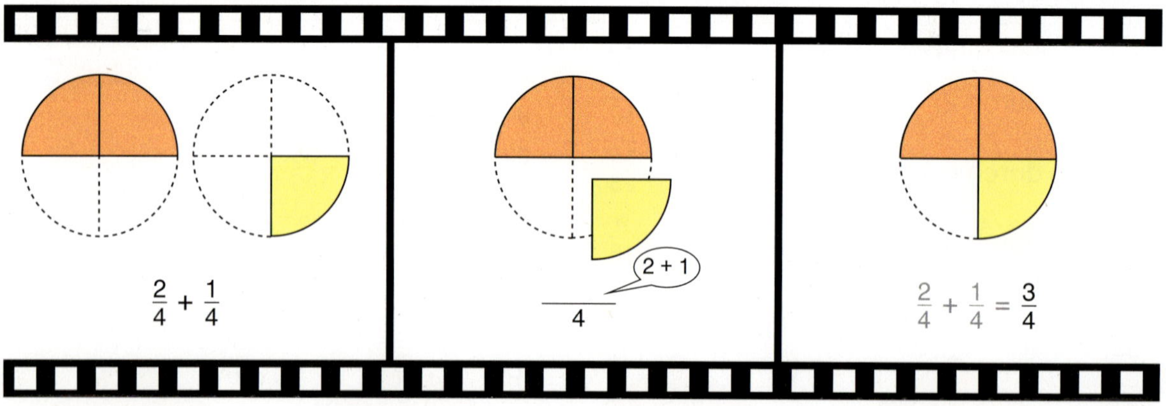

1 Addiere die Brüche.

a) $\frac{1}{4} + \frac{2}{4}$	b) $\frac{2}{6} + \frac{3}{6}$	c) $\frac{7}{12} + \frac{4}{12}$	d) $\frac{12}{25} + \frac{6}{25}$	e) $\frac{20}{100} + \frac{47}{100}$
$\frac{1}{3} + \frac{1}{3}$	$\frac{3}{8} + \frac{2}{8}$	$\frac{5}{10} + \frac{2}{10}$	$\frac{12}{25} + \frac{8}{25}$	$\frac{16}{100} + \frac{25}{100}$
$\frac{2}{6} + \frac{2}{6}$	$\frac{5}{7} + \frac{1}{7}$	$\frac{9}{20} + \frac{8}{20}$	$\frac{19}{50} + \frac{5}{50}$	$\frac{38}{100} + \frac{19}{100}$
$\frac{1}{5} + \frac{2}{5}$	$\frac{2}{9} + \frac{5}{9}$	$\frac{3}{15} + \frac{11}{15}$	$\frac{17}{50} + \frac{19}{50}$	$\frac{27}{100} + \frac{34}{100}$

2 Addiere die Brüche.
Kürze das Ergebnis, wenn möglich.

$\frac{1}{8} + \frac{3}{8} = \frac{4}{8} = \frac{1}{2}$

a) $\frac{1}{4} + \frac{1}{4}$	b) $\frac{2}{9} + \frac{4}{9}$	c) $\frac{4}{12} + \frac{5}{12}$	d) $\frac{7}{20} + \frac{3}{20}$	e) $\frac{14}{100} + \frac{36}{100}$
$\frac{2}{8} + \frac{4}{8}$	$\frac{2}{5} + \frac{2}{5}$	$\frac{3}{12} + \frac{3}{12}$	$\frac{17}{25} + \frac{3}{25}$	$\frac{16}{100} + \frac{9}{100}$
$\frac{1}{6} + \frac{3}{6}$	$\frac{3}{10} + \frac{2}{10}$	$\frac{3}{15} + \frac{7}{15}$	$\frac{16}{50} + \frac{8}{50}$	$\frac{24}{100} + \frac{26}{100}$
$\frac{1}{9} + \frac{2}{9}$	$\frac{4}{10} + \frac{2}{10}$	$\frac{7}{20} + \frac{8}{20}$	$\frac{13}{50} + \frac{12}{50}$	$\frac{72}{100} + \frac{27}{100}$

Subtrahieren gleichnamiger Brüche

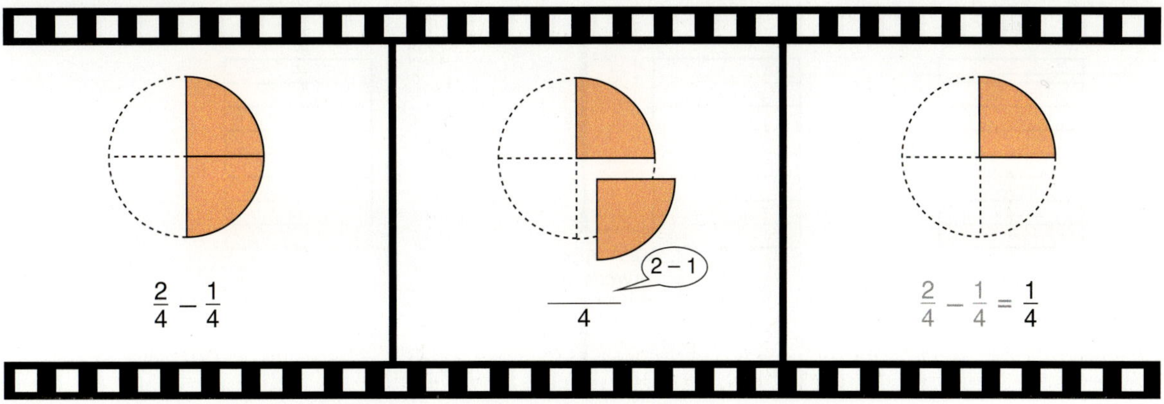

1 Subtrahiere die Brüche.

a)	b)	c)	d)	e)
$\frac{2}{4} - \frac{1}{4}$	$\frac{4}{5} - \frac{2}{5}$	$\frac{8}{10} - \frac{5}{10}$	$\frac{7}{50} - \frac{4}{50}$	$\frac{16}{100} - \frac{6}{100}$
$\frac{4}{6} - \frac{3}{6}$	$\frac{6}{9} - \frac{2}{9}$	$\frac{15}{20} - \frac{10}{20}$	$\frac{18}{50} - \frac{7}{50}$	$\frac{27}{100} - \frac{8}{100}$
$\frac{5}{8} - \frac{2}{8}$	$\frac{7}{10} - \frac{4}{10}$	$\frac{18}{20} - \frac{7}{20}$	$\frac{33}{50} - \frac{8}{50}$	$\frac{42}{100} - \frac{18}{100}$
$\frac{5}{6} - \frac{2}{6}$	$\frac{8}{12} - \frac{3}{12}$	$\frac{12}{20} - \frac{4}{20}$	$\frac{44}{50} - \frac{9}{50}$	$\frac{67}{100} - \frac{29}{100}$

2 Subtrahiere die Brüche.
Kürze das Ergebnis, wenn möglich.

$\frac{5}{8} - \frac{1}{8} = \frac{4}{8} = \frac{1}{2}$

a)	b)	c)	d)	e)
$\frac{4}{8} - \frac{2}{8}$	$\frac{5}{8} - \frac{1}{8}$	$\frac{11}{25} - \frac{6}{25}$	$\frac{14}{20} - \frac{4}{20}$	$\frac{23}{100} - \frac{13}{100}$
$\frac{3}{4} - \frac{1}{4}$	$\frac{8}{9} - \frac{5}{9}$	$\frac{6}{8} - \frac{5}{8}$	$\frac{15}{20} - \frac{7}{20}$	$\frac{76}{100} - \frac{26}{100}$
$\frac{4}{7} - \frac{3}{7}$	$\frac{7}{10} - \frac{2}{10}$	$\frac{5}{10} - \frac{4}{10}$	$\frac{18}{20} - \frac{14}{20}$	$\frac{48}{100} - \frac{23}{100}$
$\frac{4}{6} - \frac{1}{6}$	$\frac{9}{10} - \frac{5}{10}$	$\frac{7}{8} - \frac{2}{8}$	$\frac{16}{20} - \frac{7}{20}$	$\frac{84}{100} - \frac{44}{100}$

Addieren ungleichnamiger Brüche

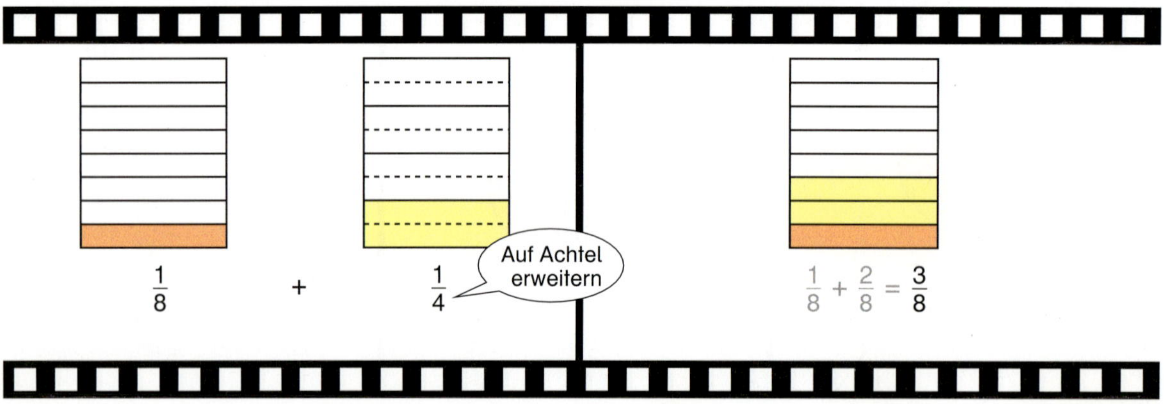

1 Lege mit deinem Bruch-Material.
Schreibe in dein Heft.

a) $\frac{1}{2} + \frac{1}{4}$ b) $\frac{1}{3} + \frac{1}{6}$

c) $\frac{1}{6} + \frac{2}{3}$ d) $\frac{2}{4} + \frac{1}{2}$

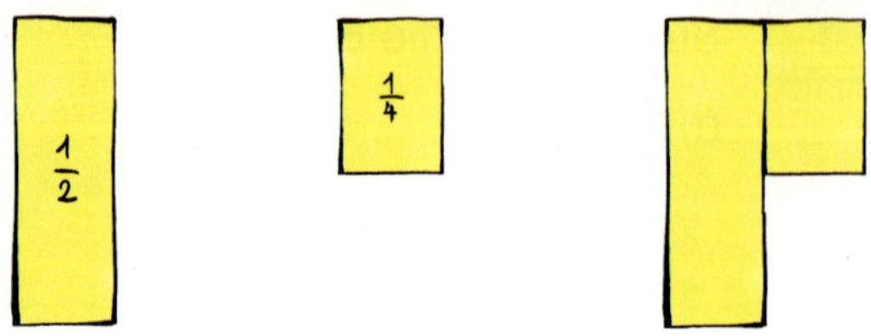

$\frac{1}{2} + \frac{1}{4} = \frac{3}{4}$

2 Finde einen gemeinsamen Nenner.
Dann addiere.

$\frac{1}{6} + \frac{2}{3} = \frac{1}{6} + \frac{4}{6} = \frac{5}{6}$

a)	b)	c)	d)	e)
$\frac{1}{6} + \frac{1}{3}$	$\frac{3}{4} + \frac{1}{8}$	$\frac{2}{4} + \frac{2}{8}$	$\frac{3}{10} + \frac{2}{5}$	$\frac{4}{5} + \frac{1}{10}$
$\frac{1}{4} + \frac{1}{8}$	$\frac{2}{5} + \frac{1}{10}$	$\frac{2}{4} + \frac{3}{12}$	$\frac{2}{15} + \frac{3}{5}$	$\frac{3}{4} + \frac{2}{12}$
$\frac{1}{8} + \frac{1}{2}$	$\frac{3}{6} + \frac{1}{3}$	$\frac{1}{5} + \frac{7}{10}$	$\frac{5}{12} + \frac{1}{3}$	$\frac{2}{3} + \frac{1}{9}$
$\frac{3}{8} + \frac{1}{2}$	$\frac{1}{5} + \frac{1}{10}$	$\frac{1}{2} + \frac{1}{10}$	$\frac{1}{4} + \frac{1}{12}$	$\frac{1}{3} + \frac{2}{9}$
$\frac{1}{4} + \frac{3}{8}$	$\frac{1}{10} + \frac{3}{5}$	$\frac{3}{4} + \frac{1}{12}$	$\frac{1}{3} + \frac{4}{15}$	$\frac{5}{9} + \frac{1}{3}$

Subtrahieren ungleichnamiger Brüche

1 Lege mit deinem Bruch-Material und schreibe in dein Heft.

a) $\frac{1}{2} - \frac{1}{4}$ | $\frac{1}{4} - \frac{1}{8}$ | $\frac{1}{3} - \frac{1}{6}$ | $1 - \frac{1}{2}$

b) $\frac{2}{4} - \frac{1}{8}$ | $\frac{2}{3} - \frac{2}{6}$ | $\frac{3}{4} - \frac{3}{8}$ | $\frac{5}{6} - \frac{1}{3}$

2 Finde einen gemeinsamen Nenner.
Dann subtrahiere.

$\frac{5}{8} - \frac{1}{4} = \frac{5}{8} - \frac{2}{8} = \frac{3}{8}$

a) $\frac{3}{6} - \frac{1}{3}$ | $\frac{4}{6} - \frac{1}{2}$ | $\frac{6}{8} - \frac{1}{4}$ | $\frac{5}{6} - \frac{1}{3}$

b) $\frac{3}{4} - \frac{1}{8}$ | $\frac{3}{4} - \frac{1}{2}$ | $\frac{2}{3} - \frac{3}{9}$ | $\frac{2}{4} - \frac{1}{8}$

c) $\frac{2}{5} - \frac{1}{10}$ | $\frac{1}{2} - \frac{1}{10}$ | $\frac{3}{5} - \frac{4}{10}$ | $\frac{7}{12} - \frac{3}{6}$

d) $\frac{9}{10} - \frac{1}{5}$ | $\frac{3}{10} - \frac{1}{5}$ | $\frac{8}{9} - \frac{2}{3}$ | $\frac{7}{10} - \frac{3}{5}$

e) $\frac{9}{10} - \frac{1}{2}$ | $\frac{9}{10} - \frac{2}{5}$ | $\frac{12}{15} - \frac{3}{5}$ | $\frac{11}{14} - \frac{3}{7}$

Wiederholen und Üben

1 Erweitere mit der Zahl in der Spitze.

a)

b)

c)

d)

e)

2 Kürze so weit wie möglich.

a) $\frac{3}{6}$ b) $\frac{2}{8}$ c) $\frac{50}{100}$ d) $\frac{12}{16}$ e) $\frac{3}{12}$ f) $\frac{14}{21}$

3 Addiere die Brüche. Kürze das Ergebnis, wenn möglich.

a) $\frac{4}{8} + \frac{3}{8}$ b) $\frac{2}{9} + \frac{4}{9}$ c) $\frac{7}{10} + \frac{2}{10}$ d) $\frac{5}{18} + \frac{7}{18}$ e) $\frac{7}{50} + \frac{18}{50}$

$\frac{2}{6} + \frac{2}{6}$ $\frac{1}{5} + \frac{3}{5}$ $\frac{3}{12} + \frac{6}{12}$ $\frac{11}{20} + \frac{4}{20}$ $\frac{16}{100} + \frac{23}{100}$

4 a) $\frac{2}{4} - \frac{1}{4}$ b) $\frac{5}{8} - \frac{2}{8}$ c) $\frac{3}{8} - \frac{2}{8}$ d) $\frac{6}{12} - \frac{5}{12}$ e) $\frac{23}{100} - \frac{5}{100}$

$\frac{4}{6} - \frac{3}{6}$ $\frac{4}{5} - \frac{2}{5}$ $\frac{7}{10} - \frac{4}{10}$ $\frac{17}{20} - \frac{8}{20}$ $\frac{74}{100} - \frac{24}{100}$

5 Schreibe die Additionsaufgaben in dein Heft und rechne.

a)
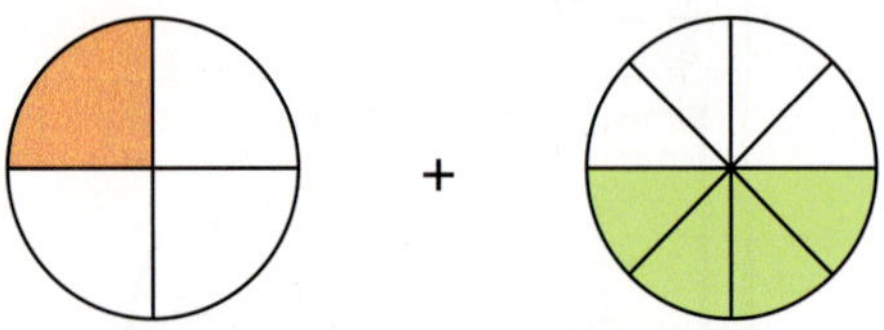

b)
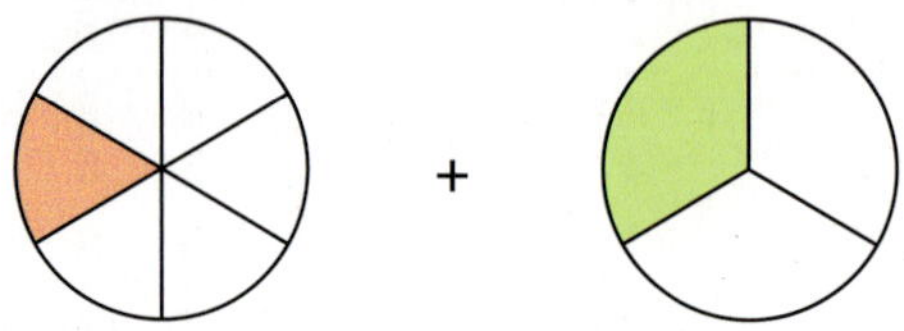

c)
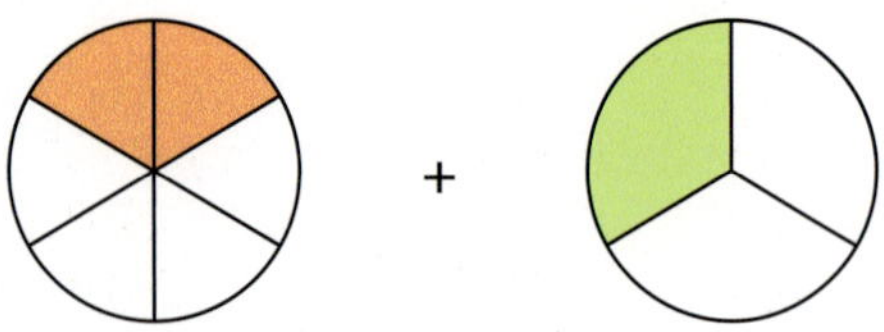

d)

6 Kürze das Ergebnis, wenn möglich.

a) $\frac{2}{3} + \frac{1}{6}$ b) $\frac{7}{8} - \frac{2}{4}$ c) $\frac{4}{12} + \frac{1}{3}$ d) $\frac{7}{12} - \frac{1}{4}$ e) $\frac{17}{40} - \frac{3}{20}$

$\frac{2}{8} + \frac{1}{4}$ $\frac{5}{9} - \frac{1}{3}$ $\frac{13}{15} - \frac{8}{15}$ $\frac{7}{12} + \frac{1}{4}$ $\frac{27}{50} - \frac{45}{100}$

Alles paletti

1 Welche Zahlen gehören zu den roten Strichen?

a = 9 000

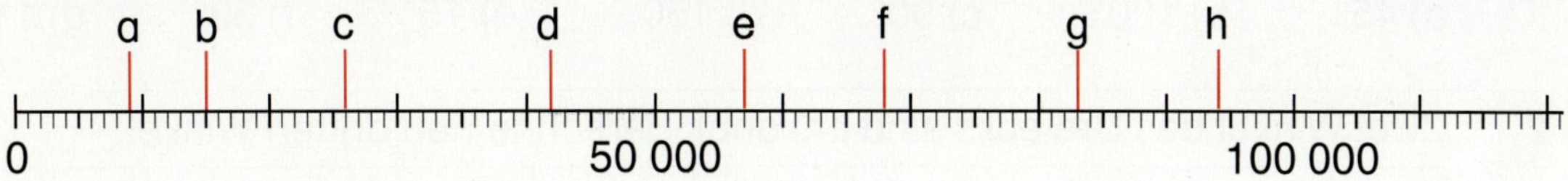

2 Setze ein: > (größer); < (kleiner)

a) 42 000 ☐ 39 000
51 000 ☐ 15 000
36 000 ☐ 63 000

b) 11 409 ☐ 9 432
5 045 ☐ 5 405
8 529 ☐ 8 592

c) 71 500 ☐ 70 510
23 095 ☐ 23 509
49 631 ☐ 49 613

3 Gib Vorgänger und Nachfolger an.

37 236 14 037 15 860 63 400 46 999 50 000

4

a)	b)	c)	d)
15 000	90 000	32 500	17 000
+ 50 000	− 70 000	+ 5 000	− 4 000
+ 25 000	− 20 000	+ 2 000	− 11 000
+ 12 000	− 11 000	+ 14 000	− 9 000

5 Runde die Zahlen auf Tausender.

8 928 2 124 4 846 7 778 5 367 8 413

6 Runde die Zahlen auf Zehntausender.

19 710 33 209 42 912 26 356 84 297 5 801

7 Ergänze zum folgenden Zehntausender.

15 000 28 000 71 000 49 500 18 500 22 500

8

a) 7 · 4 000
6 · 8 000
9 · 7 000

b) 5 000 · 5
9 000 · 3
6 000 · 4

c) 60 000 : 3
80 000 : 4
40 000 : 5

d) 25 000 : 5
18 000 : 3
64 000 : 8

9

a) 29 127 + 11 484
23 585 + 18 713
56 806 + 7 755
4 598 + 14 037

b) 31 486 + 1 050 + 37 453
18 007 + 40 888 + 9 406
82 370 + 864 + 3 157
1 512 + 3 669 + 10 508

c) 35 213 − 10 972
28 006 − 21 107
70 439 − 8 798
21 340 − 13 515

10

a) 4 213 · 4
9 607 · 3
2 609 · 7
3 048 · 8

b) 2 067 · 20
987 · 65
4 309 · 18
1 724 · 27

c) 8 615 : 5
2 232 : 3
7 637 : 7
6 588 : 6

d) 53 264 : 4
11 018 : 2
90 585 : 9
14 352 : 8

Alles paletti

1 Zeichne die Winkel. Markiere die spitzen Winkel farbig.

a) 45° b) 100° c) 90° d) 150° e) 15° f) 33° g) 114°

2 Zwei Winkel des Dreiecks sind bekannt. Berechne den dritten Winkel.

α	50°	100°	71°		78°		102°	39°	
β	40°		32°	60°		64°		87°	43°
γ		25°		33°	41°	57°	36°		98°

3 Zeichne die Dreiecke.

a) c = 5 cm, α = 60°, β = 40°
b) b = 6 cm, α = 55°, γ = 65°
c) b = 3 cm, c = 4,5 cm, α = 80°
d) a = 5,5 cm, c = 7 cm, β = 45°
e) a = 4 cm, b = 6 cm, c = 5 cm

4 Übertrage die Tabelle in dein Heft und vervollständige sie.

1 kg 725 g	6 kg 750 g			1 kg 59 g	
1,725 kg		3,405 kg			
1 725 g			8 750 g		250 g

5 Addiere. Gib das Ergebnis auch in km an.

a) 458 m + 834 m + 309 m
605 m + 770 m + 432 m
972 m + 185 m + 268 m

b) 537 m + 89 m + 633 m
49 m + 569 m + 405 m
88 m + 93 m + 284 m

6 Eine Klassenfahrt kostet 139 € pro Person.
Wie viel € müssen bei 14 Teilnehmern bezahlt werden?

7 Mit welcher Zahl wurde hier erweitert?
Schreibe die Aufgaben ins Heft und ergänze die fehlenden Zahlen.

a) $\frac{1}{5} = \frac{1 \cdot \square}{5 \cdot \square} = \frac{3}{15}$ b) $\frac{2}{3} = \frac{2 \cdot \square}{3 \cdot \square} = \frac{10}{15}$ c) $\frac{1}{2} = \frac{1 \cdot \square}{2 \cdot \square} = \frac{4}{8}$

d) $\frac{2}{5} = \frac{2 \cdot \square}{5 \cdot \square} = \frac{\square}{10}$ e) $\frac{3}{4} = \frac{3 \cdot \square}{4 \cdot \square} = \frac{15}{\square}$ f) $\frac{4}{5} = \frac{4 \cdot \square}{5 \cdot \square} = \frac{\square}{15}$

8 Kürze so weit wie möglich.

a) $\frac{6}{12}$ b) $\frac{8}{20}$ c) $\frac{20}{50}$ d) $\frac{12}{18}$ e) $\frac{16}{20}$ f) $\frac{24}{30}$

9 Kürze das Ergebnis, wenn möglich.

a) $\frac{1}{8} + \frac{5}{8}$ b) $\frac{7}{10} - \frac{3}{10}$ c) $\frac{3}{8} + \frac{1}{4}$ d) $\frac{1}{2} + \frac{1}{6}$ e) $\frac{7}{8} - \frac{1}{4}$

Dezimalbrüche 1

Zehntel, Hundertstel (Stellenwerttafel)

1 Frau Thies wechselt ihren Kindern Geld.

a) Stefan möchte für 1 € nur 10-Cent-Münzen.
Wie viele Münzen bekommt er?

b) Maria möchte für 1 € nur 1-Cent-Münzen.
Wie viele Münzen bekommt Maria?

 10 Cent = $\frac{1}{10}$ € = 0,10 €

 30 Cent = $\frac{3}{10}$ € = 0,30 €

 1 Cent = $\frac{1}{100}$ € = 0,01 €

 2 Cent = $\frac{2}{100}$ € = 0,02 €

Kommazahlen kann man in die Stellenwerttafel eintragen, wenn man diese um **Zehntel** (1. Stelle nach dem Komma) und **Hundertstel** (2. Stelle nach dem Komma) erweitert.

Z	E	Zehntel (z)	Hundertstel (h)	Kommazahl

1	2	5	3	12,53 €
	0	7	8	0,78 €
	0	0	2	0,02 €

$\frac{1}{10}$ **= 0,1** $\frac{1}{100}$ **= 0,01**

Kommazahlen stellen eine andere Schreibweise für Brüche dar.

2 Übertrage die Stellenwerttafel in dein Heft. Ergänze die fehlenden Zahlen.

a)

Z	E	z	h	Kommazahl

	0	2	8	
	1	5	0	
5	7	4	6	
1	5	0	9	

b)

Z	E	z	h	Kommazahl

				13,77 €
				0,17 €
				0,01 €
				1,20 €

1 Dein Partner schreibt eine Kommazahl auf.
Lies ihm die Zahl vor.

2 Übertrage die Stellenwerttafel in dein Heft.
Dein Partner legt mit zehn Plättchen verschiedene Kommazahlen.
Schreibe jede gelegte Zahl auf.

Z	E	z	h
●	●●●	●●●●	●●

Kommazahl
13,42

3 Bilde jeweils die größte und die kleinste Zahl mit 2 Stellen nach dem Komma.
Trage die Zahlen in eine Stellenwerttafel ein.

Zahl	Z	E	z	h
53,21	5	3	2	1
12,35	1	2	3	5

a) 

b) 

c) 

d) 

4 Du kannst die Stellenwerttafel um eine Spalte erweitern.
Dort stehen die Tausendstel.
Übertrage die Stellenwerttafel in dein Heft. Ergänze die fehlenden Zahlen.

a)

Z	E	z	h	t	Zahl
1	3	7	0	5	13,705
2	4	5	7	9	
6	8	0	0	7	
7	9	0	4	3	
	8	2	2	2	
5	0	6	0	6	
	3	4	1	5	
9	1	2	7	8	

b)

Z	E	z	h	t	Zahl
					45,678
					37,389
					10,101
					5,236
					0,971
					8,632
					14,750
					20,009

Zahlenstrahl

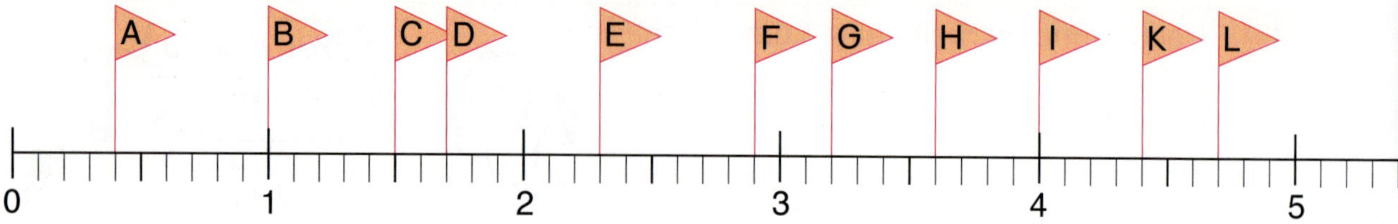

1 Wie heißen die Zahlen bei den Fahnen?

A: 0,4

2 Zeige am Zahlenstrahl.

a) 0,8 1,9 4,5 9,2

b) 3,4 5,8 7,7 8,1

3 Wie heißen die Zahlen bei den Fahnen?

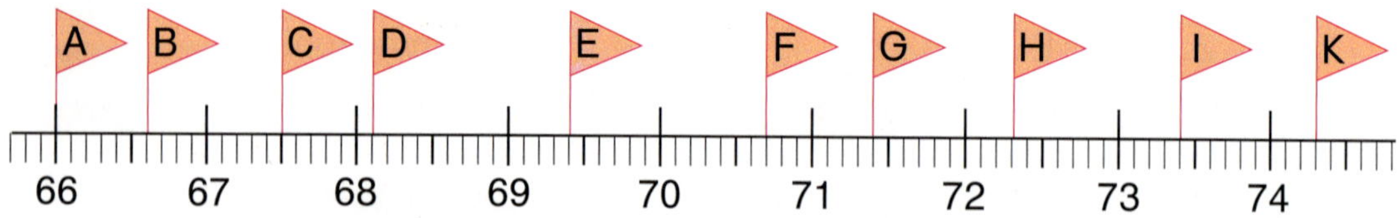

4 Schreibe zu jeder Zahl die Nachbareiner wie im Beispiel auf.

2 | 2,7 | 3

a) 2,7 3,9 1,4 5,6 0,3 4,1 6,9

b) 15,2 99,9 25,8 34,6 41,0 60,3 56,5

c) 123,4 201,8 339,9 550,5 466,0 790,7 1 030,3

5 Ordne nach der Größe. Beginne mit der kleinsten Zahl.

a) 7,2 3,6 5,9

b) 0,5 2,0 1,9

c) 4,2 3,6 2,9

d) 9,1 6,3 4,8

e) 7,5 3,7 9,2

f) 0,1 5,1 8,5

6 Wie heißen die Zahlen bei den Fahnen?

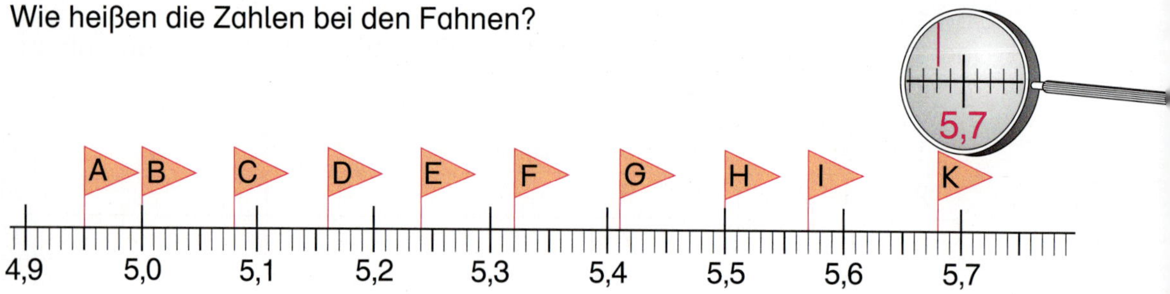

7 Ordne nach der Größe. Beginne mit der kleinsten Zahl.

a) 2,78 4,93 1,80

b) 7,55 5,99 8,24

c) 3,03 4,43 1,33

d) 0,68 6,04 1,81

e) 44,17 43,77 40,07

f) 2,01 3,10 2,02

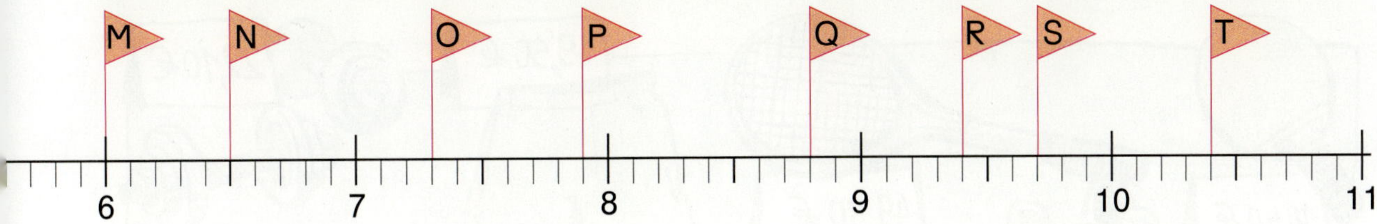

1 Setze die Zahlenreihen fort.

a)	7,0	7,2	7,4						8,8
b)	4,5	5,0	5,5						9,0
c)	0,2	0,6	1,0						3,8
d)	5,68	5,69	5,70						5,77
e)	9,9	9,6	9,3						7,2

2 Setze ein: > (größer); < (kleiner); = (gleich)

a)	b)	c)	d)
3,2 ☐ 3,3	0,8 ☐ 0,1	2,53 ☐ 2,59	0,70 ☐ 0,87
6,4 ☐ 6,0	9,2 ☐ 2,9	3,88 ☐ 3,78	9,99 ☐ 9,09
1,0 ☐ 1	4,3 ☐ 4,0	4,72 ☐ 4,27	7,1 ☐ 7,10
2,7 ☐ 2,9	7,9 ☐ 8	5,34 ☐ 5,40	3,24 ☐ 3,42

3 Kommazahlen müssen nicht immer genau angegeben werden. Man kann runden. Hat Annika Recht?

Runden auf Einer:	**12,49 ≈ 12**	**8,71 ≈ 9**
Runden auf Zehntel:	**4,82 ≈ 4,8**	**3,26 ≈ 3,3**
Abrunden bei 0, 1, 2, 3, 4		**Aufrunden bei 5, 6, 7, 8, 9**

4

a) Runde auf Einer:	3,7	5,5	0,3	10,2	8,0	14,9
b) Runde auf Einer:	25,4	37,1	19,9	54,6	88,8	70,9
c) Runde auf Zehntel:	8,62	3,27	4,51	9,09	0,83	0,05
d) Runde auf Zehntel:	13,13	66,78	25,90	5,70	6,95	12,02

Addieren und Subtrahieren

1 a) Runde alle Preise auf volle €.

b) Welche Sportartikel kosten ungefähr 20 €?

2 a) Welche Sportartikel kosten zusammen weniger als 50 €? Gib mindestens drei Beispiele an.

b) Nils hat 70 €. Er möchte die Turnhose, den Fußball und die Hanteln kaufen. Prüfe durch Überschlagen, ob das Geld reicht.

3 Nadja kauft Inline-Skates. Sie bezahlt mit einem 50-€-Schein. Wie viel € bekommt sie zurück?

4 Reicht das Geld? Überschlage zuerst, dann rechne genau.

5 Runde das Ergebnis auf Einer.

a)	b)	c)
1,20 € + 1,40 €	15,2 cm + 4,1 cm	2,90 m + 3,20 m
2,50 € + 0,30 €	22,0 cm + 1,5 cm	4,80 m + 5,80 m
6,30 € – 3,20 €	17,8 cm – 5,2 cm	9,30 m – 6,40 m
7,60 € – 2,10 €	30,4 cm – 0,3 cm	8,10 m – 7,70 m

Aufgabe: 3,750 kg + 1,4 kg = ☐ kg
Überschlag: 4 kg + 1 kg = 5 kg
Rechnung:

```
   3,7 5 0
 + 1,4 0 0
     1
 ---------
   5,1 5 0
```

Schreibe Komma unter Komma.
Fehlende Stellen hinter dem Komma kannst du mit Nullen auffüllen.

1

a)	b)	c)	d)	e)
2,74 + 1,23	5,25 + 3,64	2,84 + 0,39	4,77 + 1,96	0,56 + 7,98

2

a)	b)	c)	d)	e)
4,57 − 1,23	7,86 − 6,42	8,85 − 0,29	3,34 − 1,75	1,24 − 0,87

3 Schreibe untereinander und addiere.
Füge Nullen hinzu, wenn nötig.

a)	b)	c)	d)
2,79 + 3,16	28,25 + 67,19	8,666 + 3,432	0,68 + 3,234
4,82 + 1,9	89,3 + 11,45	7,852 + 17,37	4,2 + 9,956
3,77 + 6,38	13,74 + 6,28	9,25 + 0,378	8,04 + 0,785

4 Schreibe untereinander und subtrahiere.
Füge Nullen hinzu, wenn nötig.

a)	b)	c)	d)
8,23 − 7,55	16,35 − 2,13	9,431 − 8,672	7,004 − 2,5
9,99 − 5,47	71,18 − 32,4	2,222 − 0,53	3,12 − 0,347
4,86 − 2,3	43,2 − 29,78	8,4 − 2,06	2,536 − 1,785
6,43 − 1,85	16,77 − 9,88	4,703 − 1,9	9,3 − 0,874

5 Hinter einer ganzen Zahl kannst du ein Komma setzen und dann Nullen hinzufügen.

a)	b)	c)
8 + 6,24	6,34 − 5	5 − 3,742
9 + 3,75	5,65 − 3	8 − 1,347
7 + 7,86	5,78 − 4	7 − 4,855

Aufgabe: 3 − 2,476 = ☐
Rechnung:

```
   3,0 0 0
 − 2,4 7 6
     1 1 1
 ---------
   0,5 2 4
```

Multiplizieren mit 10, 100, 1 000

Rechnung: 3,95 · 1 = 3,95

Eine Dose Lackfarbe kostet 3,95 €.

Rechnung: 3,950 · 10 = 39,50

10 Dosen Lackfarbe kosten 39,50 €.

Rechnung: 3,9500 · 100 = 395,00

100 Dosen Lackfarbe kosten 395,00 €.

Rechnung: 3,95000 · 1 000 = 3 950,00

1 000 Dosen Lackfarbe kosten 3 950,00 €.

Wird eine Kommazahl mit 10, 100, 1 000 multipliziert, verschiebt sich das Komma nach rechts.

2,73 · 10 = 27,3 **0,734 · 100 = 73,4** **1,6890 · 1 000 = 1 689,0**

1 Multipliziere.

a)	b)	c)	d)
3,97 · 10	2,412 · 100	7,125 · 1 000	25,876 · 10
4,80 · 10	0,123 · 100	6,333 · 1 000	33,888 · 100
9,111 · 10	8,560 · 100	5,967 · 1 000	1,534 · 1 000
0,256 · 10	7,077 · 100	0,488 · 1 000	49,110 · 1 000

2 Der Greifer eines Baggers fasst 1,5 t.
Er greift 10 mal, um einen Lkw zu füllen.
Wie viel t Erde befinden sich auf dem Lastwagen?

3 Füge Nullen hinzu, damit du das Komma verschieben kannst.

3,7 · 1 000 = 3,7000 · 1 000
3,7 · 1 000 = 3 700,0

a)	b)	c)	d)
1,22 · 10	10,99 · 100	44,8 · 10	0,3 · 1 000
3,6 · 10	35,7 · 100	87,123 · 100	77,07 · 100
7,25 · 100	3,456 · 1 000	5,432 · 1 000	5,9 · 100
6,4 · 100	9,88 · 1 000	2,66 · 1 000	0,55 · 10

Schriftliches Multiplizieren

Setze erst im Ergebnis das Komma.

1	3,	9	8	·	1	2	
		1	3	9	8		
			2	7	9	6	
			1	1			
		1	6	7,	7	6	

1
a) 1,23 · 3
2,97 · 5
0,77 · 6
0,89 · 8
1,04 · 7

b) 4,229 · 2
6,938 · 4
5,256 · 9
0,673 · 7
1,027 · 8

c) 5,73 · 12
6,89 · 47
7,46 · 99
0,89 · 58
1,05 · 63

d) 1,795 · 14
5,261 · 23
8,937 · 76
9,172 · 95
2,509 · 84

2 Ein Liter Diesel kostet 0,89 €. Herr Wolf tankt 45 l.
Wie viel € muss er bezahlen?

3 Welche Last darf der Lastwagen laden?

20 Kisten

6 Fässer

4 Betonklötze

88 Holzlatten

4

a) Ein Fass mit Schmieröl wiegt 0,230 t. Dürfen 59 Fässer auf einem Waggon transportiert werden?

b) Wie viel t Ware können 25 Waggons transportieren?

Dividieren durch 10, 100, 1 000

1 000 Pflanzen kosten 550,00 €.

Rechnung: 550,00 : 10 = 55,00

100 Pflanzen kosten 55,00 €.

Rechnung: 550,00 : 100 = 5,50

10 Pflanzen kosten 5,50 €.

Rechnung: 0550,00 : 1 000 = 0,55

1 Pflanze kostet 0,55 €.

Wird eine Kommazahl durch 10, 100, 1 000 dividiert, verschiebt sich das Komma nach links.

35,46 : 10 = 3,546 **751,2 : 100 = 7,512** **3 142,0 : 1 000 = 3,1420**

1

a)	b)	c)	d)
34,8 : 10	102,7 : 100	2 318,0 : 1 000	20,99 : 10
17,95 : 10	4 300,5 : 100	6 118,0 : 1 000	718,4 : 100
734,26 : 10	678,10 : 100	9 650,0 : 1 000	8 126,00 : 1 000

2 Jenny hat Geburtstag. Sie lädt ihre 9 Gäste ins Badeparadies ein. Jenny bezahlt für sich und die anderen Kinder an der Kasse 65,00 €. Wie teuer ist der Eintritt für eine Person?

3 Füge Nullen hinzu, damit du das Komma verschieben kannst.

1,5 : 100 = 001,5 : 100
1,5 : 100 = 0,015

a)	b)	c)	d)
34,9 : 10	78,2 : 100	1,64 : 10	6,0 : 1 000
5,8 : 10	9,3 : 100	3,8 : 100	708,0 : 1 000
122,7 : 100	4,60 : 1 000	0,2 : 100	0,3 : 100
42,3 : 100	881,0 : 1 000	45,0 : 1 000	0,32 : 10

Schriftliches Dividieren

Beim Überschreiten des Kommas im Ergebnis das Komma setzen.

```
19,68 : 4 = 4,92
16
 36
 36
  08
   8
   0
```

1

a) 7,36 : 2
8,94 : 3
7,63 : 7

b) 5,68 : 4
2,76 : 6
9,84 : 8

c) 16,38 : 3
19,92 : 4
66,54 : 6

d) 22,72 : 8
13,65 : 5
11,97 : 9

e) 457,8 : 3
723,2 : 4
987,5 : 5

f) 2,755 : 5
1,136 : 8
6,558 : 3

```
9,25 : 5 = 1,85
5
4 2
4 0          Probe:
  25
  20         1,85 · 5
   0            9,25
```

2 Eine Packung Schokoriegel kostet 0,96 €.
Wie teuer ist ein Schokoriegel?
Setze die Rechnung im Heft fort.
Mache die Probe.

3 Mache auch die Probe.

a) 0,575 : 5
0,456 : 3
0,847 : 7
0,834 : 6

b) 2,72 : 4
1,25 : 5
3,57 : 7
8,46 : 9

c) 1,134 : 2
4,005 : 5
3,726 : 6
6,447 : 7

d) 0,162 : 9
2,776 : 8
0,888 : 3
0,558 : 6

Schriftliches Dividieren

Nullen anhängen, wenn nötig.

```
1,8 : 4 = 0,45
0
1 8
1 6
  2 0
  2 0
    0
```

Probe

```
0,45 · 4
  1,80
```

1 Füge Nullen hinzu, wenn nötig.

a)	b)	c)	d)	e)
1,1 : 5	14,6 : 4	2,9 : 4	2,66 : 5	2,61 : 3
3,8 : 4	12,5 : 2	2,6 : 8	0,28 : 8	15,14 : 5
5,9 : 2	11,6 : 8	7,3 : 4	10,08 : 8	4,14 : 6
6,9 : 6	17,2 : 5	4,6 : 8	14,76 : 6	10,04 : 8

2 Wie viel t Pflastersteine kommen auf jeden LKW?

```
10 = 10,0

10,0 : 4 = 2,5
 8
 2 0
 2 0
   0
```

Probe:

```
2,5 · 4
 10,0
```

3

a)	b)	c)	d)	e)
16 : 5	19 : 2	33 : 6	42 : 8	69 : 6
30 : 4	18 : 4	13 : 4	57 : 6	78 : 8

4 Bei diesen Aufgaben hat das Ergebnis mehr als 2 Stellen nach dem Komma. Berechne 2 Stellen nach dem Komma, dann runde auf Zehntel.

a)	b)	c)
8,62 : 3	35,48 : 3	100,5 : 8
7,43 : 6	18,56 : 7	745,6 : 6
0,79 : 4	70,53 : 5	123,7 : 9
2,75 : 9	90,92 : 7	347,3 : 7

```
4,31 : 3 = 1,43 ≈ 1,4
3
1 3
1 2
  1 1
    9
    2
```

5 Berechne 3 Stellen nach dem Komma, dann runde das Ergebnis auf Hundertstel.

a)	b)	c)	d)	e)
4,3 : 3	8,99 : 7	25,87 : 3	844,67 : 3	20 : 7
9,7 : 8	5,89 : 4	90,73 : 6	555,77 : 4	10 : 3
8,3 : 6	5,66 : 7	65,71 : 8	345,91 : 7	40 : 6

Brüche und Dezimalbrüche

1 Du kannst jeden Bruch in eine Kommazahl umwandeln, indem du dividierst. Hat Sandra Recht?

$\frac{1}{4} = 1 : 4$

$1 : 4 = 0{,}25$
0
10
8
20
20
0

Probe:
$0{,}25 \cdot 4$
$1{,}00$

Der Bruchstrich (—) steht für das Divisionszeichen (:). $\frac{3}{5} = 3 : 5$

2 Schreibe als Kommazahl.

a)	b)	c)	d)	e)
$\frac{1}{2}$ l	$\frac{1}{2}$ m	$\frac{1}{2}$ cm	$\frac{1}{2}$ kg	$\frac{1}{2}$ km
$\frac{3}{4}$ l	$\frac{1}{4}$ m	$\frac{1}{5}$ cm	$\frac{1}{4}$ kg	$\frac{1}{4}$ km
$\frac{1}{8}$ l	$\frac{3}{4}$ m	$\frac{3}{5}$ cm	$\frac{3}{4}$ kg	$\frac{3}{4}$ km
$\frac{3}{8}$ l	$\frac{1}{5}$ m	$\frac{4}{5}$ cm	$\frac{3}{8}$ kg	$\frac{1}{8}$ km

3 Wandle um in Kommazahlen.

a)	b)	c)	d)	e)
$\frac{1}{4}$	$\frac{4}{5}$	$\frac{1}{5}$	$\frac{1}{8}$	$\frac{7}{8}$
$\frac{3}{4}$	$\frac{2}{5}$	$\frac{3}{5}$	$\frac{3}{8}$	$\frac{5}{8}$

4 Auch diese Brüche kannst du in Kommazahlen umwandeln, indem du dividierst.

a)	b)	c)	d)	e)
$\frac{3}{10}$	$\frac{1}{10}$	$\frac{2}{10}$	$\frac{1}{100}$	$\frac{11}{100}$
$\frac{7}{10}$	$\frac{9}{10}$	$\frac{5}{10}$	$\frac{7}{100}$	$\frac{57}{100}$

5 Wandle um in Kommazahlen. Berechne 3 Stellen nach dem Komma, dann runde auf Hundertstel.

a)	b)	c)	d)	e)
$\frac{1}{3}$	$\frac{2}{3}$	$\frac{5}{6}$	$\frac{5}{7}$	$\frac{2}{9}$
$\frac{1}{6}$	$\frac{3}{7}$	$\frac{4}{9}$	$\frac{1}{9}$	$\frac{4}{7}$
$\frac{1}{7}$	$\frac{5}{9}$	$\frac{6}{7}$	$\frac{2}{7}$	$\frac{7}{9}$

Wiederholen und Üben

1 Setze die Zahlenreihen fort.

a)	0,8	1,0	1,2							2,6
b)	4,8	5,1	5,4							7,5
c)	8,6	9,2	9,8							14,0
d)	7,96	7,98	8,00							8,14
e)	9,8	9,4	9,0							6,2

2 Setze ein: > (größer); < (kleiner); = (gleich).

a) 8,4 □ 4,8
7,5 □ 7,7
9,0 □ 9

b) 0,3 □ 0,5
2 □ 1,9
8,0 □ 7,6

c) 1,59 □ 1,60
5,38 □ 5,48
8,23 □ 8,32

d) 7,00 □ 7
9,08 □ 9,80
0,99 □ 0,90

3 Ordne nach der Größe. Beginne mit der kleinsten Zahl.

a) 1,3 4,7 0,9 7,4

b) 6,02 0,88 8,66 2,22

4

a) 52,4 + 73,5
25,87 + 8,44
2,345 + 8,987
47,379 + 9,543

b) 47,3 – 35,7
67,12 – 28,99
8,567 – 7,328
40,508 – 22,044

c) 59,2 + 20,03
90,09 + 17,8
11,11 + 3,333
6,891 + 221,2

d) 77,88 – 39,6
25,5 – 9,55
24,427 – 17,42
876,5 – 39,123

5

a)

12,77	2,4	0,09	·	10
0,987	71,18	1,3	·	100
5,432	3,79	20,4	·	1 000

b)

50,44	5,01	0,8	:	10
722,8	60,7	0,5	:	100
400,5	33,3	4	:	1 000

6 Mache einen Überschlag. Berechne dann das genaue Ergebnis.

a) 2,75 · 5
15,66 · 7
0,62 · 4

b) 5,667 · 2
0,789 · 8
13,204 · 9

c) 91,82 · 12
0,78 · 34
192,37 · 57

d) 0,834 · 16
7,983 · 27
0,567 · 43

7 Runde auf Hundertstel, wenn das Ergebnis mehr als 2 Stellen nach dem Komma hat.

a) 42,5 : 5
92,46 : 6
5,588 : 3

b) 43,8 : 4
24,56 : 8
14 : 8

c) 7,893 : 6
127,43 : 4
98,2 : 7

d) 0,9 : 8
453,8 : 9
18 : 7

8 Wandle die Brüche in Kommazahlen um.

a) $\frac{1}{5}$ b) $\frac{1}{4}$ c) $\frac{1}{2}$ d) $\frac{3}{4}$ e) $\frac{4}{5}$ f) $\frac{3}{8}$ g) $\frac{3}{5}$ h) $\frac{7}{8}$

Zuordnungen

Zeit in Tagen	4	6	8	10	12	14	16	18	20	22
Länge in cm	0,5	2	5	7,5	10	12,5	15	20	24	30

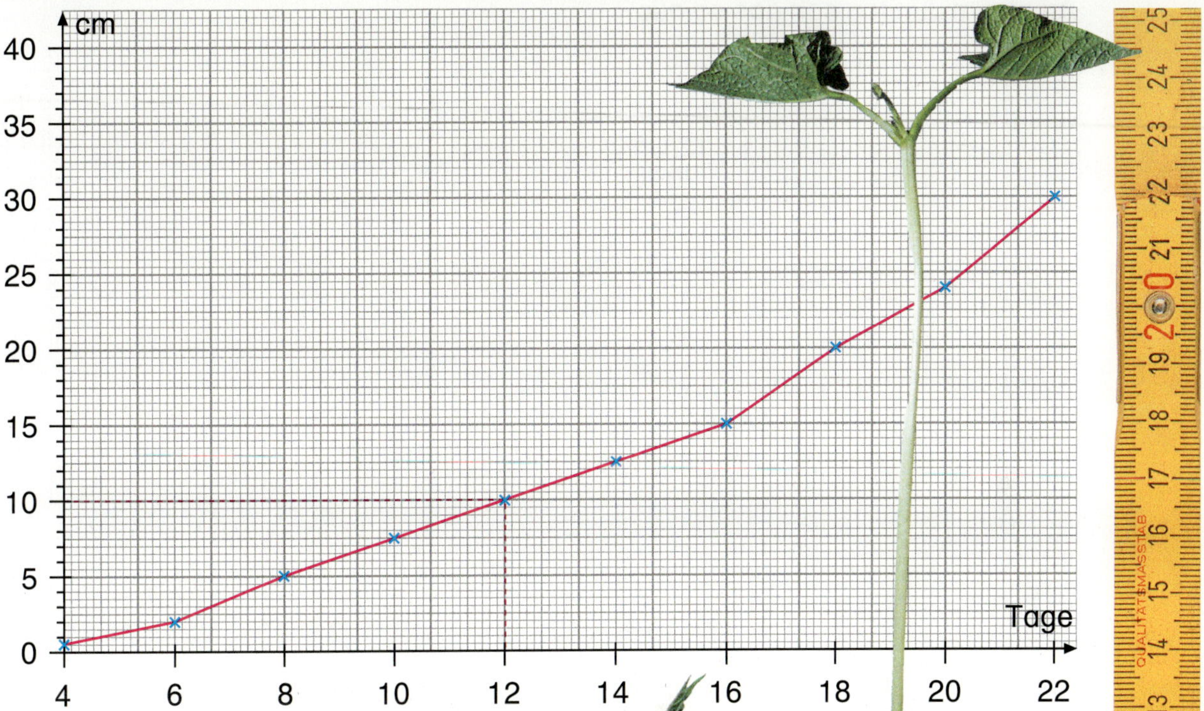

In den ersten zwei Tagen wächst die Wurzel der Feuerbohne. Erst am 4. Tag durchbricht der Stängel mit den Laubblättern die Erde.

Tabellen und Schaubilder

1 In Neustift im Stubaital wird alle zwei Stunden die Temperatur gemessen. Die Messwerte werden in einem Schaubild festgehalten. Das Fremdenverkehrsamt hängt es für Touristen aus. An einem Junitag sah das so aus:

a) Übertrage die Tabelle in dein Heft und vervollständige sie.

Uhrzeit	0 Uhr	2 Uhr	4 Uhr	6 Uhr	8 Uhr	10 Uhr
Temperatur						

Uhrzeit	12 Uhr	14 Uhr	16 Uhr	18 Uhr	20 Uhr	22 Uhr
Temperatur						

b) Wann wurde die höchste Temperatur gemessen?

c) Wann wurde die niedrigste Temperatur gemessen?

2 Auch das Fremdenverkehrsamt in Freiburg hat an einem Junitag alle zwei Stunden die Temperatur gemessen.

Uhrzeit	0 Uhr	2 Uhr	4 Uhr	6 Uhr	8 Uhr	10 Uhr
Temperatur	15°C	15°C	16°C	18°C	20°C	24°C

Uhrzeit	12 Uhr	14 Uhr	16 Uhr	18 Uhr	20 Uhr	22 Uhr
Temperatur	27°C	30°C	28°C	25°C	23°C	19°C

a) Zeichne ein Schaubild wie in Aufgabe 1.

b) Lies im Schaubild die Temperatur ab für: 1 Uhr 7 Uhr 15 Uhr 19 Uhr

c) Lies im Schaubild ab, wann es ungefähr 21°C warm war.

Fahrradausflug

1 Felix und Martin sind mit dem Fahrrad zur Jugendherberge Talmühle gefahren.
Übertrage die Tabelle in dein Heft.
Lies jeweils im Schaubild ab, wie viel km sie schon gefahren sind.
Trage Uhrzeit und Weglänge in deine Tabelle ein.

	Uhrzeit	Weglänge
Abfahrt	8.00 Uhr	0 km
Beginn der 1. Pause		
Vorbeifahrt am Teufelsfelsen		
Beginn der Mittagspause		
Reifenpanne		
Ankunft in der Jugendherberge		

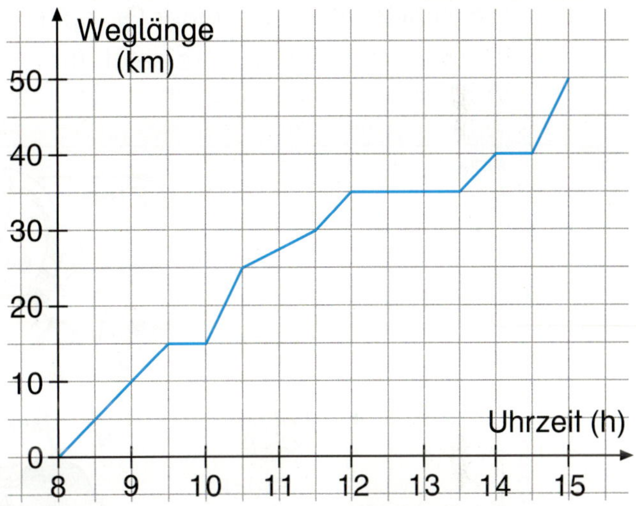

Ware-Preis-Zuordnungen

1

Schaubild

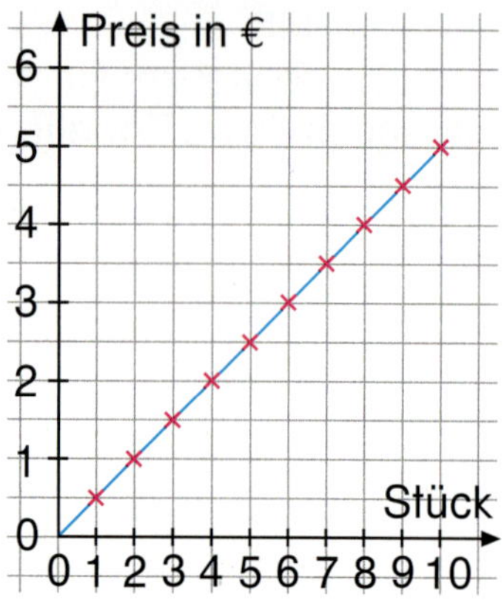

Preistabelle

Stück	Preis in €
1	0,50
2	1,00
3	1,50
4	2,00
5	2,50
6	3,00
7	3,50
8	4,00
9	4,50
10	5,00

a) Im Schaubild sind die Preise für Müsliriegel dargestellt. Die Punkte liegen auf einer Geraden. Prüfe nach.

b) Lies im Schaubild die Preise ab für: 2 Riegel 3 Riegel 4 Riegel 9 Riegel
Vergleiche mit den Werten in der Tabelle.

2

Stück	Preis in €
1	2
2	
3	
4	
5	
6	
7	
8	
9	
10	

Lies im Schaubild die Preise für Ananas ab.
Übertrage die Tabelle in dein Heft. Ergänze die fehlenden Preise.

3 Trage die Preise in eine Tabelle ein.

a)

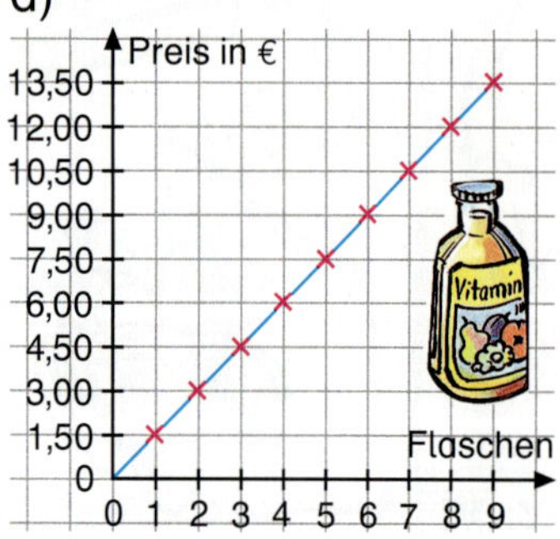

b)

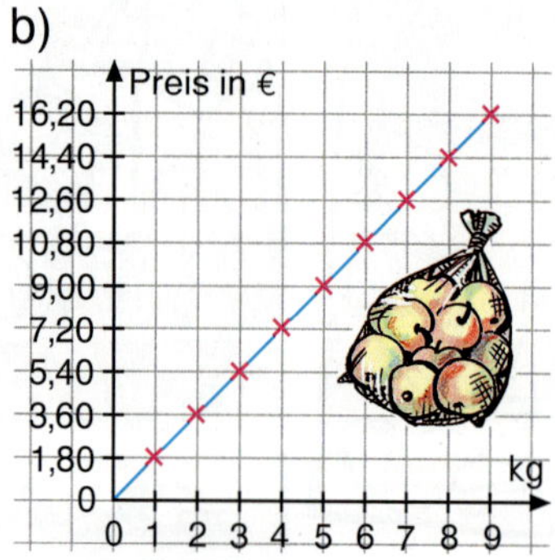

c)

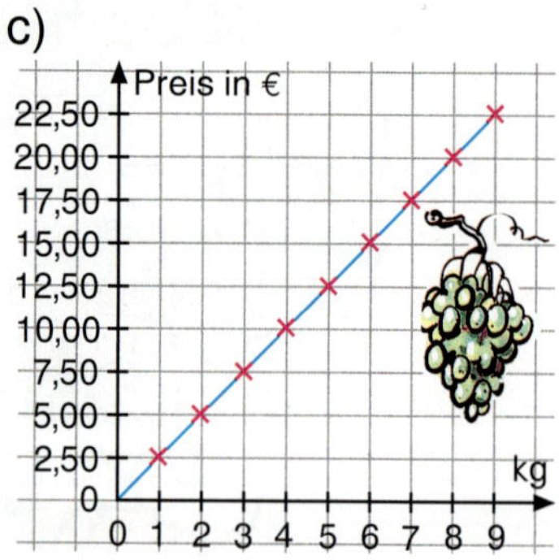

Einheit – Mehrheit

1 Übertrage die Tabelle in dein Heft.
Ergänze die fehlenden Werte.

a) Tretboot

h	€
1	5
2	
3	
4	

b) Kuchen

Stück	€
1	1,50
2	
5	
7	

c) Apfelsaft

Becher	€
1	0,90
2	
6	
8	

Ruderboot (· 2, · 3, · 4)

h	€
1	3
2	6
3	9
4	12

2 Übertrage die Tabelle für die Ballons in dein Heft. Ergänze die fehlenden Werte.

Ballons (: 2, : 3, : 6)

Stück	€
6	1,20
3	
2	
1	

3 Übertrage die Tabelle in dein Heft. Ergänze die fehlenden Werte.

a) Stieleis

Stück	€
12	12,00
6	
3	
1	

b) Kaffee

Becher	€
10	20,00
5	
2	
1	

c) Limo

Becher	€
10	8,00
5	
2	
1	

d) Brezeln

Stück	€
8	6,40
4	
2	
1	

Zweisatz

1

Kartoffeln

	kg	€	
· 4 ↓	1	0,85	↓ · 4
	4	3,40	

0,85 · 4
3,40

Übertrage die Tabellen in dein Heft. Trage die Preise für 1 kg oder für 100 g ein.
Berechne dann die fehlenden Preise und trage sie ein.

a) **Äpfel**

	kg	€	
· 3 ↓	1		↓ · 3
	3		

b) **Bananen**

	kg	€	
· 5 ↓	1		↓ · 5
	5		

c) **Birnen**

	kg	€	
· 4 ↓	1		↓ · 4
	4		

d) **Himbeeren**

	g	€	
· 2 ↓	100		↓ · 2
	200		

e) **Heidelbeeren**

	g	€	
· 4 ↓	100		↓ · 4
	400		

f) **Johannisbeeren**

	g	€	
· 5 ↓	100		↓ · 5
	500		

2 Wie teuer ist eine Frucht?
Übertrage die Tabelle in dein Heft.
Trage die Preise ein.

a) **Apfelsinen**

	Stück	€	
: 5 ↓	5		↓ : 5
	1		

b) **Kiwis**

	Stück	€	
: 6 ↓	6		↓ : 6
	1		

3 Berechne die fehlenden Preise.

a) **Äpfel**

kg	€
1	1,40
4	

b) **Stachelbeeren**

g	€
100	1,35
300	

c) **Kirschsaft**

l	€
1	1,27
6	

d) **Birnen**

kg	€
3	6,69
1	

e) **Aprikosen**

kg	€
4	12,80
1	

f) **Pfirsiche**

Stück	€
5	1,50
1	

Übungen zu proportionalen Zuordnungen

1

l	€
1	
2	
3	
4	
5	
6	
7	
8	
9	
10	

a) Maria hat den Preis für 1 l Kirschsaft berechnet. Prüfe das Ergebnis.

b) Übertrage die Tabelle in dein Heft. Trage die Preise ein.

2 Berechne zuerst den Preis für 1 l. Dann erstelle eine Preistabelle bis 10 l.

a) 

b) 

c) 

d) 

3

a) Herr Ewald kauft 2 Schalen Himbeeren. Wie viel € bezahlt er?

b) Frau Lembke kauft 3 Schalen Himbeeren für einen Kuchen. Wie teuer sind die Beeren?

c) Elif und Lisa teilen sich eine Schale Himbeeren.
Wie viel g Himbeeren bekommt jedes der beiden Mädchen?
Wie viel € bezahlt jedes Mädchen?

4 Wie teuer sind die Einkäufe?

a) 

b) 

c) 

Vermischte Übungen

1 Welchen Stückpreis haben die verschiedenen Blumensorten?

2 Wie hoch sind die Telefongebühren der Personen?

Handytarife

1 min in der Nachttarifzeit (20–6 Uhr):	0,14 €
1 min in der Hauptzeit (8–17 Uhr):	0,35 €
1 min in der Nebenzeit (6–8 Uhr und 17–20 Uhr):	0,26 €

Übungen zu proportionalen Zuordnungen

1 Wie viel € muss Lukas für 6 Video-Kassetten bezahlen?

2 Übertrage die Tabellen in dein Heft. Trage die Preise aus dem Bild ein. Berechne die fehlenden Preise.

a) Kassetten

	Stück	€	
· 2 ↓	3		↓ · 2
	6		

b) Mini Disks

	Stück	€	
· 5 ↓	2		↓ · 5
	10		

c) Farbfilme

	Stück	€	
· 2 ↓	5		↓ · 2
	10		

3 Frau Ziemer braucht 8 Video-Kassetten.

a) Wie viele Doppelpackungen kauft Frau Ziemer?

b) Wie viel € muss Frau Ziemer für die 8 Video-Kassetten zahlen?

4 Sandra kauft eine Viererpackung Fasermaler. Zwei davon gibt sie ihrer Freundin Maria.
Wie viel € zahlt Maria dafür?

	Stück	€	
: 2 ↓	4	2,60	↓ : 2
	2		

5 Übertrage die Tabellen in dein Heft. Berechne die fehlenden Preise.

a) Hefte

Stück	€
12	3,60
4	

b) Ordner

Stück	€
6	8,40
3	

c) Bleistifte

Stück	€
8	4,80
2	

Rezepte

Pfannkuchen
Für 4 Personen brauchst du:
250 g Mehl
0,5 l Milch
2 Eier
Etwas Salz

Zutaten in einer Schüssel verrühren.

Etwas Fett in die Pfanne geben und nacheinander die Pfannkuchen ausbacken. Mit Apfelmus servieren.

1 Die Klasse 7a möchte Pfannkuchen backen. Zusammen sind es 16 Personen. Schreibe das Rezept für 16 Personen auf.

2 Lena hat Preise für Mehl, Milch und Eier aufgeschrieben. Rechne aus, wie teuer die Zutaten für die Klasse 7a sind.

1 000 g Mehl	0,44 €
1 l Milch	0,52 €
1 Ei	0,15 €

3 In Klasse 8b sind 11 Schülerinnen und Schüler. Sie backen Pfannkuchen mit ihrem Lehrer. Schreibe das Rezept für zwölf Personen auf.

4 Sandra backt mit ihrer Freundin Lisa Pfannkuchen. Schreibe das Rezept für zwei Personen auf.

5 Schreibe das Pfannkuchen-Rezept um für deine Klasse.

6 Später gibt es eine leckere Quarkspeise. Erkläre das Rezept.

Quarkspeise
für 2 Personen

200 g Quark
1 Jogurt
1 Tasse Milch
1 Beutel Vanillinzucker
1 kleine Dose Aprikosen

Alle Zutaten außer dem Obst mit dem Rührgerät mischen.

Die Aprikosen vorsichtig unter die Mischung heben – fertig.

Schreibe das Rezept *Quarkspeise* auf für

a) 4 Personen; b) 6 Personen; c) deine Familie; d) deine Klasse.

Wiederholen und Üben

1 a) Das Schaubild zeigt die Preise für Brezeln.
Lies die Preise ab für 1 Brezel, ..., 10 Brezeln.
Trage die Preise in eine Tabelle ein.

b) Eine kleine Pizza kostet 2,50 €.
Erstelle eine Tabelle für die Preise bis 10 Stück.

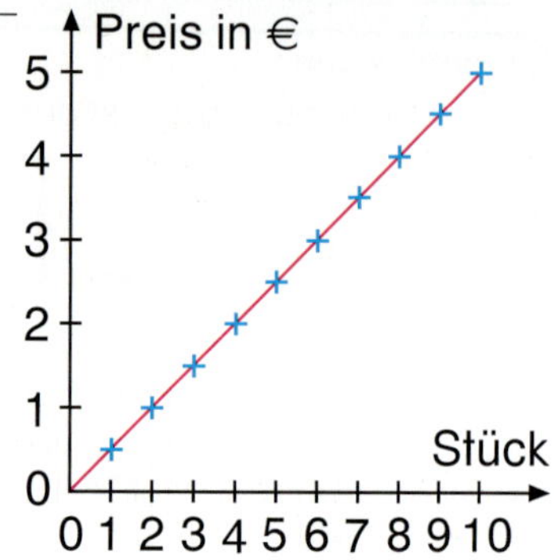

2 Berechne die fehlenden Preise.

a) Birnen

kg	€
1	1,40
2	

b) Orangensaft

l	€
1	0,70
3	

c) Stoff

m	€
1	4,60
5	

d) Pfirsiche

Stück	€
1	0,30
6	

e) Vitaminsaft

l	€
4	2,80
1	

f) Bananen

kg	€
3	4,50
1	

g) Kiwis

Stück	€
6	1,20
1	

h) Holzleiste

m	€
5	10,50
1	

3 Ein Fachhändler bekommt 12 Video-Recorder geliefert. Jeder Video-Recorder kostet 263 €.
Wie teuer sind alle Geräte zusammen?

4 Der Fachhändler verkauft 7 gleiche Fernsehgeräte zum Gesamtpreis von 2646 €.
Wie teuer ist ein Fernsehgerät?

5 Berechne die fehlenden Preise.

a) Kirschsaft

l	€
2	3,60
4	

b) Aprikosen

kg	€
3	4,50
9	

c) Stoff

m	€
5	6,20
10	

d) Arbeitslohn

h	€
6	72
18	

6 Lisas Familie zieht in eine neue Wohnung um.
Der Mietpreis für 1 m^2 Wohnfläche beträgt 6,70 €.
Die Wohnung ist 76 m^2 groß.
Wie hoch ist die Miete für die neue Wohnung?

7 Das Wohnzimmer ist 23 m^2 groß. Es soll mit Teppichboden ausgelegt werden.
Der Preis für 1 m^2 Teppichboden beträgt 4,20 €.
Wie teuer wird der Boden im Wohnzimmer?

Durchschnitt

Durchschnittsgröße

Den Durchschnitt (Mittelwert) errechnest du in zwei Schritten:
– Addiere zuerst alle Werte.
– Dividiere dann durch die Anzahl der Werte.

Durchschnitt = Summe : Anzahl

1 Auch die Jungen der Klasse 7a haben ihre Körpergröße gemessen und in eine Tabelle eingetragen. Berechne die Durchschnittsgröße der 5 Jungen.

Björn	1,64 m	Oliver	1,73 m
Felix	1,58 m	Luca	1,67 m
Markus	1,63 m		

2 Welche Jungen der Klasse 7a sind größer als der Durchschnitt?

3 Berechne die Durchschnittsgröße aller Schülerinnen und Schüler der Klasse.

4 Welche Mädchen oder Jungen der Klasse 7a sind kleiner als der Durchschnitt?

5 Berechne die Durchschnittsgröße der Jugendlichen.

a) Therese	157 cm	b) Holger	165 cm	c) Orhan	1,62 m
Petra	160 cm	Valentin	163 cm	Sabine	1,59 m
Moni	157 cm	Nico	166 cm	Andreas	1,68 m
		Joachim	158 cm	Hannes	1,71 m

1 Jugendliche wachsen im Durchschnitt ab der 5. bis zur 7. Klasse jährlich 10 cm. Überprüfe diese Aussage bei den Jungen und Mädchen.

Name	im 5. Schuljahr	im 6. Schuljahr	im 7. Schuljahr
David	1,44 m	1,52 m	1,63 m
Thomas	1,49 m	1,59 m	1,71 m
Sören	1,50 m	1,58 m	1,73 m
Susanne	1,43 m	1,57 m	1,64 m
Julia	1,49 m	1,57 m	1,67 m
Karin	1,41 m	1,47 m	1,55 m
Durchschnittsgröße			

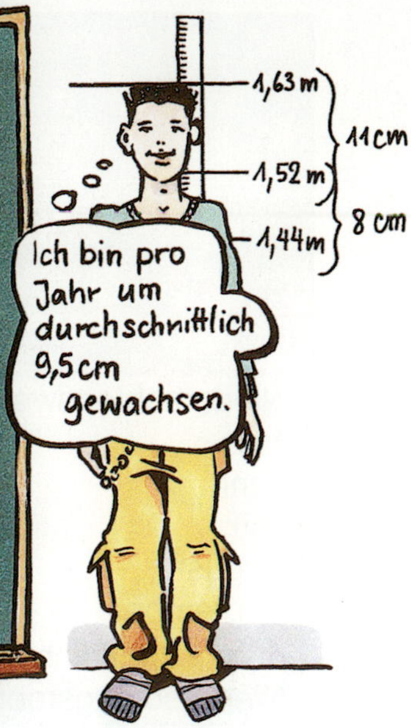

David: 11 cm + 8 cm = 19 cm 19 : 2 = 9,5
18
 10
 10
  0
Durchschnitt: 9,5 cm

2 Berechne die Durchschnittsgröße der Schülerinnen und Schüler
a) im 5. Schuljahr. b) im 6. Schuljahr. c) im 7. Schuljahr.

3 Prüfe, ob die Durchschnittsgröße um jährlich 10 cm gestiegen ist.

4 Paul war mit zwölf Jahren 1,51 m groß. Ein Jahr später ist er 11 cm und im folgenden Jahr nochmals 13 cm größer geworden.
Um wie viel cm ist Paul durchschnittlich in einem Jahr gewachsen?

5 Britta hat aufgeschrieben, wie groß sie an ihren Geburtstagen jeweils war. Um wie viel cm ist Britta durchschnittlich in einem Jahr gewachsen?

mit 11 Jahren:	1,38 m
mit 12 Jahren:	1,45 m
mit 13 Jahren:	1,53 m
mit 14 Jahren:	1,62 m

6 Tabea ist 15 Jahre alt und 1,66 m groß. Sie errechnet, dass sie in den letzten zwei Jahren durchschnittlich um 8 cm pro Jahr gewachsen ist.
Wie groß war Tabea mit 13 Jahren?

Berechnen und Darstellen von Durchschnittswerten

1 Erkläre die Tabelle und das zugehörige Schaubild.

Niederschlagswerte von Berlin	
Mai:	45 mm
Juni:	62 mm
Juli:	70 mm
August:	67 mm
September:	46 mm
durchschnittliche Niederschlagsmenge:	58 mm

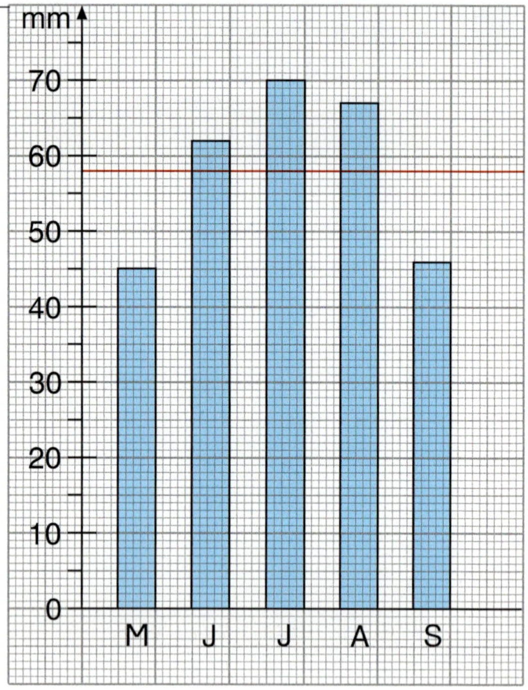

2 Lies die Werte ab. Berechne jeweils die durchschnittliche Niederschlagsmenge.

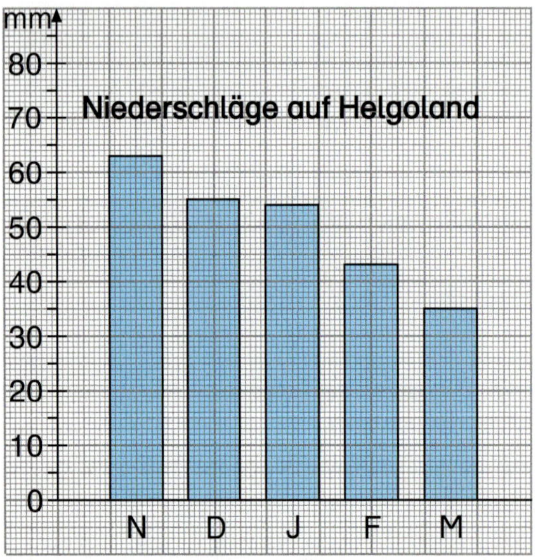

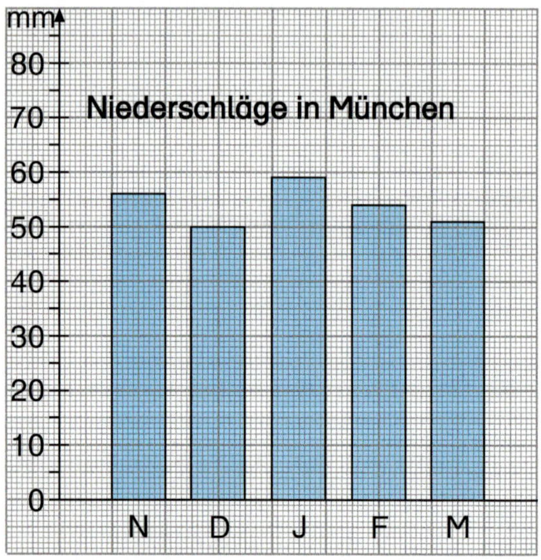

3 Erstelle jeweils ein Schaubild (1 cm = 10 mm Niederschlag).
Kennzeichne die durchschnittliche Niederschlagsmenge.

Niederschläge auf Helgoland

Mai: 43 mm Juni: 44 mm
Juli: 81 mm August: 89 mm
September: 78 mm

Niederschläge in München

Mai: 107 mm Juni: 125 mm
Juli: 137 mm August: 104 mm
September: 87 mm

1 Lies die Temperaturwerte für Helgoland und München ab.
Berechne für jeden Ort die Durchschnittstemperatur.

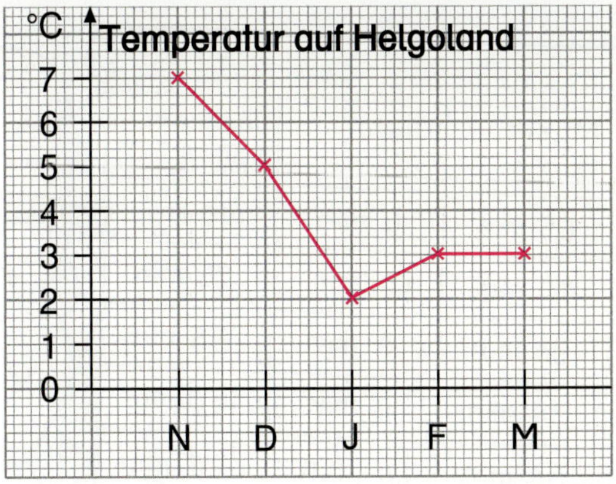

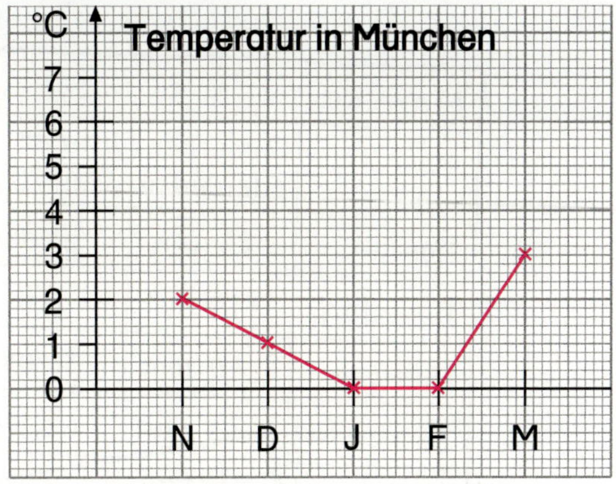

2 Erstelle Temperaturkurven für die Monate Mai bis September für Helgoland und für München.
Für 1 °C nimm 5 mm.
Kennzeichne die Durchschnittstemperatur.

Temperatur auf Helgoland	
Mai:	10 °C
Juni:	13 °C
Juli:	16 °C
August:	17 °C
September:	14 °C

Temperatur in München	
Mai:	12 °C
Juni:	16 °C
Juli:	17 °C
August:	17 °C
September:	13 °C

3 Berechne aus den Werten für Berlin die Durchschnittstemperatur für 4 Monate.

a) Januar	0 °C	b) Mai	14 °C	c) September	14 °C
Februar	0 °C	Juni	17 °C	Oktober	9 °C
März	4 °C	Juli	19 °C	November	4 °C
April	8 °C	August	18 °C	Dezember	1 °C

4 Berechne für jeden Ort die durchschnittliche Niederschlagsmenge und die Durchschnittstemperatur für die Monate Mai bis Oktober.

Niederschläge und Temperaturen in Hamburg		
Mai	55 mm	12 °C
Juni	64 mm	15 °C
Juli	83 mm	17 °C
August	85 mm	16 °C
September	62 mm	14 °C
Oktober	59 mm	10 °C

Niederschläge und Temperaturen in Dresden		
Mai	63 mm	13 °C
Juni	68 mm	16 °C
Juli	109 mm	18 °C
August	74 mm	18 °C
September	48 mm	13 °C
Oktober	52 mm	9 °C

Projekt: Freizeitverhalten

1 Die Klasse 7b ermittelt, wie viel Zeit am Tag jedes Klassenmitglied durchschnittlich mit verschiedenen Freizeit-Aktivitäten verbringt.

Mareike

	Fernsehen oder Video	Inliner fahren	Musik hören	Judo	Computer-spiele
Montag	85 min	50 min	65 min	0 min	40 min
Dienstag	115 min	0 min	40 min	60 min	25 min
Mittwoch	40 min	80 min	90 min	0 min	55 min
Donnerstag	80 min	65 min	30 min	0 min	40 min
Freitag	[illegible]	[illegible]	50 min	60 min	20 min
Samstag	[illegible]	[illegible]	[illegible]	[illegible]	60 min
Sonntag	[illegible]	[illegible]	[illegible]	[illegible]	[illegible]
Insgesamt	[illegible]	[illegible]	[illegible]	[illegible]	[illegible]
Im Durchschnitt (:7)	[illegible]	[illegible]	[illegible]	[illegible]	[illegible]

Stefan

	Fußball spielen	Fernsehen oder Video	Computer-spiele	Fahrrad fahren	Musik hören
Montag	60 min	90 min	40 min	10 min	30 min
Dienstag	45 min	95 min	30 min	30 min	25 min
Mittwoch	20 min	70 min	30 min	30 min	55 min
Donnerstag	0 min	80 min	50 min	45 min	40 min
Freitag	70 min	40 min	25 min	20 min	95 min
Samstag	0 min	120 min	60 min	30 min	160 min
Sonntag	50 min	65 min	80 min	80 min	120 min
Insgesamt	245 min				
Im Durchschnitt (:7)					

2 Berechne die Werte, die in Stefans Tabelle fehlen.

3 Was machst du in deiner Freizeit am liebsten?
Erstelle eine eigene Tabelle und trage die entsprechenden Zeiten ein.

4 Vergleiche die durchschnittliche Dauer deiner Freizeitaktivitäten mit den Zeiten deiner Mitschülerinnen und Mitschüler.
Womit verbringt ihr im Durchschnitt die meiste Zeit?

1 Jessica hat aufgeschrieben, wie lange sie am Computer gespielt hat.
Berechne die durchschnittliche Spieldauer.

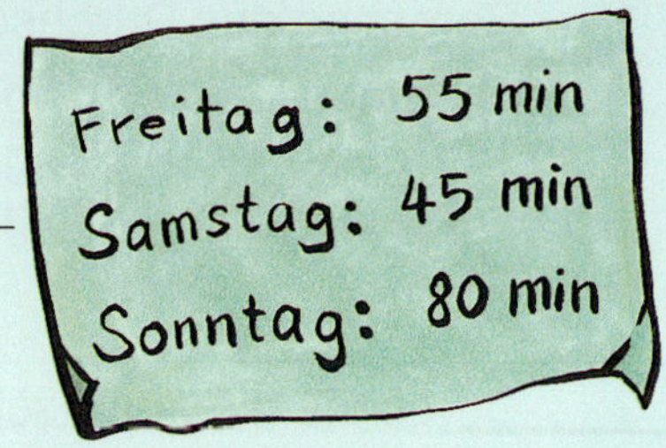

2 Roman hörte innerhalb einer Woche 546 Minuten lang Musik.
Berechne den Durchschnittswert für einen Tag.

3 Berechne die durchschnittliche Fernseh-Zeit von Mareike und Jens.

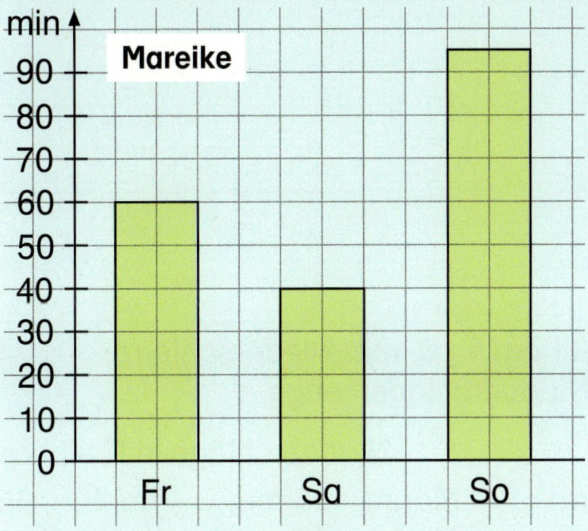

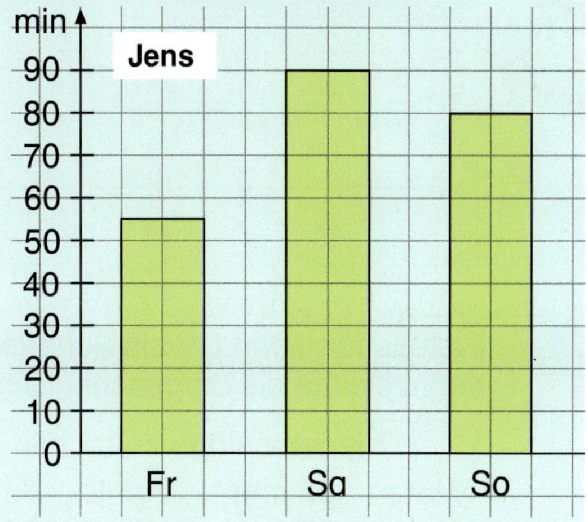

4 Die 5 Jungen der Klasse addieren die Zeiten, in denen sie die Woche über Fußball gespielt haben.
Insgesamt sind es 1 655 Minuten.
Wie lange spielte jeder Schüler durchschnittlich?

5 Die 4 Mädchen der Klasse berechnen, dass sie in der Woche zusammen 2 380 Minuten lang Musik gehört haben.
Wie viel Minuten hörte jede Schülerin durchschnittlich Musik?

6 Typisch Mädchen – Typisch Jungen

Ordne die typischen Hobbys zu.
Vergleiche mit deinen Mitschülerinnen und Mitschülern

Wiederholen und Üben

1 Berechne das Durchschnittsgewicht.

a) Svenja	44 kg	b) Thomas	44 kg	c) Gudrun	52 kg
Frauke	39 kg	Max	53 kg	Oliver	59 kg
Karla	40 kg	Arthur	49 kg	Rabea	53 kg
		Hasan	50 kg	Jörg	71 kg

2 Berechne die durchschnittliche Temperatur.

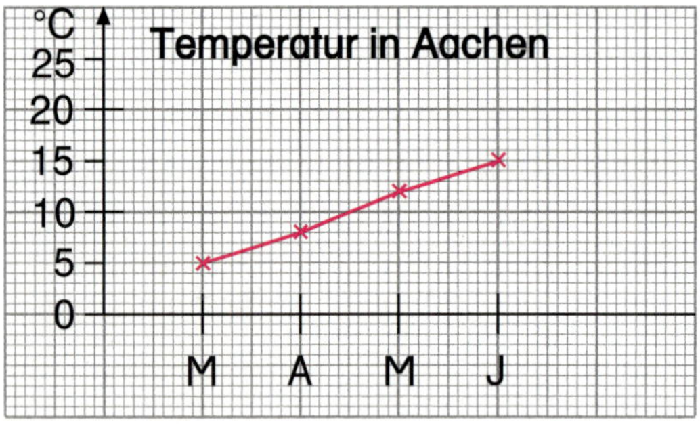

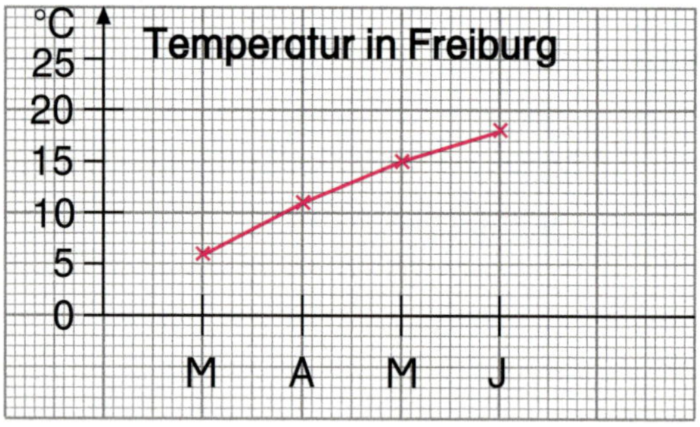

3 Erstelle für jeden Ort ein Schaubild (1 cm = 10 mm Niederschlag).
Kennzeichne die durchschnittliche Niederschlagsmenge.

Niederschläge in Aachen

März:	62 mm	April:	63 mm
Mai:	60 mm	Juni:	75 mm

Niederschläge in Freiburg

März:	56 mm	April:	65 mm
Mai:	85 mm	Juni:	114 mm

4 Wie weit sind die Sportler durchschnittlich gesprungen?

Name	im 1. Versuch	im 2. Versuch	im 3. Versuch	Durchschnitt
Christine	3,44 m	3,56 m	3,35 m	
Arne	4,29 m	3,91 m	3,98 m	
Özlem	3,25 m	3,77 m	3,42 m	
Murat	4,12 m	4,21 m	4,30 m	
Brigitta	3,24 m	2,88 m	3,27 m	

5 Corinna hat aufgeschrieben, welche Strecken sie beim Lauftraining innerhalb von 4 Tagen zurückgelegt hat.
Berechne die durchschnittliche Laufstrecke.

6 Paula hat an den 7 Tagen der Woche insgesamt 525 Minuten Musik gehört.
Wie viel Minuten hörte Paula durchschnittlich am Tag Musik?

Umfang und Flächeninhalt

Umfang von Rechtecken

1 Reichen 100 m Maschendraht zum Umzäunen der Wiese aus?

Der Umfang eines Rechtecks ist die Summe seiner Seiten.

a = 6 cm, b = 3 cm

u = a + b + a + b
u = 2 · a + 2 · b
2 · 6 + 2 · 3
u = 18 cm

a = 5 cm

u = a + a + a + a
u = 4 · a
4 · 5
u = 20 cm

2 Zeichne die Rechtecke in den angegebenen Maßen.
Schätze zuerst, dann prüfe nach:
Welches Rechteck hat den größten Umfang?

a) a = 7 cm, b = 4 cm

b) a = 5 cm, b = 5 cm

c) a = 6 cm, b = 3 cm

d) a = 12 cm, b = 6 cm

e) a = 42 mm

f) a = 5 cm, b = 6,3 cm

1 Wähle rechteckige Gegenstände aus der Schultasche und dem Klassenzimmer. Miss die Länge und die Breite. Berechne dann den Umfang.

2 Welchen Umfang haben die beiden Sportfelder?

Fußball

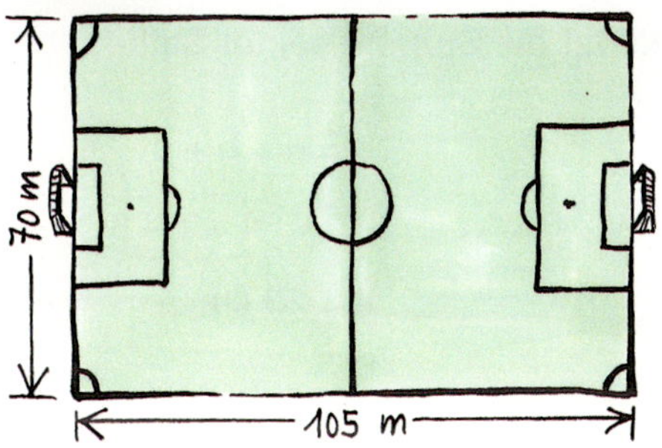

Volleyball

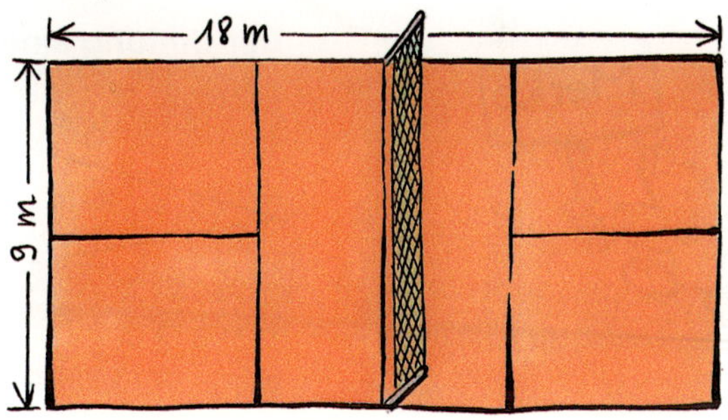

3 Im Training laufen die Spieler um die Felder herum.

a) Wie viel km sind die Fußballer nach 7 Runden gelaufen?

b) Die Volleyballer laufen ebenfalls 7 Runden. Wie viel km laufen sie?

4 Im Werkunterricht sollen aus 24 cm langem Eisendraht Rechtecke gebogen werden.

a) Zeichne verschiedene Lösungen.

b) Miss nach und berechne den Umfang.

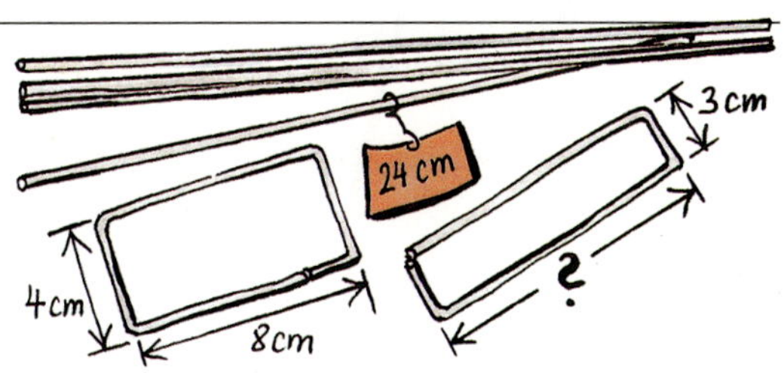

5 Berechne den Umfang der Rechtecke.

	a)	b)	c)	d)	e)	f)
Seite a	23 mm	13 cm	40 cm	15 cm	4,5 cm	7 cm
Seite b	20 mm	20 cm	40 cm	29 cm	4 cm	5,4 cm

Umfang von Dreiecken

1 Die Schüler der Klasse 7 haben Broschen in Tiffanytechnik entworfen.
Wie viel cm Kupferband werden zum Umwickeln eines bunten Glases benötigt?

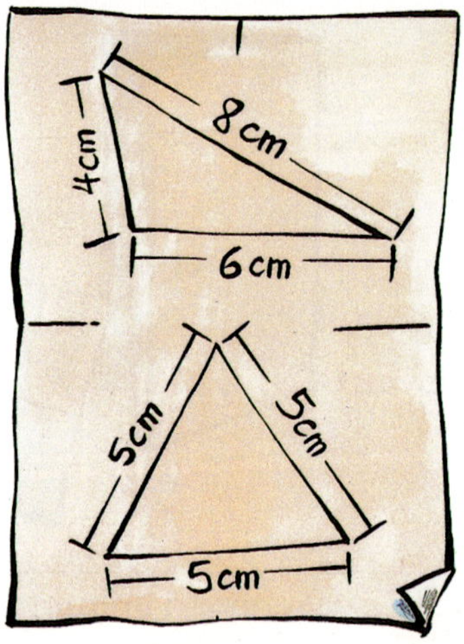

Der Umfang eines Dreiecks ist die Summe seiner Seiten.

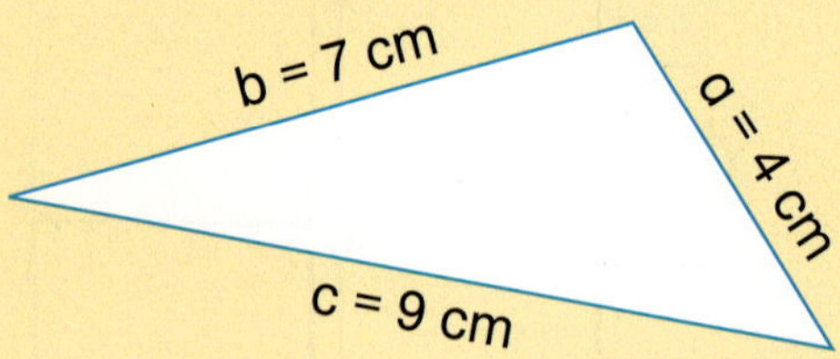

u = a + b + c

4 + 7 + 9

u = 20 cm

2 Wie viel Silberdraht wurde für die verschiedenen Schmuckstücke benötigt?

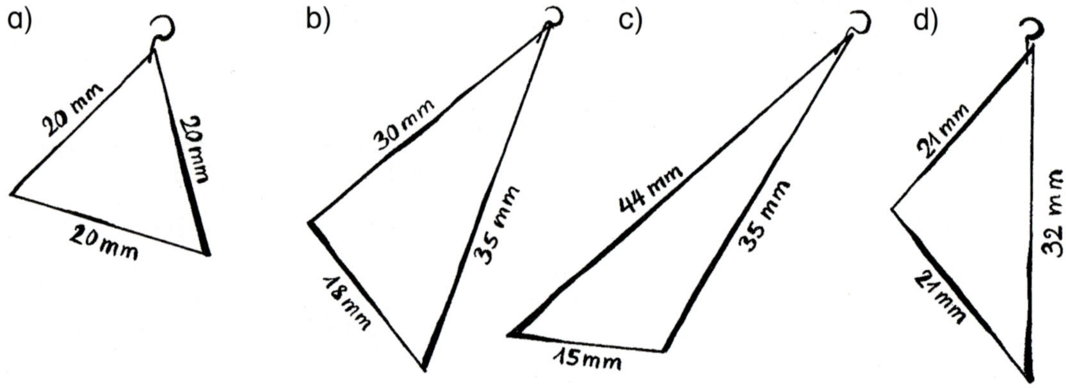

3 Berechne den Umfang der Dreiecke.

a)	b)	c)	d)	e)
a = 6 cm	a = 12 cm	a = 3,5 cm	a = 3,4 cm	a = 7,2 cm
b = 4 cm	b = 5 cm	b = 5 cm	b = 5,4 cm	b = 3,4 cm
c = 4 cm	c = 8 cm	c = 3 cm	b = 7 cm	c = 5,6 cm

1 Bei einer Segelregatta muss jedes Boot 3 Bojen umsegeln.
Sieger ist, wer als erster 4-mal die Regattabahn gesegelt ist.

a) Wie lang ist die Regattabahn?

b) Wie viel km hat jedes Boot bis zum Ende des Rennens zurückgelegt?

c) Im Training hat jeder Segler für 1 km ungefähr 12 min benötigt?
Wie lang wird das Rennen ungefähr dauern?

2 Berechne die fehlenden Strecken.

a) Nord-Regatta
Gesamtlänge: 35 km

b) Bodensee-Regatta
Gesamtlänge: 42 km

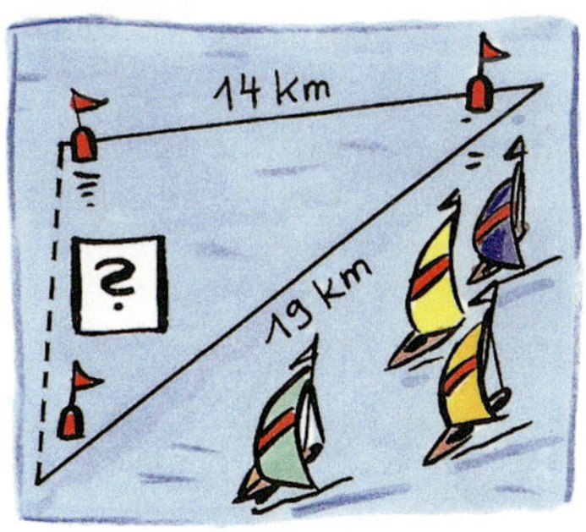

c) Sommer-Regatta
Gesamtlänge: 7 500 m

3 Übertrage die Tabelle in dein Heft und berechne die fehlenden Werte.

	a)	b)	c)	d)	e)	f)
Seite a	23 mm	9 cm	4,5 cm		15 cm	15 cm
Seite b	30 mm	5 cm	5,6 cm	9 cm		34 cm
Seite c	20 mm	15 cm	6,6 cm	9 cm	20 cm	
Umfang				36 cm	60 cm	83 cm

Flächeninhalt von Rechtecken

1 Wie viel cm² sind die Briefmarken groß?

2 Hier sind die Rechtecke verdeckt. Kannst du die Größe der Flächen bestimmen?

Flächeninhalt des Rechtecks A = Flächeninhalt eines Streifens · Anzahl der Streifen

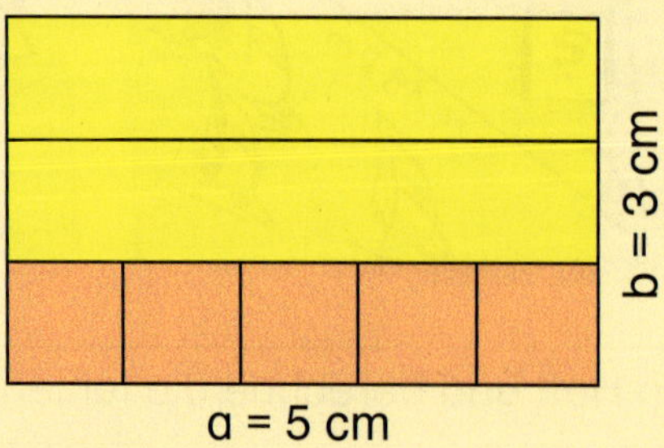

A = a · b

5 · 3

A = 15 cm²

3 Zeichne die Rechtecke in dein Heft.
Unterteile wie im Merkekasten.
Berechne den Flächeninhalt der Rechtecke.

a) a = 6 cm
b = 4 cm

b) a = 8 cm
b = 12 cm

c) a = 6 cm
b = 6 cm

1 Große Flächen misst man in m² (Quadratmeter).
Berechne die Fläche der Gehege.

2 Zeichne die Rechtecke. Berechne Flächeninhalt und Umfang.

a) a = 5 cm, b = 4 cm
b) a = 12 cm, b = 5 cm
c) a = 4,5 cm, b = 3 cm
d) a = 6 cm, b = 4,5 cm
e) a = 10,5 cm, b = 4 cm

3 Das Wohnzimmer und das Kinderzimmer werden mit Teppichboden ausgelegt.

a) Wie viel m² Teppichboden werden für jedes Zimmer benötigt?
b) Wie teuer ist der Teppichboden für jedes Zimmer?

4 Ein Rechteck hat den Flächeninhalt A = 24 cm².
Eine Seite ist 6 cm lang.
Wie lang ist die andere Seite des Rechtecks?

5 Übertrage die Tabelle in dein Heft und berechne die fehlenden Werte.

	a)	b)	c)	d)	e)	f)
Seite a	6 m	4 cm	4,5 m	6,8 cm	8 cm	6 cm
Seite b	4 m	4 cm	6 m	9 cm		
Flächeninhalt					40 cm²	36 cm²

Zusammengesetzte Flächen

1 Hanna und Yasin haben die Größe des Klassenzimmers berechnet.
Wie sind sie zu ihrem Ergebnis gekommen?

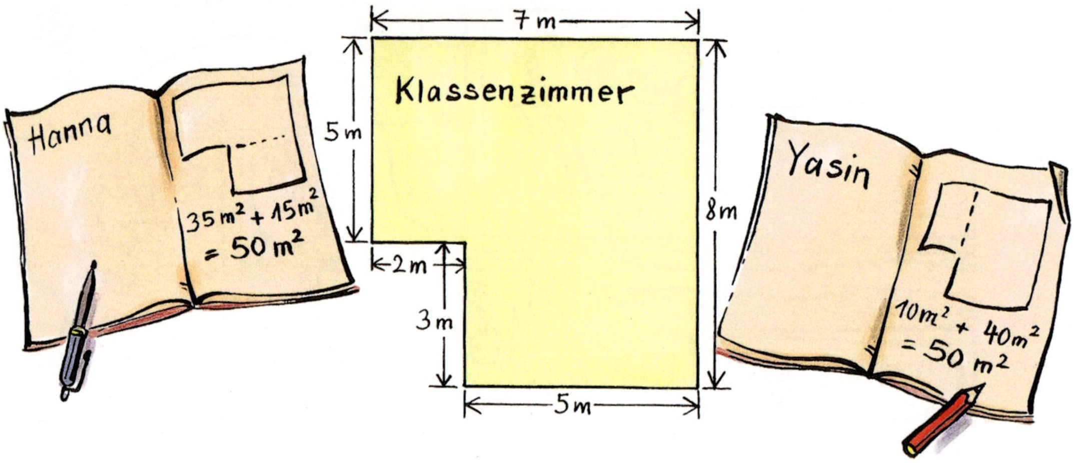

2

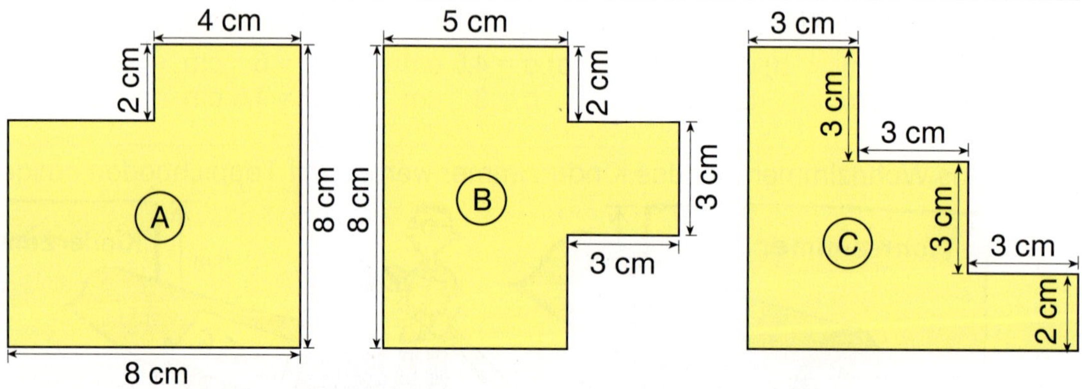

a) Zeichne die Figuren in dein Heft und unterteile sie in Rechtecke.

b) Berechne den Flächeninhalt jeder Figur.

c) Berechne den Umfang jeder Figur.

3 Im Neubaugebiet Waldwinkel werden 2 Grundstücke verkauft.
1 m² Bauland kostet 130 €.

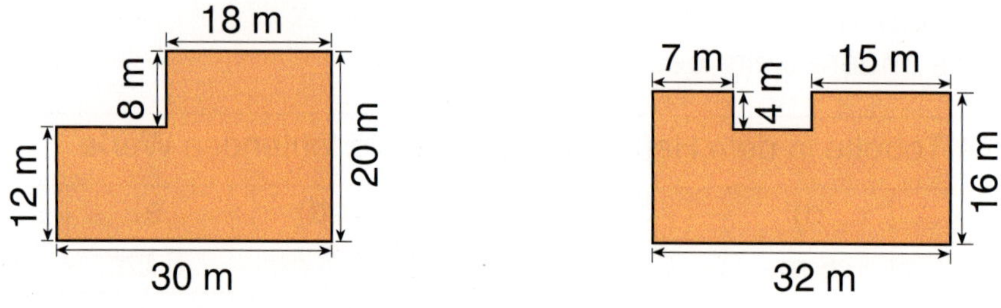

a) Welches Grundstück ist am größten?

b) Wie teuer sind die einzelnen Grundstücke?

1 Familie Bergmüller ist in eine neue Wohnung eingezogen.

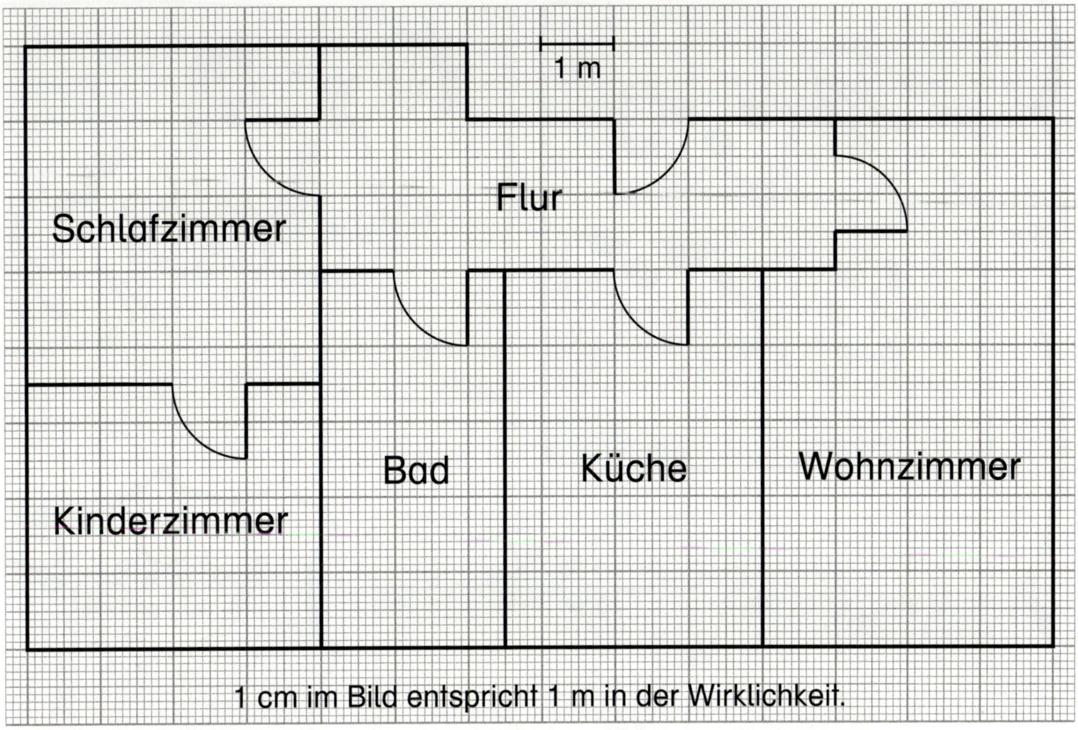

a) Berechne den Flächeninhalt der einzelnen Räume.

b) Berechne die Größe der Wohnung.

c) Der monatliche Mietpreis beträgt 7 € pro m². Wie hoch ist die Miete für die Wohnung?

2 Wie viel € kostet der Bodenbelag für jeden Raum aus Aufgabe 1?

a) Kinderzimmer

b) Schlafzimmer

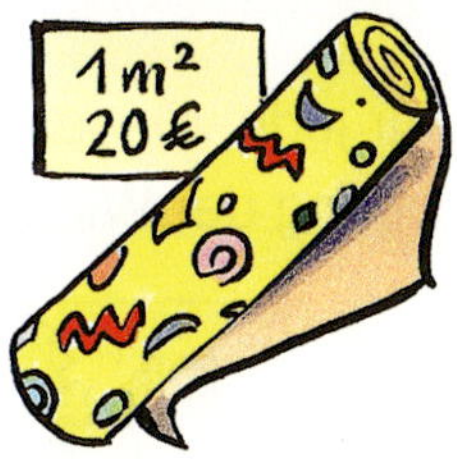

c) Küche

d) Wohnzimmer

3 Berechne den monatlichen Mietpreis der Wohnungen.

a) **4-Zi.-Whg.**
86 m²
1 m² kostet
5 €

b) **Nordstadt**
3-Zi.-Whg.
69 m²
1 m² kostet
5,80 €

c) **3-Zi.-Whg.**
74 m²
1 m² kostet
7,20 €

d) **Burgdorf**
5-Zi.-Whg.
127 m²
1 m² kostet
4,99 €

Übungen zu Umfang und Flächeninhalt

1 Bauer Harms muss die Zäune seiner Wiesen erneuern.

a) Wie viel m Maschendraht muss er für jede Wiese kaufen?

b) Welche Wiese ist am größten?
Schätze zuerst, berechne dann für jede Wiese den Flächeninhalt.

c) Vergleiche Flächeninhalt und Umfang der Wiesen. Was fällt dir auf?

2 Das Dach der Scheune muss neu mit Ziegeln eingedeckt werden.

a) Berechne die Größe der gesamten Dachfläche.

b) Wie viel € kosten die Dachziegel?

Projekt: Schulgarten

Auf dem Gelände der Erich-Kästner-Schule soll ein Schulgarten angelegt werden. Die Gartenbau-AG plant gemeinsam die notwendigen Arbeiten.

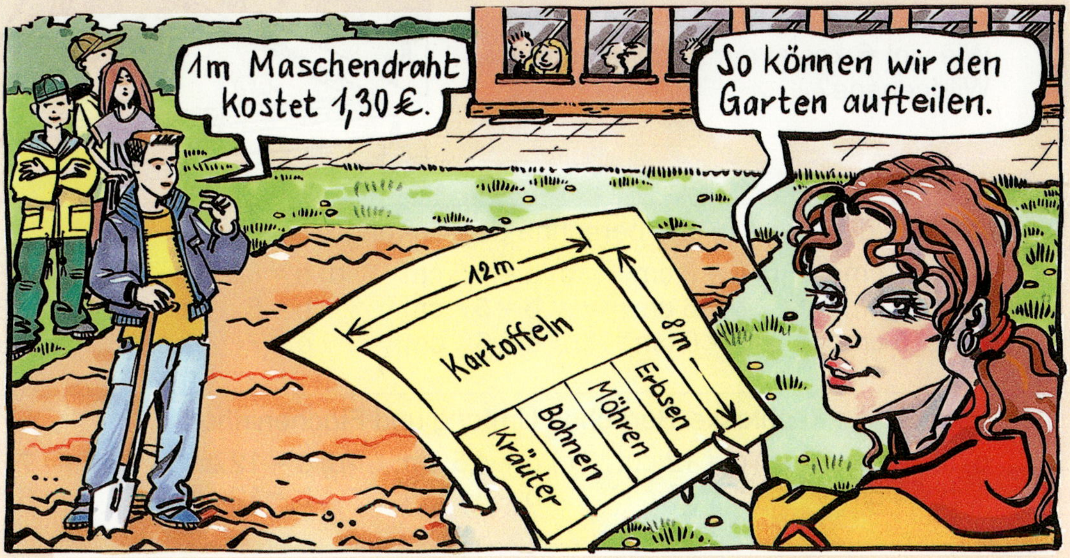

1 Wie viel Geld muss für den Bau des Zaunes eingeplant werden?

2 Der Schulgarten soll zur Hälfte mit Kartoffeln bepflanzt werden. Der Rest des Geländes wird in 4 gleich große Beete für Erbsen, Bohnen, Möhren und Kräuter aufgeteilt.

a) Wie groß ist die Fläche der einzelnen Beete?

b) Wie teuer sind die Saatkartoffeln für das Kartoffelbeet?

3

An den Rand des Kräuterbeetes sollen 15 Tomatenpflanzen gesetzt werden. 1 Pflanze kostet 0,79 €.

a) Wie teuer sind die Pflanzen?

b) Wie viel kg Tomaten können voraussichtlich geerntet werden?

c) Wie viel l Wasser verbrauchen 15 Tomatenpflanzen täglich?

4 Wie würdet ihr den Schulgarten aufteilen?
Zeichnet selbst einen Bepflanzungsplan mit verschiedenen Beeten.

Wiederholen und Üben

1 Der Zaun um das Wildgehege soll erneuert werden.
1 m Zaun kostet 17 €.
Wie viel € kostet der Zaun um das Wildgehege?

2 Zeichne die Dreiecke und berechne den Umfang.

a) a = 7 cm, b = 4 cm, c = 5 cm
b) a = 9 cm, b = 6 cm, c = 6 cm
c) a = 4,5 cm, b = 5 cm, c = 6 cm
d) a = 8,5 cm, b = 5 cm, c = 7 cm
e) a = 9,5 cm, b = 7,5 cm, c = 5,5 cm

3 Zeichne die Rechtecke. Berechne Umfang und Flächeninhalt.

a) a = 7 cm, b = 4 cm
b) a = 12 cm, b = 6 cm
c) a = 4,5 cm, b = 3 cm
d) a = 12 cm, b = 12 cm
e) a = 7,5 cm, b = 8 cm

4 Berechne die Größe der Ladefläche der Lastkraftwagen.

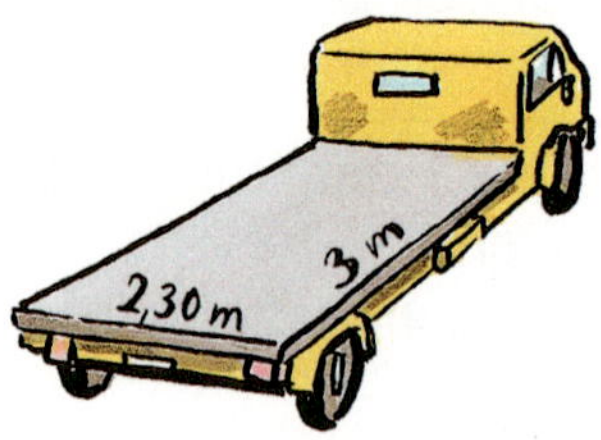

5 Wie teuer ist der Teppichboden für jeden Raum?

a)
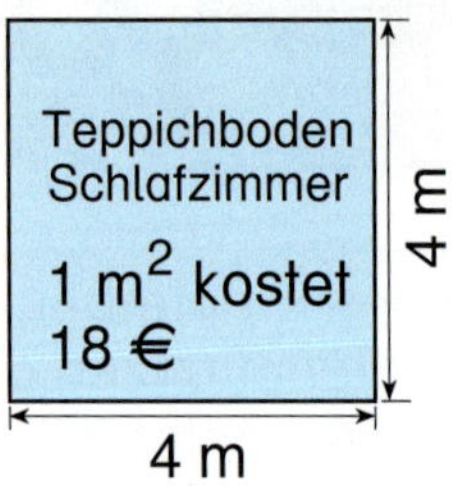

b)
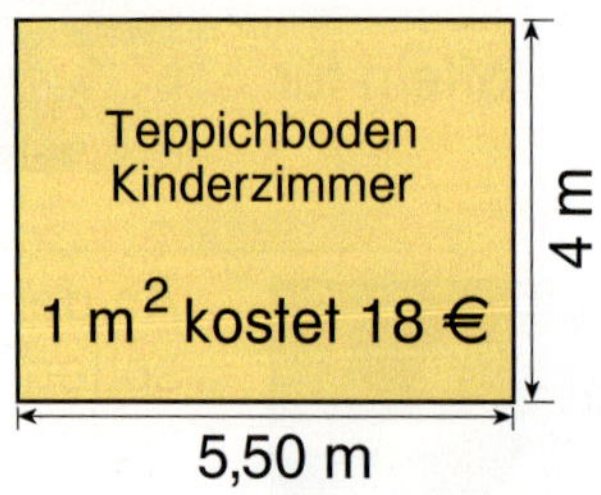

c)
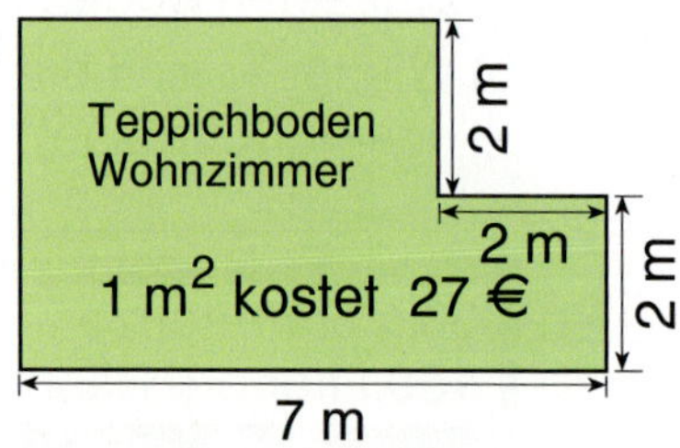

6 Übertrage die Tabelle in dein Heft. Berechne die fehlenden Werte der Rechtecke.

	a)	b)	c)	d)	e)	f)
Seite a	12 m	23 m	4,5 m	12 cm	7 cm	8 m
Seite b	4 m	40 m	5 m	9 cm		
Umfang u						
Flächeninhalt A					35 cm²	48 m²

Alles paletti

1 Ordne nach der Größe. Beginne mit der kleinsten Zahl.

a) 15 620   37 000   9 644   43 003   40 300   12 030   6 050   53 071

b) 4 800   25 000   10 450   75 050   11 400   64 200   3 817   48 500

2 34 916   11 605   47 400   61 930   20 603   76 703   15 030   8 306

a) Runde auf Tausender.

b) Runde auf Zehntausender.

3

a) 17 000	b) 36 000	c) 25 600	d) 75 350
+ 6 000	− 11 000	+ 5 000	− 25 000
+ 15 000	− 7 000	+ 11 000	− 9 000
+ 27 000	− 23 000	+ 32 000	− 54 000
+ 55 000	− 31 000	+ 44 000	− 65 000

4 a) b) c) d)

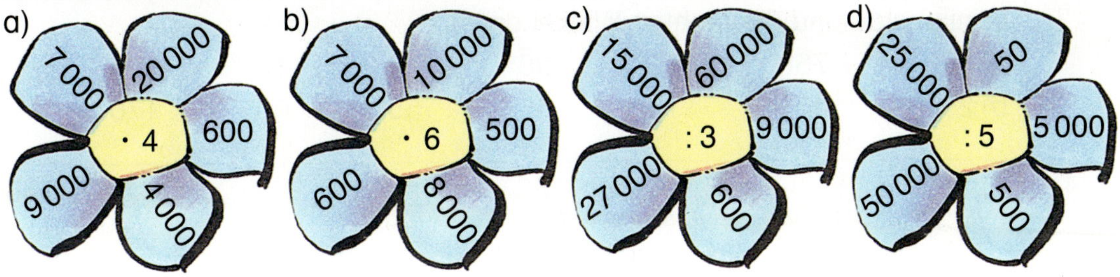

5 Welcher Bruchteil ist gefärbt?

a) b) c) d) e) f)

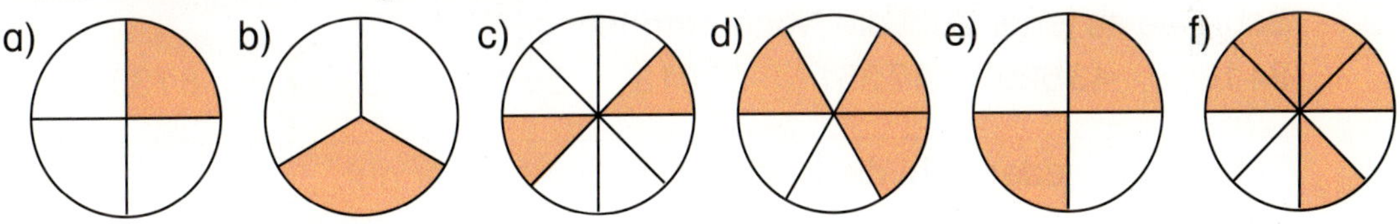

6 Erweitere die Brüche mit 2 und 3.

a) $\frac{1}{3}$ b) $\frac{3}{4}$ c) $\frac{4}{5}$ d) $\frac{2}{3}$ e) $\frac{2}{5}$ f) $\frac{1}{2}$ g) $\frac{5}{6}$ h) $\frac{1}{7}$

7 Kürze die Brüche durch 2.

a) $\frac{2}{4}$ b) $\frac{4}{8}$ c) $\frac{2}{8}$ d) $\frac{4}{10}$ e) $\frac{6}{8}$ f) $\frac{4}{6}$ g) $\frac{4}{12}$ h) $\frac{8}{10}$

8 Für das Anlegen einer Hecke werden 65 Pflanzen benötigt.
Jede Pflanze kostet 8,25 €.
Wie viel € kostet die Hecke?

Alles paletti

1 Setze die Zahlenreihen fort.

a)	3,8	4,0	4,2						5,6
b)	0,6	1,2	1,8						6,0
c)	56,2	56,0	55,8						54,4
d)	24,5	24,0	23,5						20,0

2

a) · 10
4,95
14,08
8,134

b) : 10
35,8
17,05
116,45

c) · 100
4,3
17,093
4,56

d) : 100
123,4
17,51
93,6

e) · 1 000
1,23
19,5
6,003

3 Zeichne die Winkel in dein Heft. Markiere die spitzen Winkel rot, die stumpfen Winkel blau und die rechten Winkel grün.

a) 80° 75° 110° 90° 40° 15° 125° 20°
b) 25° 140° 18° 65° 55° 90° 170° 115°

4

a) 84 · 5
375 · 20
1 325 · 60
1 983 · 43

b) 429 · 8
2 586 · 50
4 608 · 17
18 750 · 4

c) 974 : 2
9 670 : 5
58 608 : 8
75 744 : 4

d) 83 705 : 5
46 953 : 9
9 048 : 3
94 086 : 6

5 Schreibe zu jeder Zahl die Nachbartausender auf.

34 100 43 520 17 351 22 013 56 001 93 500 8 730 40 009

6 Schreibe zu jeder Zahl die Nachbarzehntausender auf.

28 000 74 000 16 020 87 500 13 800 36 450 63 763 54 006

7

a) Runde auf Einer: 3,6 4,2 5,9 12,3 38,4 145,5 0,5
b) Runde auf Zehntel: 4,62 18,08 136,05 5,71 0,26 15,83 1,78

8 Berechne die fehlenden Zeiten.

Abfahrt	7.15 Uhr		16.30 Uhr	10.50 Uhr	
Fahrzeit	3 h	4 h 30 min		3 h 15 min	9 h 45 min
Ankunft		17.00 Uhr	20.00 Uhr		20.35 Uhr

Alles paletti

1 a) Berechne die Preise von Holz- und Metallgitterzaun.

b) Wie groß ist der Preisunterschied?

2 Ein Tiergehege von 3 415 m^2 soll mit Gras eingesät werden.
Für 1 m^2 benötigt man 50 g Grassamen.
Wie viel kg Grassamen werden benötigt?

3 Berechne die Durchschnittsgröße der Jugendlichen.

a) Annette 170 cm
Britta 165 cm
Vanessa 160 cm

b) Junior 169 cm
Marc 160 cm
Sebastian 175 cm

c) Milhim 174 cm
Julia 168 cm
Tim 163 cm
Sandra 171 cm

4 Kürze die Ergebnisse, wenn möglich.

a) $\frac{1}{8} + \frac{3}{8}$ $\frac{2}{4} + \frac{1}{4}$

b) $\frac{3}{5} + \frac{1}{5}$ $\frac{1}{6} + \frac{3}{6}$

c) $\frac{3}{10} + \frac{1}{5}$ $\frac{1}{2} + \frac{3}{8}$

d) $\frac{4}{5} - \frac{2}{5}$ $\frac{8}{9} - \frac{2}{9}$

e) $\frac{3}{4} - \frac{3}{8}$ $\frac{2}{3} - \frac{1}{6}$

5 Wandle die Brüche in Kommazahlen um.

a) $\frac{1}{5}$ b) $\frac{1}{2}$ c) $\frac{3}{4}$ d) $\frac{3}{8}$ e) $\frac{3}{100}$ f) $\frac{4}{1000}$ g) $\frac{3}{5}$

6 Rechne aus und schreibe das Ergebnis in m.

a) 4 · 30 cm
3 · 80 cm

b) 2 · 70 cm
5 · 60 cm

c) 6 · 40 cm
7 · 10 cm

d) 9 · 20 cm
10 · 10 cm

7 Berechne die fehlenden Preise.

a) Äpfel

kg	€
1	1,25
4	

b) Stoff

m	€
1	6,75
5	

c) Fotos

Stück	€
5	2,25
10	

d) Apfelsaft

l	€
2	1,75
8	

8 a) 48 275 + 17 806
7 594 + 58 071
36 817 + 9 608
29 049 + 7 865

b) 57 653 – 48 604
19 014 – 7 876
83 005 – 29 860
94 631 – 8 407

c) 68 059 + 786
9 127 + 7 934
71 714 – 16 805
56 015 – 8 609

Alles paletti

1 Zeichne das Dreieck. Miss die fehlenden Seitenlängen.
Berechne den Umfang.

a) $a = 6$ cm, $\beta = 75°$, $\gamma = 55°$
b) $c = 7{,}5$ cm, $\alpha = 20°$, $\beta = 125°$
c) $a = 5{,}5$ cm, $b = 7$ cm, $\gamma = 130°$
d) $a = 6{,}5$ cm, $b = 5$ cm, $c = 8$ cm

2 Ein Hochzeitsessen kostet pro Person 23,75 €.
Wie teuer ist das Essen für 63 Personen?

3 Trage die Eintrittspreise in eine Tabelle ein.

a)
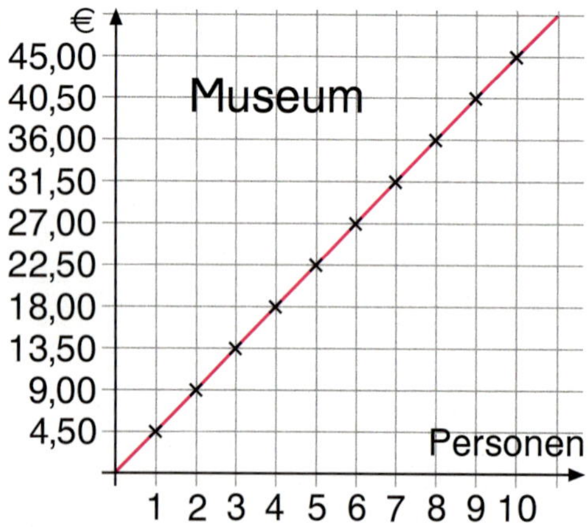

b)
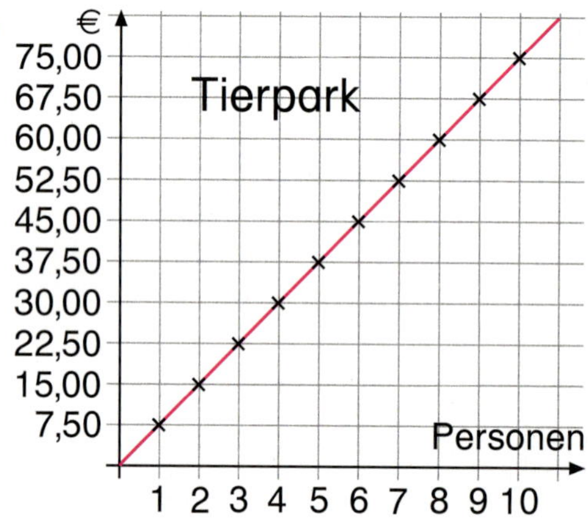

4
a) 4,25 + 7,83
9,46 + 3,9
2,07 + 5
8,6 + 4,72

b) 8,51 – 2,63
7,84 – 5,1
2,03 – 1,85
0,46 – 0,3

c) 28,43 + 53,82
35,4 + 12,62
10,04 + 7,5
5,73 + 6,8

d) 4,563 – 3,048
7,015 – 4,37
8,14 – 0,845
4,2 – 3,512

5

a)	18,9	43,35	517,8	134,04	19,2	8,406	0,72	:	4	3	6	8
b)	2,73	5,235	98,03	17,4	18,231	0,253	1,63	·	8	4	60	27

6 Berechne Umfang und Fläche des Rechtecks.

a) $a = 7$ m, $b = 3{,}80$ m
b) $a = 4$ cm, $b = 0{,}9$ cm
c) $a = 16$ m, $b = 13{,}80$ m
d) $a = 6$ cm
e) $a = 14$ m

7 Berechne die durchschnittliche Besucherzahl am Wochenende.

	a) Dorfmuseum	b) Kunstmuseum	c) Bergbaumuseum
Fr	108	616	7900
Sa	240	850	2500
So	261	1300	1978

Unterwegs in Deutschland

Verkehr in Deutschland

1 Berechne die Entfernung:
a) Bremen – Hamburg – Kiel
b) Stuttgart – Nürnberg – München
c) Berlin – Rostock – Hamburg – Berlin

2 Die Spedition Walter aus Dortmund fährt täglich nach Hamburg.
a) Suche 2 mögliche Fahrtstrecken aus und berechne jeweils die Entfernung Dortmund–Hamburg.
b) Wie viel km ist die eine Strecke länger?
c) Wie viel km hat das Unternehmen nach 6 Fahrten hin und zurück auf der kürzeren Strecke zurückgelegt?

3 Ein Handelsvertreter besucht seine Kunden. Am ersten Tag fährt er 475 km, am nächsten Tag 236 km und am dritten Tag 309 km.
a) Wie viel km fährt er insgesamt an den drei Tagen?
b) Wie viel km fährt er täglich im Durchschnitt?

4 Frau Nordheider fährt von Bonn nach München.
a) Für die ersten 282 km braucht sie 3 h. Wie viel km ist sie durchschnittlich in 1 h gefahren?
b) Nach weiteren 57 km macht sie eine Pause. Wo ist Frau Nordheider jetzt?

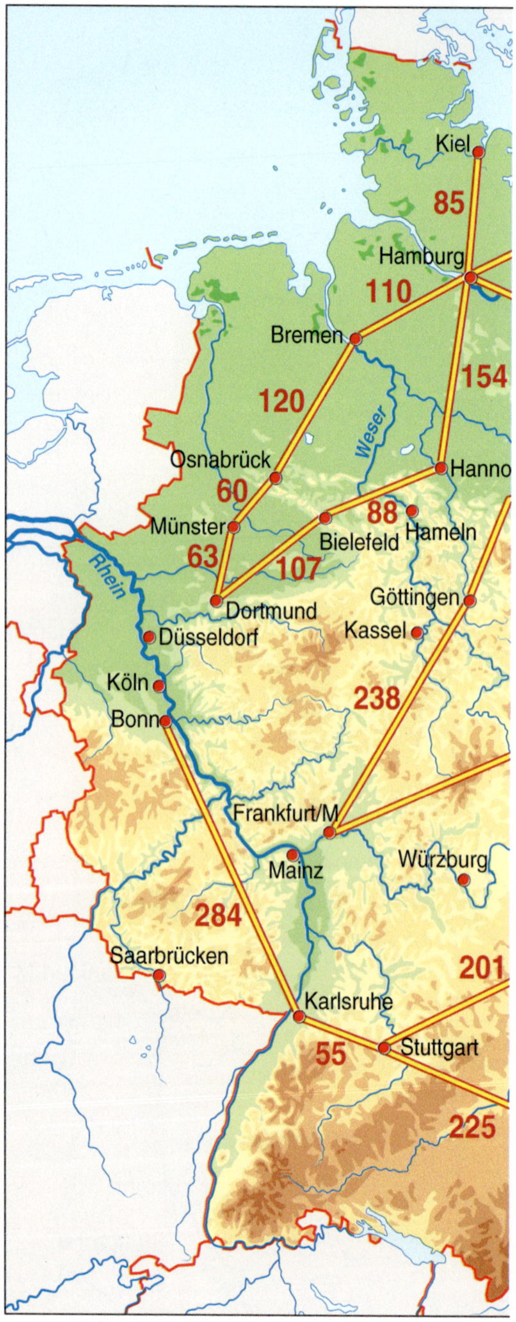

5 Vervollständige die Tabelle mit den Kilometerständen.

	Montag	Dienstag	Mittwoch	Donnerstag	Freitag	Samstag
Abfahrt	54 812	55 238		56 082	56 631	
Gefahrene km		496	348		586	694
Ankunft	55 238		56 082	56 631		57 911

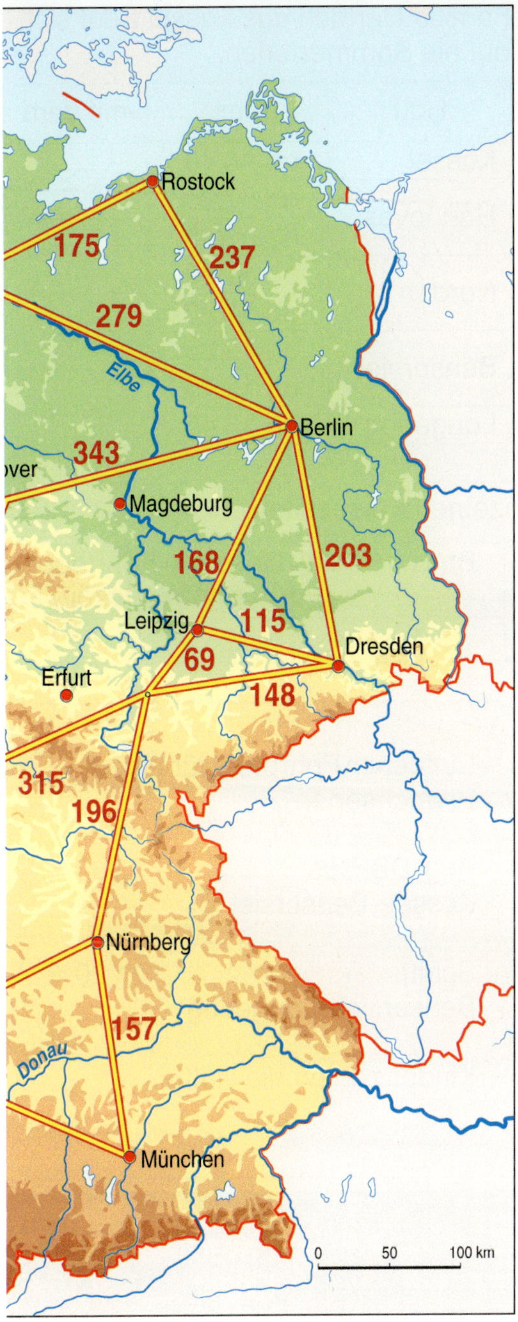

1 Herr Flitz aus Frankfurt am Main muss nach Berlin.
Berechne die kürzeste Fahrtstrecke.

2 Auf dem Heimweg möchte Herr Flitz Kunden in Leipzig und Dresden besuchen.

a) Welche beiden Strecken kann er für seinen Heimweg wählen?

b) Wie lang sind die beiden Fahrtstrecken für den Heimweg?

c) Wie groß ist der Unterschied zwischen den beiden Fahrtstrecken?

3 Frau Capri fährt $3\frac{1}{2}$ Stunden auf der Autobahn. Sie legt durchschnittlich 94 km in einer Stunde zurück.
Wie lang ist die Fahrtstrecke?

4 In der Tabelle steht, wie viel km Frau Capri in einer Woche gefahren ist.

Montag	Dienstag	Mittwoch	Donnerstag	Freitag
576 km	739 km	408 km	535 km	612 km

a) Wie viel km ist Frau Capri insgesamt gefahren?

b) Wie viel km hat sie im Durchschnitt an einem Tag zurückgelegt?

5 In den letzten Monaten haben die Lastkraftwagen einer Spedition viele Kilometer zurückgelegt. Runde die Kilometerzahlen auf volle Tausender.

Urlaubsplanung

Familie Gerlach aus Kassel freut sich auf die Sommerferien.

Halt	Zeit	mit dem
Kassel	ab 6.40	ICE
Hannover	an 7.30	
	ab 7.45	IR
Norden	an 11.00	
	ab 11.20	Bus
Bensersiel	an 12.25	
	ab 12.45	Schiff
Langeoog	an 13.45	

1 Erstelle eine Tabelle und berechne die einzelnen Reisezeiten.

	ICE	IR	Bus	Schiff	Gesamte Fahrtdauer (mit Wartezeit)
Fahrzeit (in h und min)					

2 a) Wie teuer ist die Hin- und Rückfahrt für einen Erwachsenen?

b) Wie viel € kosten Hin- und Rückfahrt für Tochter Lea?

c) Wie viel € muss Familie Gerlach insgesamt bezahlen?

d) Mit dem Supersparpreis kosten Hin- und Rückfahrt von Kassel nach Langeoog 252,40 € für die ganze Familie.
Wie viel € kann Familie Gerlach damit sparen?

Einfacher Fahrpreis für einen Erwachsenen

Zug/DB-Bus: Kassel–Bensersiel 73,00 €

Schiff: Bensersiel–Langeoog 11,20 €

Kinder zahlen die Hälfte.

3 Auf Langeoog müssen Gäste Kurtaxe zahlen.

a) Wie viel € muss Familie Gerlach an einem Tag bezahlen?

b) Wie viel € zahlt die Familie in den zwei Urlaubswochen?

1 a) Wie teuer ist die Unterkunft in der Ferienwohnung für 2 Wochen?
b) Wie teuer sind zwei Wochen auf dem Bauernhof für Familie Busch?
c) Wie groß ist der Preisunterschied zwischen den beiden Angeboten?

2 Die Kinder wünschen sich einen Ausflug zum Freizeitpark.
a) Wie hoch ist das Eintrittsgeld für die vierköpfige Familie?
b) Wie viel € zahlt Familie Busch, wenn sie sich einer Gruppe anschließt?
c) Wie viel € ist der Gruppenpreis für die Familie niedriger als das normale Eintrittsgeld?

Erwachsene	21,00 €
Kinder Senioren	19,00 €
Gruppen ab 20 Personen (Kinder + Erwachsene) Preis pro Person	17,20 €

3 Das Restaurant Kupferpfanne ist das Lieblingslokal der Familie geworden.
a) Jedes Familienmitglied bestellt ein Hauptgericht und ein Getränk. Beides zusammen soll nicht mehr als 10,00 € kosten. Was kann sich jeder bestellen?
b) Die Familie geht achtmal in die Kupferpfanne und zahlt insgesamt 292,40 €. Wie viel € zahlt die Familie im Durchschnitt bei jedem Besuch?

Speisekarte

Getränke		*Pizza*	
Saft	1,20 €	Margerita	4,90 €
Wasser	1,40 €	Funghi	6,70 €
Tee	2,00 €	Italia	6,10 €
Kaffee	2,00 €		
Suppen		*Spezialitäten*	
Tagessuppe	2,70 €	Forelle blau	6,90 €
Pilzrahm-suppe	2,90 €	Sauerbraten	6,80 €
		Jägerschnitzel	7,60 €
		Hubertuspfanne	7,80 €
Salate		*Dessert*	
gem. Salat	3,20 €	3 Kugeln Eis	2,10 €
Feldsalat	3,80 €	Portion Sahne	0,50 €

Fahrplan

1 Peter und sein Vater möchten nach Hameln fahren. Um 9.30 Uhr kommen sie in Hannover an.

a) Wann fährt der nächste Zug nach Hameln?

b) Von welchem Gleis fährt er ab?

c) Wie lang dauert die Fahrt von Hannover nach Hameln?

2

	ICE 1085	ICE 827	ICE 585
Hannover ab	9.47	10.02	10.28
Fahrzeit			
München an			

a) Übertrage die Tabelle für die Züge nach München in dein Heft.

b) Entnimm dem Fahrplan die Ankunftszeiten in München und trage sie ein.

c) Berechne jeweils die Fahrzeit. Trage sie ein.

d) Wie viel Stunden und Minuten ist der ICE 827 länger nach München unterwegs als der ICE 585?

3 Im Fahrplan findest du drei Züge nach Bremen.

Zeichne eine Tabelle wie in Aufgabe 2 und fülle sie aus.

Abfahrtsplan: Hannover

9.43	*IR* 2482	*Havelland* Nienburg 10.10 – Verden 10.26 – Bremen 10.50 – Oldenburg 11.19 – Sande 12.11 – **Wilhelmshaven 12.21**	14
9.46	*SE* 34428/ *SE* 34430	Weetzen 9.59 – Springe 10.18 – Bad Münder 10.25 – Hameln 10.34 – Bad Pyrmont 10.48 – Altenbeken 11.21 – **Paderborn 11.35** – an † nur bis Bad Pyrmont -	2
9.47	*ICE* 1085	*Elias Holl* Göttingen 10.23 – Kassel-Whöhe 10.44 – **München Hbf 15.04**	4
9.47	*RE* 24057	Lehrte 9.59 – Hämelerwald 10.07 – Peine 10.14 – **Braunschweig 10.33**	11
9.55	*IR* 2578	Celle 10.16 – Uelzen 10.40 – Lüneburg 11.00 – Hamburg-Harburg 11.18 – Hamburg Hbf 11.29 – Hamburg Dammtor 11.35 – **Hamburg-Altona 11.43**	7
9.57	*SE* 94212	H.-Nordstadt 10.00 – Seelze 10.11 – Wunstorf 10.18 – Neustadt 10.27 – **Nienburg 10.49**	9
		10.00	
10.00	*IC* 926	*Heinrich Böll* Berlin-Spandau 11.31 – Berlin Zoo 11.50 – **Berlin Ostbahnhof 12.05**	9
10.02	*ICE* 827	*Joseph von Fraunhofer* Bielefeld 10.50 – Hamm 11.17 – Dortmund 11.35 – Essen 11.59 – Köln 12.57 – Bonn 13.18 – **Koblenz 13.52** – Mainz 14.44 – Frankfurt/M Hbf 15.14 – Nürnberg 17.30 – München 19.35 – an Sa nur bis Nürnberg –	14
10.04	*SE* 94312	H.-Kleefeld 10.09 – Lehrte 10.25 – Burgdorf 10.40 – Celle 10.56	12
10.17	*RE* 24056	Wunstorf 10.29 – Neustadt 10.37 – Nienburg 10.53 – Verden 11.12 – Bremen 11.38 – Delmenhorst 12.02 – Oldenburg 12.22 – Leer 13.19 – Emden 13.58 – **Norddeich Mole 14.36**	14
10.18	*ICE* 778	*Philipp Melanchton* Hamburg Hbf 11.32 (11.49) – Hamburg Dammtor 11.39 (11.55) – **Hamburg-Altona 11.47 (12.02)**	8
10.28	*ICE* 585	*Werdenfelser Land* Göttingen 11.01 – Kassel-Whöhe 11.24 – Fulda 12.00 – Würzburg 12.31 – Augsburg 14.24 – **München Hbf 14.58** – Sa bis Garmisch-Partenk. 16.28 –	3
10.28	*IR* 2483	Peine 10.50 – Braunschweig 11.06 – Helmstedt 11.28 – Magdeburg 11.56 – Berlin Zoo 13.26 – Berlin Ostbahnhof 13.42 – **Cottbus 15.18**	10
10.33	*ICE* 886	*Justus Freiherr von Liebig* Hamburg-Harburg 11.41 (11.56) – Hamburg Hbf 11.52 (12.07) – Hamburg Dammtor 11.57 (12.13) – **Hamburg-Altona 12.05 (12.21)** – ( ) spätere Ank. in Hamb. bis 28. Nov u. ab 5. Mär bis 21. Mai auch 2. Okt, nicht 30. Mai –	9b
10.34	*SE* 34553	H.-Kleefeld 10.39 – Lehrte 10.55 – Sehnde 11.04 – **Hildesheim 11.21**	12
10.38	*IC* 527	*Walhalla* Minden 11.08 – Bad Oeynhausen 11.20 – Bielefeld 11.41 – Hamm 12.14 – Dortmund 12.34 – Hagen 12.59 – Köln 13.50 – Bonn 14.18 – **Koblenz 14.52** – Nürnberg 18.22 – Passau 20.39 – bis Dortmund ohne Zuschlag –	14
10.38	*SE* 34510	Langenhagen 10.47 – Großburgwedel 10.55 – Celle 11.07 – Unterlüß 11.25 – **Uelzen 11.52**	8
10.39	*RE* 24250	Karl-Wiechert-Allee 10.48 – Burgdorf 11.03 – **Celle 11.21** – nicht über Lehrte –	13
10.42	*ICE* 575	*Lessing* Göttingen 11.15 – Kassel-Whöhe 11.35 – Frankfurt/M Hbf 13.01 – Frankfurt/M (Airport) 13.15 – Mannheim 13.50 – **Stuttgart 14.35**	3
10.43	*ICE* 866	*Justus Freiherr von Liebig* **Bremen 11.43**	9a

Stadtentwicklung

1 Die Stadt Hameln kann auf eine lange Entwicklung zurückblicken.
Wie viele Jahre sind seit den Ereignissen bis heute vergangen?

Bau eines Klosters an einem günstigen Wasser-übergang Gründung 851	Hameln wird erstmalig als Stadt bezeichnet 1200	Auszug der „Hamelschen Kinder" mit dem Rattenfänger 1284	Ausbau Hamelns zur Festung 1664	Erste Eisenbahn erreichte Hameln aus Hannover 1872

2 Das Säulendiagramm zeigt die Entwicklung der Einwohnerzahlen.
1 cm entspricht 10 000 Einwohnern.
Miss und schreibe für jede Zeit auf, wie viele Menschen damals in Hameln lebten.

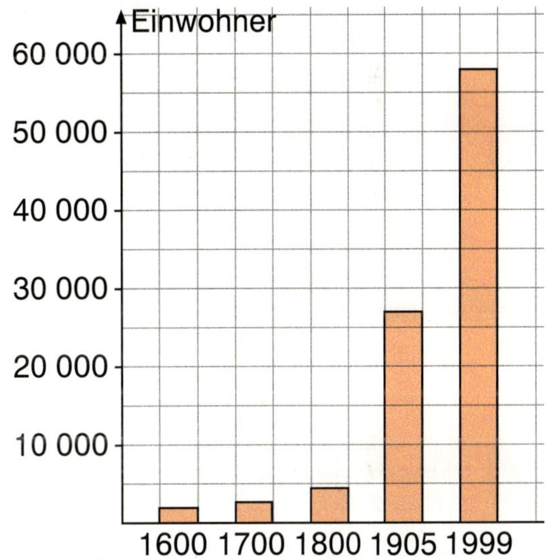

3 In der Tabelle ist die Altersverteilung im Jahr 2000 angegeben.

Alter	0–16	16–25	25–40	40–65	65 und älter
Genaue Zahl	8 699	5 163	12 817	19 533	12 261
Gerundet auf T					
Gerundet auf H					

a) Wie viele Einwohner hatte Hameln im Jahr 2000?

b) Übertrage die Tabelle in dein Heft und vervollständige sie.

c) Zeichne mit den auf Hunderter gerundeten Zahlen ein Säulendiagramm.
Nimm 1 cm für 1 000 Einwohner.

4 Die Rattenfängersage wird jeden Sonntag von Mai bis September aufgeführt.
Wie oft findet das Spiel in diesem Jahr statt?

Wiederholen und Üben

1 Wie viel Kilometer sind die Autos gefahren?

a)	b)	c)	d)
65 712	78 124	7 431	71 437
69 278	103 670	11 309	89 014

2 Der Fahrer einer Transportfirma schreibt die Fahrtstrecke in sein Fahrtenbuch.

a) Wie viel km hat der Fahrer in der Woche zurückgelegt?

b) Wie viel km ist er durchschnittlich jeden Tag gefahren?

c) Am Ende der Woche steht der Kilometerzähler auf 89 529 km. Was zeigte er zu Beginn der Woche an?

Montag:	759 km
Dienstag:	629 km
Mittwoch:	951 km
Donnerstag:	960 km
Freitag:	894 km

3 Herr und Frau George gehen mit ihren 8jährigen Zwillingen ins Erlebnisbad.

a) Welche Eintrittskarten kann die Familie kaufen?

b) Wie viel € muss sie jeweils insgesamt bezahlen?

c) Wie hoch ist die Ersparnis, wenn Familie George das Familienticket kauft?

Erwachsene	12,50 €
Kinder 4–12 J.	9,25 €
Kleinkinder	4,00 €
Familienkarte	33,90 €

4 Übertrage die Tabelle in dein Heft. Ergänze die fehlenden Zeiten.

Abfahrtszeit	7.04	10.15	14.50		15.45	
Ankunftszeit	11.32		18.12	13.02		21.42
Fahrzeit		3 h 37 min		4 h 10 min	2 h 25 min	6 h 12 min

5 Das sind die Besucherzahlen des Museums in Hameln.

a) Wie viele Besucher kamen insgesamt im 1. Halbjahr?

b) Wie viele Personen besuchten das Museum im 2. Halbjahr?

c) Wie hoch ist die monatliche Besucherzahl im Durchschnitt?

d) Runde die Zahlen auf Hunderter.

e) Zeichne ein Säulendiagramm. Nimm 1 cm für 1 000 Besucher.

Januar	1 387
Februar	1 373
März	1 734
April	2 377
Mai	2 442
Juni	2 719
Gesamtzahl in einem Jahr	44 532

Lebensraum: Nadelwälder
Größe: 5 mm–8 mm
Nahrung: Insekten, Pflanzensamen, süße Pflanzensäfte
Lebenszeit: Königinnen 15–20 Jahre, Arbeiterinnen 2–3 Jahre
Feinde: Specht, Dachs

Ameisen legen Duftspuren (Ameisenstraßen). Sie bespritzen Angreifer mit Ameisensäure.

Zahlen darstellen und benennen

1 Million = 1 000 000

1 M = 1 000 T
1 T = 1 000 E

1 Wie heißen die Zahlen?

M	HT	ZT	T	H	Z	E
	5	0	0	0	0	0
1	0	0	0	0	0	0
		4	0	0	0	0
				7	0	0
			9	0	0	0
					2	0
	6	5	0	0	0	0
		7	3	8	0	0

Diese Zahl heißt fünfhunderttausend.

Diese Zahl heißt eine Million.

2 Lies die Zahlen deinem Partner vor.

a) 300 000
400 000
800 000
900 000

b) 250 000
560 000
730 000
675 000

c) 80 000
72 000
6 000
125 000

d) 113 000
4 000
500
30

1 Trage in eine Stellenwerttafel ein.

M	HT	ZT	T	H	Z	E	Zahl
	3	0	0	0	0	0	300000

a) 3 HT
5 HT
6 M
1 M

b) 4 H
6 HT
3 ZT
8 HT

c) 8 Z
3 Z
7 E
9 H

d) 1 HT 3 ZT 4 T 5 H 2 Z 1 E
4 HT 2 ZT 1 T 3 H 4 Z 6 E
5 HT 1 ZT 7 T 4 H 9 Z 5 E

e) 1 HT 3 ZT 5 T
6 ZT 7 T 3 H
5 HT 6 ZT 7 T

f) 6 ZT 4 H 6 Z
1 HT 5 T 3 H
4 T 5 Z

2 Schreibe die Zahlen auf.

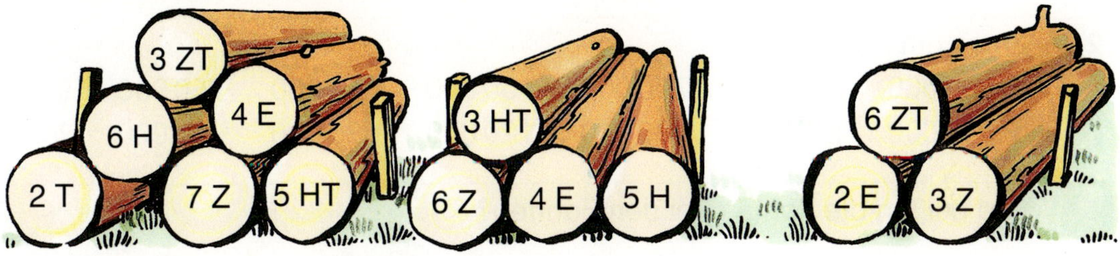

3 Trage die Zahlen in eine Stellenwerttafel ein.

a) 526 312
137 105
315 623
804 603

b) 120 605
83 054
871 910
999 009

c) 24 103
6 594
105 317
526

d) 120 063
70 300
900 670
3 020

4 Zerlege die Zahlen in Hunderttausender, Zehntausender, Tausender, Hunderter, Zehner und Einer.

328754 = 300000 + 20000 + 8000 + 700 + 50 + 4

a) 431 269
127 403
205 760

b) 800 257
317 005
477 250

c) 555 234
68 517
129 003

d) 207 408
309 560
470 204

5 Bilde 10 verschiedene Zahlen.
Lies sie und schreibe sie wie im Beispiel auf.

M	HT	ZT	T	H	Z	E	Zahl
	6	0	2	6	6	6	602 666

Übungen am Zahlenstrahl

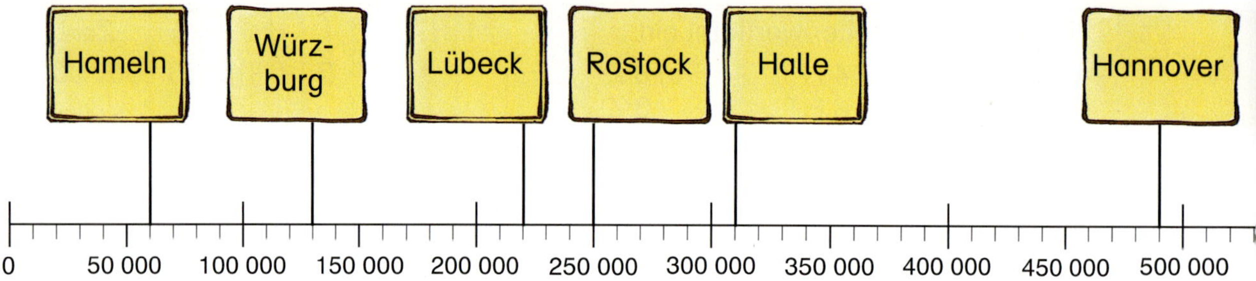

1 Wie viele Einwohner haben die Städte?

2 Zeige am Zahlenstrahl.

a) 300 000 900 000 700 000 150 000 450 000 750 000 930 000

b) 240 000 810 000 490 000 120 000 680 000 70 000 710 000

3 Wie heißen die Zahlen bei den Fahnen?

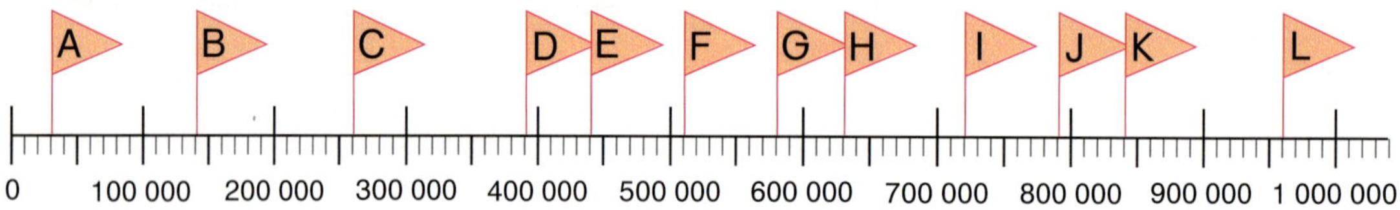

4 Schreibe zu jeder Zahl die Nachbarhunderttausender auf.

300 000 | 320 000 | 400 000

a) 280 000	570 000	610 000	740 000	850 000
b) 190 000	420 000	770 000	510 000	280 000
c) 435 600	248 700	195 715	568 203	715 905
d) 269 008	693 500	847 016	300 596	186 423

5 Wie heißen die Zahlen bei den Fahnen? Zwischen welchen Zehntausendern liegen sie?

500 000 | 503 000 | 510 000

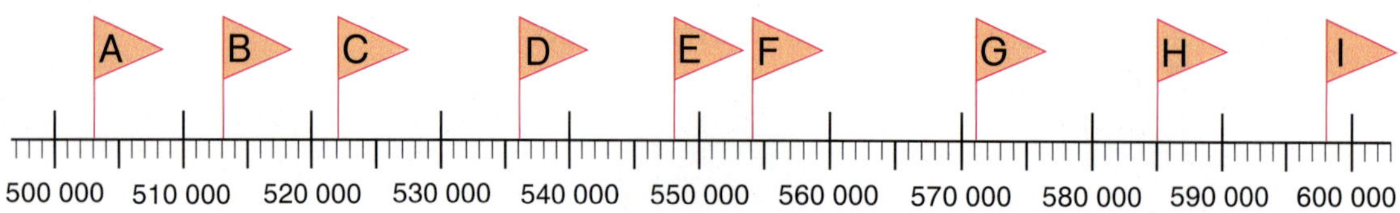

6 Schreibe zu jeder Zahl die Nachbarzehntausender auf.

a) 527 600	136 503	427 900	816 412	628 901
b) 725 003	815 412	625 005	158 017	573 100
c) 637 210	489 215	987 400	124 380	638 207

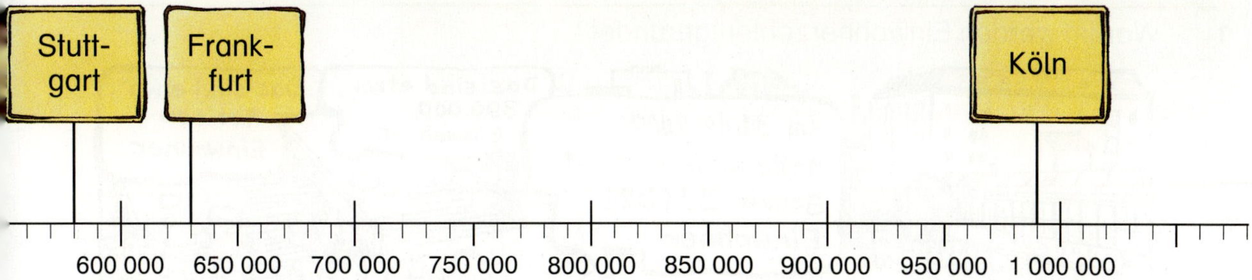

1 Vervollständige die Zahlenreihen.

a)	100 000	200 000							1 000 000
b)	260 000	270 000							350 000
c)	480 000	490 000							570 000
d)	620 000	610 000							530 000
e)	940 000	930 000							850 000
f)	730 000	720 000							640 000

2 Ergänze die fehlenden Zahlen der Reihen.

a) 530 000, 540 000 □ □ □ □ 590 000
210 000, 215 000 □ □ □ □ 240 000
324 000, 325 000 □ □ □ □ 330 000
775 000, 780 000 □ □ □ □ 805 000

b) 440 000, 460 000 □ □ □ □ 560 000
698 000, 699 000 □ □ □ □ 704 000
250 000, 300 000 □ □ □ □ 550 000
300 000, 400 000 □ □ □ □ 900 000

3 Setze ein: > (größer); < (kleiner); = (gleich)

a) 210 000 □ 120 000
320 000 □ 330 000
590 000 □ 520 000
470 000 □ 740 000

b) 170 050 □ 180 900
635 000 □ 632 500
720 300 □ 720 450
845 000 □ 841 800

c) 420 000 □ 42 000
573 000 □ 573 000
954 300 □ 95 430
273 914 □ 273 915

4 Ordne die Städte nach der Größe. Beginne mit der größten Stadt.

a) Flensburg 87 000
Schleswig 27 000
Würzburg 130 000
Rostock 250 000

b) Magdeburg 280 000
Augsburg 253 000
Münster 278 000
Saarbrücken 190 000

c) Kassel 197 000
Darmstadt 139 000
Heidelberg 138 000
Paderborn 131 000

5 Schreibe Vorgänger und Nachfolger jeder Zahl auf.

a) 555 348
274 517
708 233

b) 817 201
329 844
447 249

c) 318 700
190 208
100 000

d) 430 000
280 000
760 000

e) 783 201
900 000
714 999

Runden

1 Warum werden Einwohnerzahlen gerundet?

Merke

Runden auf Hunderttausender:	**542 317 ≈ 500 000**	**578 342 ≈ 600 000**
Runden auf Zehntausender:	**542 317 ≈ 540 000**	**578 342 ≈ 580 000**
Abrunden bei 0, 1, 2, 3, 4		**Aufrunden bei 5, 6, 7, 8, 9**

2 Runde die Einwohnerzahlen auf Hunderttausender.

Mannheim	Nürnberg	Düsseldorf	Kassel	Halle	Bremen
318 712	495 803	576 845	197 430	304 000	551 812

3 Runde die Einwohnerzahlen auf Zehntausender.

Kleve	Xanten	Gotha	Eisenach	Frankfurt/O	Flensburg
46 189	18 693	54 869	45 270	85 695	87 320

4 Runde auf Hunderttausender.

a) 143 500	225 600	763 410	854 912	315 695
b) 269 034	405 799	517 088	675 070	283 145
c) 507 288	390 112	134 017	90 203	76 593

5 Runde auf Zehntausender.

a) 73 605	39 806	126 700	283 417	619 800
b) 86 900	63 400	254 080	371 095	869 500

Rechnen mit großen Zahlen

1 Vier Gemeinden planen einen gemeinsamen Wanderweg. Die Kosten dafür betragen 120 000 €. Wie viel € muss jede Gemeinde bezahlen?

2

a)
40 000 + 20 000
400 000 + 200 000
30 000 + 60 000
300 000 + 600 000

b)
300 000 + 20 000
300 000 + 120 000
500 000 + 80 000
500 000 + 380 000

c)
120 000 + 230 000
350 000 + 410 000
280 000 + 40 000
190 000 + 30 000

3

a)
80 000 – 20 000
800 000 – 200 000
60 000 – 30 000
600 000 – 300 000

b)
350 000 – 20 000
680 000 – 40 000
960 000 – 310 000
850 000 – 230 000

c)
500 000 – 20 000
400 000 – 30 000
630 000 – 60 000
550 000 – 80 000

4

a)
2 · 400
2 · 4 000
2 · 40 000
2 · 400 000

b)
3 · 300
3 · 3 000
3 · 30 000
3 · 300 000

c)
5 · 200
5 · 2 000
5 · 20 000
5 · 200 000

d)
2 · 300
2 · 3 000
2 · 30 000
2 · 300 000

5

a)
4 · 3 000
5 · 2 000
6 · 4 000
3 · 6 000

b)
2 · 70 000
4 · 30 000
6 · 20 000
5 · 50 000

c)
3 · 60 000
7 · 90 000
9 · 40 000
8 · 80 000

d)
2 · 300 000
4 · 200 000
2 · 500 000
3 · 300 000

6

a)
600 : 2
6 000 : 2
60 000 : 2
600 000 : 2

b)
800 : 4
8 000 : 4
80 000 : 4
800 000 : 4

c)
1 000 : 5
10 000 : 5
100 000 : 5
1 000 000 : 5

d)
900 : 3
9 000 : 3
90 000 : 3
900 000 : 3

7

a)
8 000 : 2
6 000 : 3
7 000 : 7

b)
80 000 : 2
60 000 : 6
100 000 : 2

c)
600 000 : 3
800 000 : 2
400 000 : 2

d)
12 000 : 4
25 000 : 5
18 000 : 3

Schriftliches Addieren

1 Die Gemeinden Waldhausen und Bachgrund wollen Eichenkulturen anlegen.
Wie viele Sämlinge müssen insgesamt bei der Baumschule bestellt werden?

2

a)	b)	c)
21 303 + 32 617	3 615 + 13 293	56 410 + 21 298 + 3 418
44 953 + 8 023	78 498 + 3 046	71 203 + 619 + 50 291
9 417 + 16 608	66 709 + 418	3 054 + 61 497 + 430
32 091 + 52 340	3 042 + 38 240	82 419 + 6 395 + 91 054

3

4

a)	b)	c)
298 503 + 42 317	416 028 + 32 699	523 080 + 347 820
59 618 + 314 092	193 416 + 6 305	416 057 + 8 605
426 542 + 8 607	99 999 + 412 062	38 215 + 24 075
530 000 + 173 614	304 403 + 605 506	152 630 + 9 583

5

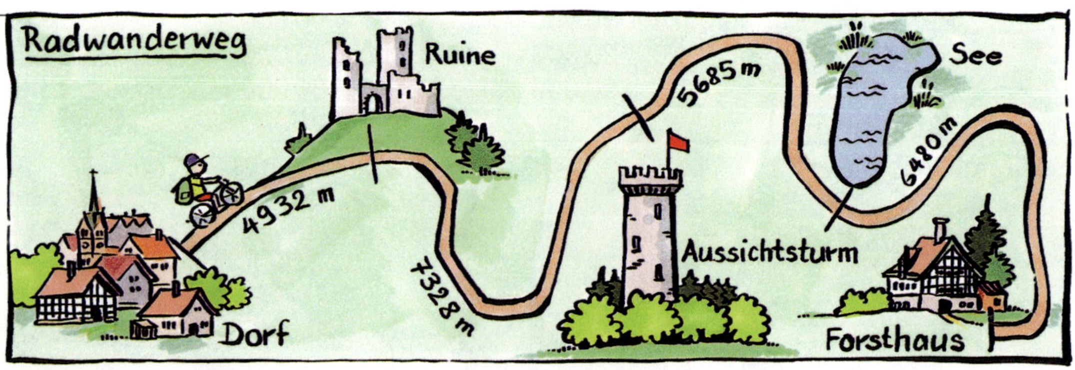

a) Wie lang ist der Weg vom Dorf bis zum Aussichtsturm?
b) Wie lang ist der Weg vom Dorf bis zum See?
c) Wie lang ist der Weg vom Aussichtsturm bis zum Forsthaus?
d) Wie lang ist der gesamte Radwanderweg?

Schriftliches Subtrahieren

1 Wie schwer ist die Ladung?

2 a) 83 294 – 21 306
61 072 – 8 422
40 725 – 16 034
76 303 – 678

b) 97 028 – 7 430
52 106 – 34 309
35 640 – 718
70 011 – 49 355

c) 28 402 – 5 693
80 210 – 20 915
64 000 – 41 082
52 805 – 3 400

3 a)

346 756 – 124 621
509 763 – 34 507
764 013 – 5 670
257 001 – 135 892

b)
673 098 – 41 063
985 400 – 721 590
427 638 – 653
864 103 – 62 007

4 Die Gemeinde Neuberg möchte ein Naherholungsgebiet anlegen.
Sie kauft ein Grundstück für 496 000 €.
Bei Vertragsabschluss werden 265 000 € angezahlt.
Wie viel € muss die Gemeinde noch zahlen?

5 a) 318 506 – 101 202
694 318 – 29 408
427 023 – 200 515
210 762 – 3 842

b) 628 102 – 183 240
76 230 – 8 625
237 805 – 24 906
81 004 – 7 841

c) 725 000 – 173 814
17 812 – 6 075
136 514 – 38 504
200 000 – 159 067

6 a) Auf einem Waldstück stehen 23 800 Kiefern.
Es sollen 4 950 Kiefern entnommen werden.
Wie viele Kiefern bleiben übrig?

b) Auf dem Waldstück stehen 19 900 Fichten.
Davon werden 6 730 Bäume gefällt.
Wie viele Fichten bleiben stehen?

Multiplizieren und Dividieren mit 10, 100 und 1 000

1 a) Wie viel € muss Förster Müller für 100 kg Eicheln bezahlen?
b) Wie viel € zahlt Förster Schulz für 1 kg Bucheckern?

2

a)	189	9 413	32 417	76 548	·	10
b)	99	1 067	490	2 524	·	100
c)	34	99	672	345	·	1 000

137 · 10 = 1 370
372 · 100 = 37 200
52 · 1 000 = 52 000

3

a)	2 860	34 520	68 750	243 690	:	10
b)	5 300	18 700	96 600	418 200	:	100
c)	45 000	7 000	121 000	16 000	:	1 000

4 370 : 10 = 437
6 800 : 100 = 68
124 000 : 1 000 = 124

4

a) 27
· 10
· 100
· 1 000

b) 409
· 10
· 100
· 1 000

c) 50 000
: 10
: 100
: 1 000

d) 48 000
: 10
: 100
: 1 000

5

a) 600 : 10
600 : 100
6 000 : 100
6 000 : 1 000

b) 8 000 : 10
8 000 : 100
80 000 : 100
80 000 : 1 000

c) 9 200 : 10
9 200 : 100
92 000 : 100
92 000 : 1 000

d) 8 700 : 10
8 700 : 100
87 000 : 100
87 000 : 1 000

6

a) 34 000 · 10
34 000 : 10

b) 57 000 · 10
57 000 : 10

c) 2 800 · 100
2 800 : 100

d) 7 300 · 100
7 300 : 100

7

a) 240 · 100
80 · 1 000
190 · 10

b) 6 200 · 10
400 · 1 000
1 500 · 100

c) 70 · 100
28 300 · 10
600 · 1 000

d) 120 · 100
290 · 1 000
34 700 · 10

Schriftliches Multiplizieren

1 Eine Schonung soll zum Schutz vor dem Wild eingezäunt werden.
1 m Zaun kostet 6 €.
Wie viel € kostet der Zaun insgesamt?

2

a)	b)	c)	d)
3 617 · 5	26 215 · 4	18 603 · 6	123 803 · 4
6 408 · 6	30 924 · 7	40 205 · 8	210 319 · 3
4 210 · 8	51 098 · 2	60 052 · 3	384 006 · 2
9 143 · 3	47 203 · 9	81 400 · 4	205 810 · 3

3 a) Die Gemeinde legt einen neuen Waldweg an.
Er hat eine Länge von 20 km.
Die Kosten betragen 8 573 € für jeden Kilometer.
Wie teuer wird die Herstellung dieses Weges?

b) Für den Ablauf des Regenwassers werden an den steilen Stellen des Weges 34 Querrinnen aus Beton eingebaut.
Der Einbau einer Querrinne kostet 236 €.
Wie teuer wird der Einbau der Querrinnen insgesamt?

4

a)	b)	c)	d)
3 241 · 20	7 718 · 30	21 323 · 30	10 407 · 90
7 418 · 30	6 230 · 70	14 210 · 50	31 004 · 30
5 956 · 40	4 051 · 90	11 171 · 80	25 717 · 20

5

a)	b)	c)	d)
2 426 · 31	7 318 · 40	12 431 · 42	21 084 · 28
3 814 · 62	9 405 · 38	38 056 · 23	30 500 · 31
4 231 · 45	6 074 · 53	26 402 · 34	17 005 · 46
5 182 · 26	8 216 · 70	19 574 · 50	23 200 · 30

6

a)	4 217	35 609	53 702	98 774	47 310	68 548	·	6
b)	6 023	47 088	71 034	50 987	91 324	58 642	·	8
c)	3 429	21 438	15 070	40 238	30 027	54 380	·	17
d)	432	4 578	6 032	5 892	8 744	7 209	·	57
e)	3 118	28 795	40 521	18 094	35 274	26 598	·	24

Schriftliches Dividieren

Manchmal ist das Ergebnis beim Dividieren eine Kommazahl.

```
429 : 30 = 1
30          (1 · 30)
12
```

```
429 : 30 = 14
30
129
120         (4 · 30)
  9
```

```
429 : 30 = 14,3
30
129
120
  90
  90        (3 · 30)
   0
```

1 Das Sägewerk kauft Eichenstämme.
Wie viel € kostet ein Stamm?
Bei welchem Rechenschritt musst du im Ergebnis das Komma setzen?
Prüfe durch Überschlag.

2 Bei einigen Aufgaben hat das Ergebnis ein Komma.

a)	b)	c)	d)
4527 : 5	19507 : 2	4280 : 20	16104 : 60
13606 : 2	25372 : 4	2428 : 40	82240 : 80
24831 : 4	41817 : 6	8650 : 50	32868 : 40
9828 : 6	36096 : 8	4950 : 30	74382 : 30

3 a)

b)

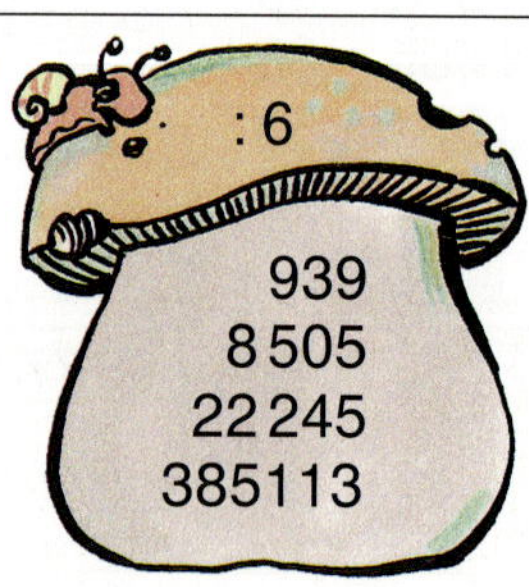

c)

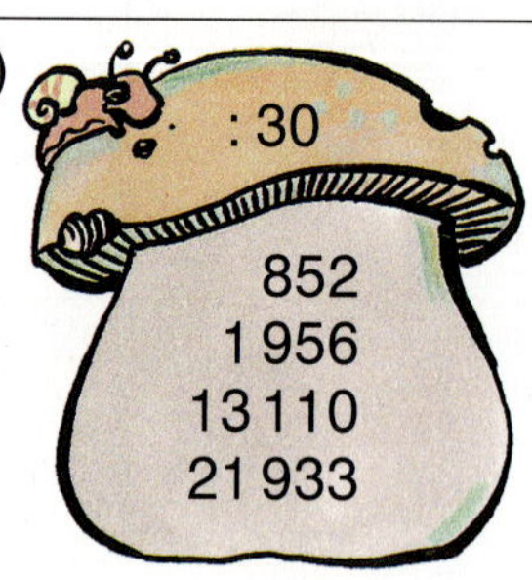

4

a)	b)	c)	d)
4820 : 20	15284 : 40	376149 : 30	4202 : 11
9369 : 30	17522 : 20	496648 : 40	38643 : 11
8488 : 40	24450 : 30	193620 : 60	3036 : 12
6936 : 30	25805 : 50	193880 : 80	37452 : 12

Sachaufgaben

1 Eine Biene schlägt in einer Sekunde 200-mal mit den Flügeln.
Wie viele Flügelschläge macht die Biene in 60 Sekunden?

2 Für 1 kg Honig muss eine Biene 60 000 Sammelflüge machen.
Wie viele Flüge muss eine Biene für 4 kg Honig machen?

3 Ein Bienenvolk erzeugt in einem Jahr 60 kg Honig.
Wie viele Bienenvölker braucht man für 3 600 kg Honig?

4 1 kg Buchensamen enthält 5 200 Bucheckern.
Wie viele Bucheckern sind in 5 kg Samen?

5 1 kg Eichensamen enthält 550 Eicheln.
Wie viele Eicheln sind in 300 kg?

6 Bei einer Temperatur von 25° legt die Ameisenkönigin pro Tag 10 Eier.
Wie viele Tage benötigt sie für 2 500 Eier?

Vermischte Übungen

1 Eine Buche braucht für 1 kg Nutzholz 1000 l Wasser.
Übertrage die Tabelle in dein Heft.
Ergänze die fehlenden Werte.

Buchenholz	1 kg	5 kg	19 kg	78 kg	100 kg	380 kg	519 kg
Wasser	1000 l						

2

a)
48 215 + 73 406
22 530 + 61 293
586 748 + 5 929
293 066 + 138 410

b)
282 516 – 131 324
467 608 – 23 592
351 072 – 8 013
528 500 – 212 298

c)
28 130 + 36 018 + 4 560
41 098 + 6 703 + 28 516
60 617 + 21 500 + 9 342
93 125 + 3 650 + 7 819

3

a)
46 528 · 3
61 055 · 5
132 800 · 6
174 609 · 4

b)
3 812 · 40
6 508 · 20
5 730 · 60
9 074 · 30

c)
2 623 · 52
4 837 · 45
5 309 · 34
8 118 · 63

d)
7 529 · 50
6 908 · 33
8 210 · 70
5 346 · 68

4 1 kg Buchensamen enthält 5 200 Bucheckern.
Eine Baumschule legt 35 kg Buchensamen aus.
Wie viele Bucheckern sind das?

5

a)
64 812 : 4
40 535 : 5
181 203 : 3
215 712 : 9

b)
168 240 : 20
317 400 : 50
253 470 : 70
426 480 : 30

c)
8 313 : 6
19 521 : 5
38 207 : 2
28 413 : 9

d)
215 163 : 30
183 426 : 40
331 656 : 60
124 038 : 20

6

a)
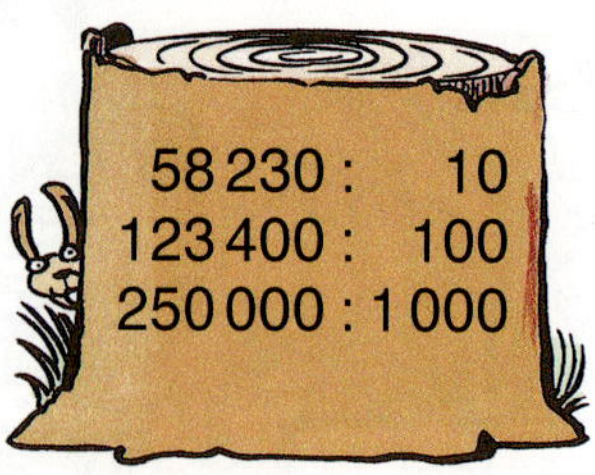

b)
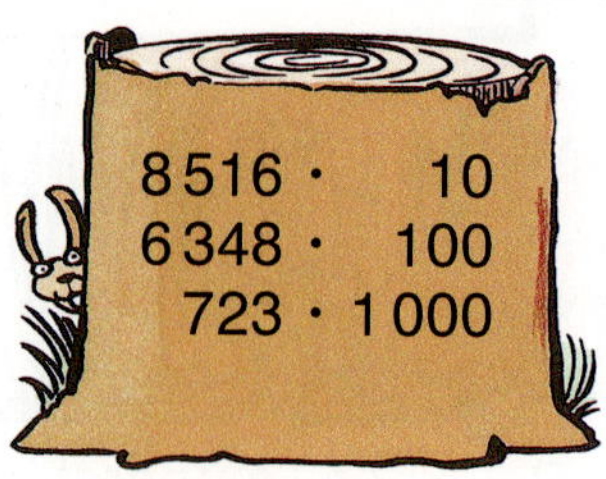

c)

7 Eine Baumschule setzt 41 600 Eichensämlinge.
Nach zwei Jahren ist die Hälfte der Bäume erkrankt.
Wie viele Bäume sind noch gesund?

Überschlag und Taschenrechner

1 Wer hat Recht?

2 Überschlage. Welches Ergebnis ist richtig?

a) 28 412 + 19 697

61 409
48 109
5 678

b) 41 223 + 52 518

93 741
9 635
80 741

c) 69 314 + 11 876

8 420
69 870
81 190

3 Das richtige Ergebnis findest du durch Überschlagen.

a) 43 418 – 13 827

39 621
29 591
3 451

b) 58 520 – 31 632

41 688
3 478
26 888

c) 91 736 – 9 428

8 408
82 308
69 708

4 Ordne jeder Aufgabe die richtige Lösung zu. Überschlage zuerst, dann kontrolliere mit dem Taschenrechner.

a) 318 · 8
579 · 3
823 · 4
687 · 5

3 292
2 544
1 737
3 435

b) 5 172 · 4
3 983 · 6
2 210 · 8
1 946 · 5

17 680
20 688
23 898
9 730

5 a) 428 : 4
985 : 5
618 : 2
1 221 : 3

309
107
197
407

b) 2 120 : 2
10 250 : 2
6 312 : 3
16 436 : 4

2 104
4 109
1 060
5 125

Wiederholen und Üben

1 Trage in eine Stellenwerttafel ein.

a) 2 HT 4 ZT 3 T 5 H 4 Z 6 E
5 HT 2 ZT 1 T 9 H 2 Z 4 E
7 ZT 6 T 2 H 1 Z
3 HT 7 T 1 H 5 E

b) 215 783
108 410
96 028
3 400

c) 909 099
110 001
22 220
50 500

d) 303 000
240 024
53 600
105 210

2 Setze jede Reihe um fünf Zahlen fort.

a) 370 000 380 000 390 000

b) 250 000 300 000 350 000

c) 960 000 950 000 940 000

d) 750 000 700 000 650 000

3 Ordne der Größe nach. Beginne mit der kleinsten Zahl.

a)

b)
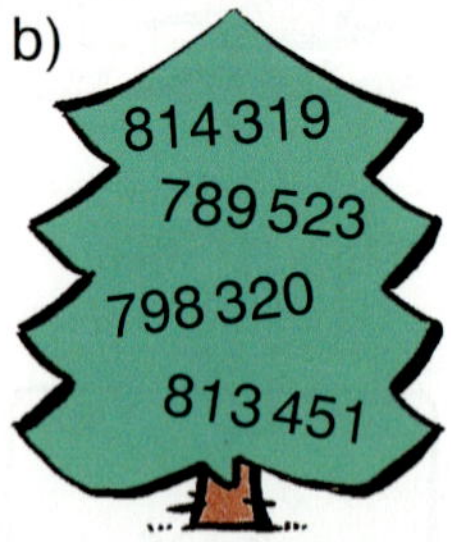

c)

4

a) 408 215 + 125 739
516 078 + 67 310
99 820 + 210 648
310 426 + 9 763

b) 739 604 – 215 280
513 077 – 76 209
128 410 – 82 317
476 004 – 7 350

c) 808 800 – 22 222
500 555 – 106 610
1 000 000 – 123 456
68 038 – 6 803

5

a) 62 325 · 6
48 032 · 10
51 640 · 8
29 007 · 7

b) 23 182 · 30
15 907 · 62
9 806 · 84
795 · 100

c) 20 218 · 43
17 439 · 52
31 007 · 18
24 380 · 23

d) 42 413 · 22
30 508 · 29
20 007 · 37
46 274 · 18

6

a) 284 319 : 4
371 525 : 5
108 621 : 3
416 743 : 2

b) 324 560 : 10
518 730 : 30
284 650 : 50
828 200 : 100

c) 22 505 : 7
172 504 : 8
142 587 : 9
153 006 : 6

d) 50 240 : 40
723 360 : 60
804 560 : 80
147 280 : 70

7 1 kg Kiefernsamen enthält 160 000 einzelne Samenkörner.
Wie viele Samenkörner enthalten 500 g Kiefernsamen?

8 Ordne jeder Aufgabe die richtige Lösung zu.
Überschlage zuerst, dann kontrolliere mit dem Taschenrechner.

a) 31 215 + 9 875
50 341 + 31 212
41 220 + 19 738
6 785 + 3 215

10 000
60 958
81 553
41 090

b) 92 105 – 9 875
72 799 – 51 220
51 012 – 2 105
98 413 – 39 507

21 579
48 907
58 906
82 230

Bäckerei
Streusel-
kuchen
Streusel-
kuchen
Mehr-
Korn-
Apfel-
kuchen
Pflaumen-
Roggen-
brot

Gemischte Zahlen

1 Was fällt dir auf?

a)

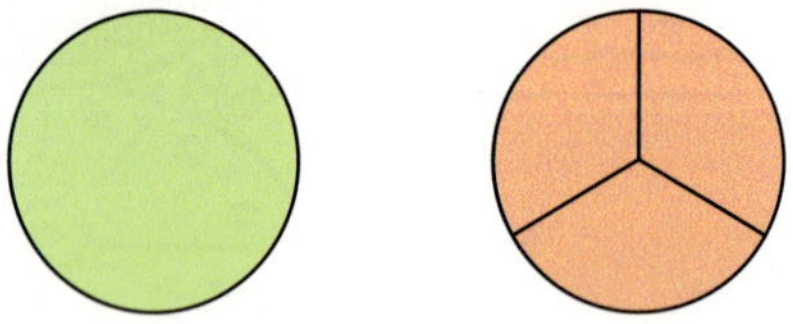

1 $\frac{3}{3}$

b)

1 $\frac{5}{5}$

2 Lege ein Ganzes mit dem Bruchmaterial. Ergänze die fehlende Zahl.

a) $1 = \frac{\square}{2}$ b) $1 = \frac{\square}{3}$ c) $1 = \frac{\square}{4}$ d) $1 = \frac{\square}{8}$

3 Übertrage die Figuren in dein Heft. Teile sie in die angegebenen Bruchteile ein.

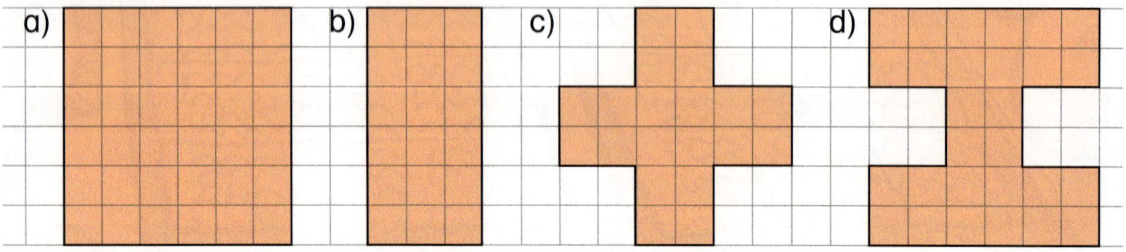

$1 = \frac{\square}{2}$ $1 = \frac{\square}{6}$ $1 = \frac{\square}{5}$ $1 = \frac{\square}{7}$

4 a) $1 = \frac{\square}{3}$ b) $1 = \frac{\square}{8}$ c) $1 = \frac{\square}{10}$ d) $\frac{\square}{5} = 1$ e) $\frac{\square}{10} = 1$ f) $\frac{\square}{20} = 1$

5

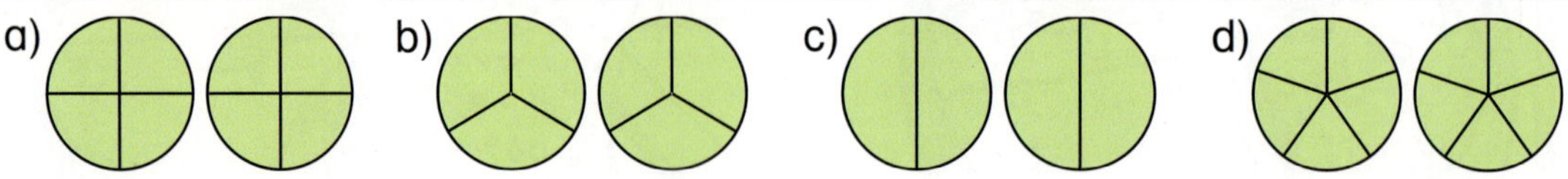

$2 = \frac{\square}{4}$ $2 = \frac{\square}{3}$ $2 = \frac{\square}{2}$ $2 = \frac{\square}{5}$

6 a) $2 = \frac{\square}{6}$ b) $2 = \frac{\square}{10}$ c) $2 = \frac{\square}{8}$ d) $\frac{\square}{4} = 2$ e) $\frac{\square}{7} = 2$ f) $\frac{\square}{3} = 2$

Brüche, die größer als 1 sind, kann man als gemischte Zahl schreiben.

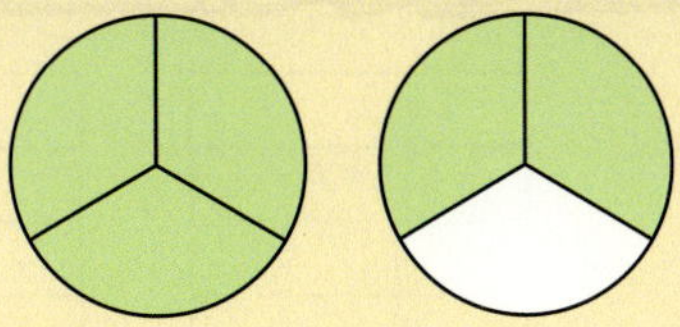

$\frac{5}{3} = 1\frac{2}{3}$

Ein zwei Drittel

1 Lege mit dem Bruchmaterial. Schreibe den Bruch als gemischte Zahl.

a) 

$\frac{5}{4}$ = ☐

b) 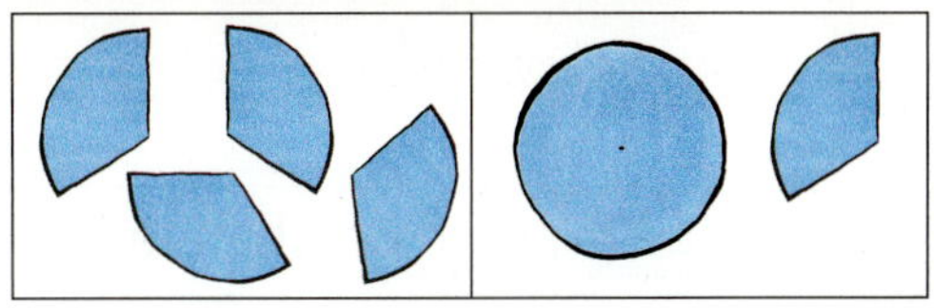

$\frac{4}{3}$ = ☐

2 Lege wie in Aufgabe 1. Schreibe den Bruch als gemischte Zahl.

a) 

$\frac{3}{2}$

b) 

$\frac{7}{6}$

c) 

$\frac{11}{8}$

3 Schreibe zu jedem Bild den Bruch und die gemischte Zahl.

a) 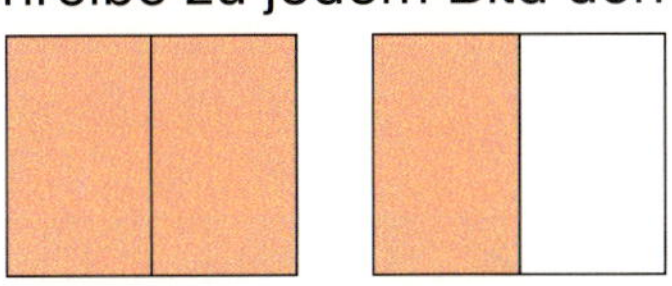

b) 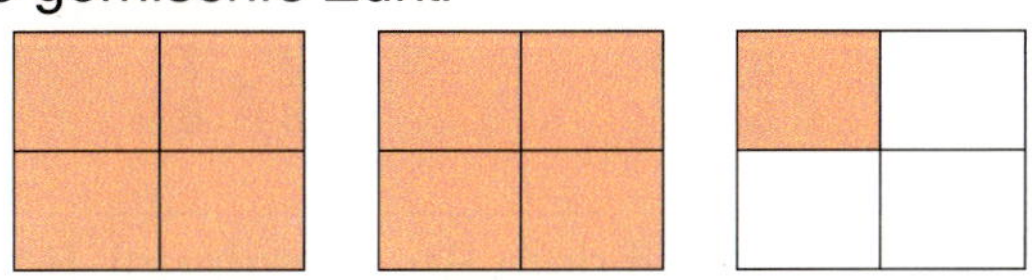

4 a) Schreibe als gemischte Zahl: $\frac{5}{3}$ $\frac{5}{4}$ $\frac{7}{6}$ $\frac{7}{3}$ $\frac{12}{5}$

b) Schreibe als Bruch: $2\frac{1}{4}$ $1\frac{1}{2}$ $1\frac{4}{5}$ $2\frac{2}{3}$ $2\frac{5}{6}$

Addieren gleichnamiger Brüche

$\frac{4}{5} + \frac{3}{5}$

$\frac{4}{5} + \frac{3}{5} = \frac{7}{5} = 1\frac{2}{5}$

1 Lege mit dem Bruchmaterial. Addiere, gib das Ergebnis als gemischte Zahl an.

a) $\frac{2}{3} + \frac{2}{3}$ b) $\frac{3}{4} + \frac{2}{4}$ c) $\frac{5}{8} + \frac{6}{8}$ d) $\frac{5}{6} + \frac{2}{6}$ e) $\frac{3}{4} + \frac{3}{4}$

2 Addiere. Schreibe das Ergebnis als gemischte Zahl.

a) $\frac{5}{7} + \frac{3}{7}$ b) $\frac{2}{5} + \frac{4}{5}$ c) $\frac{2}{7} + \frac{6}{7}$ d) $\frac{3}{7} + \frac{4}{7}$ e) $\frac{4}{7} + \frac{4}{7}$

$\frac{2}{4} + \frac{3}{4}$ $\frac{3}{5} + \frac{4}{5}$ $\frac{4}{5} + \frac{4}{5}$ $\frac{6}{7} + \frac{2}{7}$ $\frac{4}{5} + \frac{3}{5}$

$\frac{2}{3} + \frac{2}{3}$ $\frac{3}{5} + \frac{3}{5}$ $\frac{6}{7} + \frac{5}{7}$ $\frac{4}{5} + \frac{2}{5}$ $\frac{5}{7} + \frac{5}{7}$

3 Kürze im Ergebnis, wenn möglich.

$\frac{5}{8} + \frac{7}{8} = \frac{12}{8} = 1\frac{4}{8} = 1\frac{1}{2}$

a) $\frac{3}{4} + \frac{3}{4}$ b) $\frac{5}{8} + \frac{5}{8}$ c) $\frac{7}{10} + \frac{9}{10}$

$\frac{5}{6} + \frac{5}{6}$ $\frac{3}{8} + \frac{7}{8}$ $\frac{7}{12} + \frac{11}{12}$

4 Lege mit dem Bruchmaterial. Schreibe Aufgabe und Lösung in dein Heft.

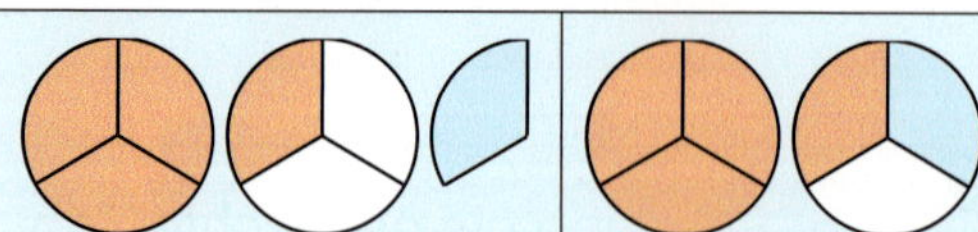

$1\frac{1}{3} + \frac{1}{3} =$

a) $1\frac{1}{3} + \frac{1}{3}$ b) $2\frac{1}{2} + 1$

$1\frac{1}{4} + \frac{1}{4}$ $1\frac{5}{6} + 1$

Subtrahieren gleichnamiger Brüche

1 Lege mit dem Bruchmaterial.

a) $2\frac{1}{3} - 1$ b) $2\frac{3}{4} - 1$ c) $2\frac{5}{8} - 1$ d) $2\frac{1}{2} - 2$ e) $2\frac{1}{6} - 2$

2

a) $3\frac{5}{6} - 1$ b) $3\frac{4}{5} - 2$ c) $5\frac{1}{3} - 2$ d) $4\frac{7}{10} - 2$ e) $4\frac{3}{8} - 3$

3 Lege mit dem Bruchmaterial.

a) $1\frac{2}{3} - \frac{1}{3}$ b) $2\frac{1}{2} - \frac{1}{2}$ c) $2\frac{7}{8} - \frac{3}{8}$ d) $2\frac{3}{4} - \frac{1}{4}$ e) $1\frac{5}{6} - \frac{1}{6}$

4 Kürze im Ergebnis, wenn möglich.

a) $1\frac{5}{6} - \frac{2}{6}$ b) $2\frac{3}{4} - \frac{1}{4}$ c) $3\frac{4}{5} - \frac{2}{5}$ d) $3\frac{5}{8} - \frac{1}{8}$ e) $2\frac{7}{8} - \frac{1}{8}$

$1\frac{7}{8} - \frac{5}{8}$ $2\frac{2}{3} - \frac{1}{3}$ $1\frac{9}{10} - \frac{4}{10}$ $2\frac{4}{7} - \frac{1}{7}$ $3\frac{5}{6} - \frac{1}{6}$

5 Verwandle die gemischte Zahl in einen Bruch, dann subtrahiere.

$1\frac{2}{5} - \frac{4}{5} = \frac{7}{5} - \frac{4}{5} = \frac{3}{5}$

a) $1\frac{1}{3} - \frac{2}{3}$ b) $1\frac{1}{6} - \frac{5}{6}$ c) $2\frac{1}{4} - \frac{3}{4}$ d) $2\frac{1}{5} - \frac{2}{5}$ e) $3\frac{1}{4} - \frac{3}{4}$

$1\frac{1}{4} - \frac{3}{4}$ $1\frac{1}{5} - \frac{2}{5}$ $2\frac{1}{7} - \frac{3}{7}$ $2\frac{1}{8} - \frac{5}{8}$ $3\frac{1}{3} - \frac{2}{3}$

6 Schreibe zu jedem Bild zwei Aufgaben auf.

a) $\frac{3}{4} + \frac{1}{4} = 1$ $1 - \frac{1}{4} = \frac{3}{4}$

a) 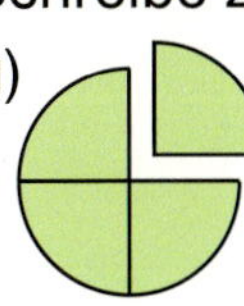
b) 
c) 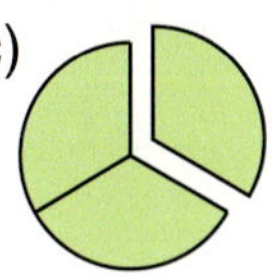
d) 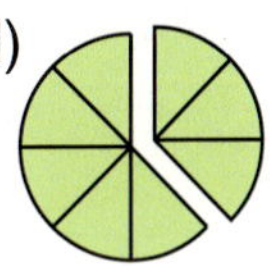

7

$\frac{3}{4} + \square = 1$ $\frac{3}{4} + \frac{1}{4} = 1$

a) $\frac{3}{4} + \square = 1$ b) $\frac{5}{6} + \square = 1$ c) $\frac{3}{8} + \square = 1$

$\frac{2}{3} + \square = 1$ $\frac{1}{4} + \square = 1$ $\frac{1}{3} + \square = 1$

$\frac{1}{2} + \square = 1$ $\frac{5}{8} + \square = 1$ $\frac{1}{8} + \square = 1$

Addieren ungleichnamiger Brüche

1

Lara legt die Aufgabe $\frac{3}{4} + \frac{1}{2}$ mit dem Bruchmaterial.
Welches Ergebnis erhält sie?

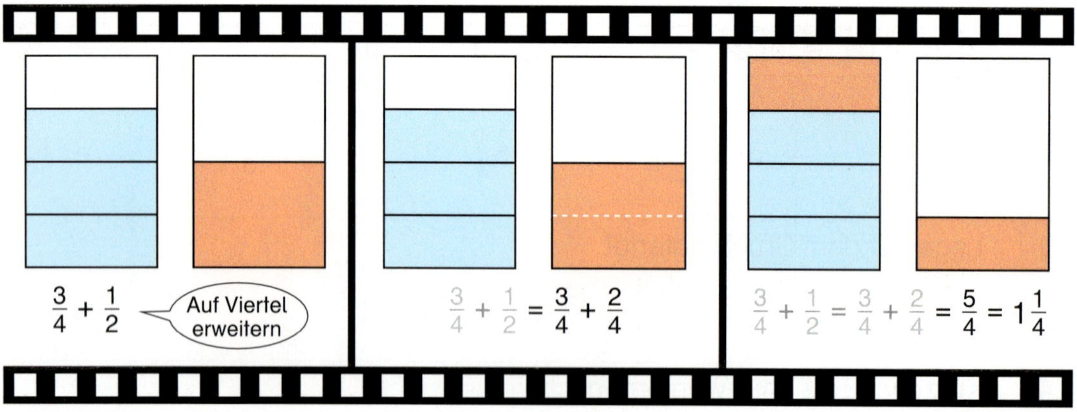

2 Lege mit dem Bruchmaterial.

a) $\frac{5}{6} + \frac{1}{3}$ $\quad \frac{5}{8} + \frac{1}{2}$

b) $\frac{7}{8} + \frac{1}{4}$ $\quad \frac{5}{6} + \frac{1}{2}$

c) $\frac{3}{8} + \frac{3}{4}$ $\quad \frac{5}{8} + \frac{3}{4}$

d) $\frac{7}{8} + \frac{1}{2}$ $\quad \frac{5}{6} + \frac{2}{3}$

e) $\frac{1}{3} + \frac{4}{6}$ $\quad \frac{7}{8} + \frac{3}{4}$

3 Finde einen gemeinsamen Nenner und addiere.

a) $\frac{7}{10} + \frac{1}{2}$ $\quad \frac{9}{10} + \frac{1}{2}$ $\quad \frac{9}{10} + \frac{1}{5}$ $\quad \frac{7}{10} + \frac{2}{5}$

b) $\frac{7}{10} + \frac{4}{5}$ $\quad \frac{3}{10} + \frac{3}{5}$ $\quad \frac{3}{10} + \frac{4}{5}$ $\quad \frac{9}{10} + \frac{2}{5}$

c) $\frac{8}{9} + \frac{1}{3}$ $\quad \frac{5}{9} + \frac{2}{3}$ $\quad \frac{4}{9} + \frac{2}{3}$ $\quad \frac{7}{9} + \frac{1}{3}$

d) $\frac{11}{12} + \frac{1}{4}$ $\quad \frac{7}{12} + \frac{3}{4}$ $\quad \frac{7}{12} + \frac{1}{2}$ $\quad \frac{11}{12} + \frac{1}{2}$

e) $\frac{17}{20} + \frac{1}{2}$ $\quad \frac{19}{20} + \frac{1}{4}$ $\quad \frac{13}{20} + \frac{1}{2}$ $\quad \frac{19}{20} + \frac{3}{4}$

4 Löse wie im Beispiel.

$1\frac{1}{4} + \frac{1}{2} = 1\frac{1}{4} + \frac{2}{4} = 1\frac{3}{4}$

a) $1\frac{1}{4} + \frac{1}{2}$ $\quad 1\frac{1}{10} + \frac{1}{5}$ $\quad 1\frac{1}{8} + \frac{1}{2}$

b) $1\frac{1}{6} + \frac{1}{3}$ $\quad 1\frac{1}{8} + \frac{1}{4}$ $\quad 1\frac{1}{10} + \frac{1}{5}$

c) $2\frac{1}{6} + \frac{1}{2}$ $\quad 2\frac{3}{10} + \frac{2}{5}$ $\quad 2\frac{5}{8} + \frac{1}{4}$

d) $2\frac{1}{5} + \frac{1}{2}$ $\quad 2\frac{1}{3} + \frac{1}{2}$ $\quad 1\frac{1}{2} + \frac{2}{5}$

Subtrahieren ungleichnamiger Brüche

1

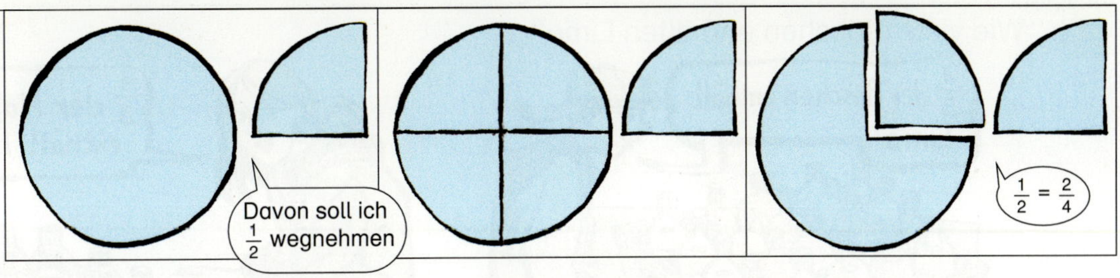

Sven legt die Aufgabe $1\frac{1}{4} - \frac{1}{2}$ mit seinem Bruchmaterial.
Welches Ergebnis erhält er?

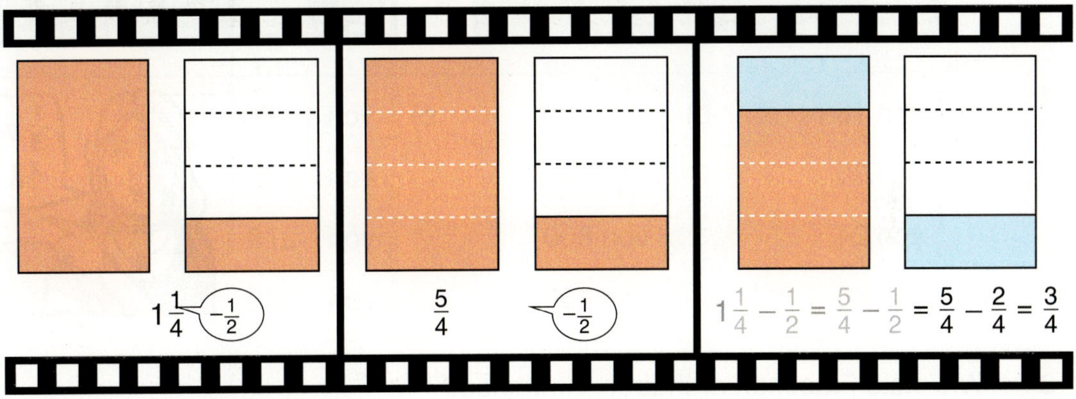

2 Lege mit dem Bruchmaterial.
Schreibe die Aufgabe und die Lösung ins Heft.

a) $1\frac{1}{8} - \frac{1}{2}$ b) $1\frac{1}{6} - \frac{1}{3}$ c) $1\frac{1}{8} - \frac{1}{4}$ d) $1\frac{3}{8} - \frac{1}{2}$ e) $1\frac{3}{4} - \frac{1}{2}$

$1\frac{1}{6} - \frac{1}{2}$ $1\frac{1}{6} - \frac{2}{3}$ $1\frac{3}{8} - \frac{3}{4}$ $1\frac{5}{8} - \frac{3}{4}$ $1\frac{5}{8} - \frac{1}{2}$

3 Schreibe Ergebnisse, die größer als 1 sind, als gemischte Zahlen.

a) $1\frac{5}{6} - \frac{2}{3}$ b) $1\frac{1}{3} - \frac{1}{6}$ c) $1\frac{7}{10} - \frac{3}{5}$ d) $1\frac{4}{15} - \frac{1}{5}$ e) $1\frac{3}{10} - \frac{4}{5}$

$1\frac{7}{8} - \frac{1}{2}$ $1\frac{2}{3} - \frac{1}{6}$ $1\frac{8}{15} - \frac{2}{5}$ $1\frac{3}{5} - \frac{3}{10}$ $1\frac{4}{5} - \frac{3}{10}$

$1\frac{5}{8} - \frac{1}{4}$ $1\frac{1}{2} - \frac{1}{4}$ $1\frac{1}{10} - \frac{1}{5}$ $1\frac{1}{4} - \frac{5}{8}$ $1\frac{1}{2} - \frac{5}{8}$

$1\frac{7}{8} - \frac{1}{4}$ $1\frac{1}{4} - \frac{1}{8}$ $1\frac{1}{10} - \frac{3}{5}$ $1\frac{1}{2} - \frac{7}{8}$ $1\frac{1}{3} - \frac{5}{6}$

4

a) $2\frac{3}{4} - \frac{1}{2}$ b) $2\frac{1}{2} - \frac{1}{4}$ c) $2\frac{1}{6} - \frac{1}{3}$ d) $2\frac{3}{10} - \frac{5}{10}$ e) $2\frac{2}{3} - \frac{1}{6}$

$2\frac{1}{4} - \frac{1}{2}$ $2\frac{1}{2} - \frac{3}{4}$ $2\frac{5}{8} - \frac{3}{4}$ $2\frac{5}{6} - \frac{1}{2}$ $2\frac{1}{3} - \frac{5}{6}$

$2\frac{1}{8} - \frac{1}{2}$ $2\frac{1}{2} - \frac{1}{8}$ $2\frac{3}{8} - \frac{3}{4}$ $2\frac{1}{6} - \frac{1}{2}$ $2\frac{1}{3} - \frac{1}{6}$

Bruchteile von Anzahlen und Größen

1 Wie viele Flaschen enthalten Limo?

a)

b)

2

a)	b)	c)
$\frac{1}{3}$ von 18	$\frac{1}{2}$ von 100	$\frac{1}{2}$ von 1 000
$\frac{1}{5}$ von 30	$\frac{1}{2}$ von 600	$\frac{1}{4}$ von 240
$\frac{1}{6}$ von 24	$\frac{1}{2}$ von 800	$\frac{1}{3}$ von 270
$\frac{1}{8}$ von 40	$\frac{1}{2}$ von 400	$\frac{1}{6}$ von 540

3 Wie viele Flaschen enthalten Vitaminsaft?

$\frac{2}{3}$ von 12 = ☐

$\frac{1}{3}$ von 12 = 4

↓ ·2 ↓ ·2

$\frac{2}{3}$ von 12 = ☐

4

a)	b)	c)	d)
$\frac{2}{3}$ von 24	$\frac{3}{4}$ von 400	$\frac{4}{5}$ von 2 500	$\frac{2}{3}$ von 9 000
$\frac{3}{4}$ von 16	$\frac{5}{8}$ von 1 600	$\frac{5}{6}$ von 4 800	$\frac{3}{4}$ von 8 000
$\frac{4}{5}$ von 25	$\frac{2}{7}$ von 1 400	$\frac{7}{8}$ von 3 200	$\frac{3}{5}$ von 40 000

5 a) Im Neudorfer Wald wurden 600 Bäume gefällt. Wie viele Bäume von jeder Sorte wurden gefällt?

b) Von den 120 Tieren im Wildgehege sind $\frac{3}{4}$ Rehe. Wie viele Rehe sind im Wildgehege?

1 a) Der Fußweg im Neubaugebiet wird 450 m lang. Davon ist schon $\frac{1}{5}$ mit Platten belegt. Wie viel m Fußweg sind schon fertig?

b) Der Radweg wird 360 m lang. Es sind schon $\frac{3}{4}$ des Weges asfaltiert. Wie viel m Radweg sind schon fertig?

2

a) $\frac{1}{3}$ von 900 m
$\frac{1}{4}$ von 800 m
$\frac{1}{5}$ von 1 000 m

b) $\frac{2}{3}$ von 600 m
$\frac{3}{4}$ von 480 m
$\frac{2}{5}$ von 1 500 m

c) $\frac{1}{7}$ von 420 g
$\frac{5}{8}$ von 480 g
$\frac{7}{10}$ von 900 g

3 a) Wie viel cm Leiste braucht Marco?

1 m = 100 cm
$\frac{1}{2}$ m = ☐ cm

b) Svenja braucht $\frac{1}{4}$ m Leiste. Wie viel cm sind es?

4 a) Frau Knorr kauft $\frac{3}{4}$ m Vorhangstoff. Wie viel cm sind es?

b) Herr Eren kauft $\frac{4}{5}$ m Vorhangstoff. Wie viel cm Vorhangstoff kauft er?

1 m = 100 cm
$\frac{1}{4}$ m = ☐ cm
·3 ↓ ↓ ·3
$\frac{3}{4}$ m = ☐ cm

5 a)

$\frac{1}{2}$	$\frac{1}{5}$	$\frac{1}{10}$	$\frac{1}{4}$	von	1 m	1 km

b)

$\frac{3}{10}$	$\frac{2}{5}$	$\frac{9}{10}$	$\frac{3}{4}$	von	1 m	1 km

6 a) Der Lkw liefert Futter für das Wildgehege. Wie viel kg von jeder Futtersorte werden geliefert?

b) Im letzten Monat wurde 1 t Rüben verfüttert. $\frac{7}{10}$ davon bekamen die Wildschweine. Wie viel kg Rüben waren das?

Multiplizieren von Brüchen

1 Hassan hat die Aufgabe $2 \cdot \frac{3}{8}$ gelegt.
Welches Ergebnis hat er erhalten?

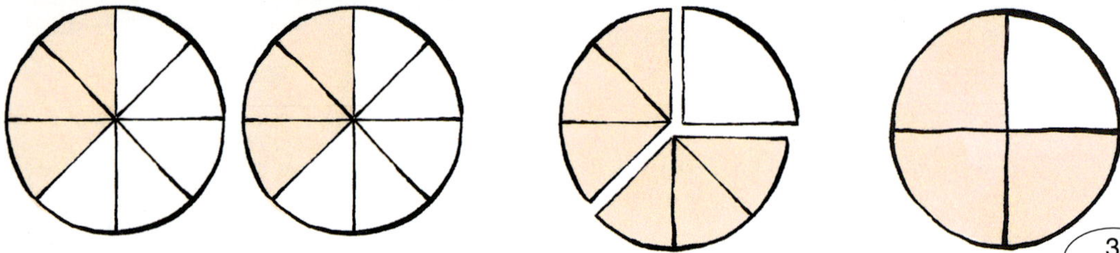

$2 \cdot \frac{3}{8}$

$\frac{6}{8}$ — $\frac{3}{4}$

2 Lege mit dem Bruchmaterial.
Schreibe Aufgabe und Lösung ins Heft.

$2 \cdot \frac{2}{3} = \frac{4}{3} = 1\frac{1}{3}$

a) $2 \cdot \frac{2}{3}$
$2 \cdot \frac{3}{4}$

b) $2 \cdot \frac{5}{6}$
$2 \cdot \frac{5}{8}$

c) $3 \cdot \frac{1}{4}$
$3 \cdot \frac{1}{2}$

d) $3 \cdot \frac{3}{8}$
$3 \cdot \frac{2}{3}$

3 Kürze das Ergebnis, wenn möglich.

a) $3 \cdot \frac{2}{7}$
$2 \cdot \frac{4}{9}$
$2 \cdot \frac{2}{5}$

b) $3 \cdot \frac{2}{9}$
$2 \cdot \frac{3}{10}$
$2 \cdot \frac{5}{12}$

c) $\frac{1}{6} \cdot 3$
$\frac{1}{3} \cdot 2$
$\frac{2}{7} \cdot 2$

d) $\frac{1}{10} \cdot 4$
$\frac{2}{15} \cdot 2$
$\frac{4}{15} \cdot 3$

4 a)

Wie viel Liter Schorle werden es?

b)

Wie viel Liter Mixgetränk werden es?

5 Schreibe das Ergebnis als gemischte Zahl.

a) $4 \cdot \frac{2}{3}$
$2 \cdot \frac{3}{5}$
$3 \cdot \frac{3}{4}$

b) $3 \cdot \frac{5}{8}$
$4 \cdot \frac{1}{2}$
$3 \cdot \frac{2}{5}$

c) $\frac{5}{6} \cdot 2$
$\frac{3}{6} \cdot 3$
$\frac{7}{8} \cdot 2$

d) $\frac{7}{10} \cdot 3$
$\frac{5}{8} \cdot 2$
$\frac{5}{6} \cdot 4$

Dividieren von Brüchen

1

Drei Freunde teilen sich den Rest des Kuchens.
Wie viele Stücke bekommt jeder?

2

Lege zuerst mit dem Bruchmaterial. Schreibe Aufgabe und Lösung ins Heft.

a) $\frac{6}{8} : 3$ b) $\frac{2}{3} : 2$ c) $\frac{3}{4} : 3$ d) $\frac{3}{6} : 3$

$\frac{6}{8} : 2$ $\frac{3}{8} : 3$ $\frac{4}{6} : 2$ $\frac{4}{8} : 2$

$\frac{6}{8} : 6$ $\frac{2}{4} : 2$ $\frac{4}{6} : 4$ $\frac{4}{8} : 4$

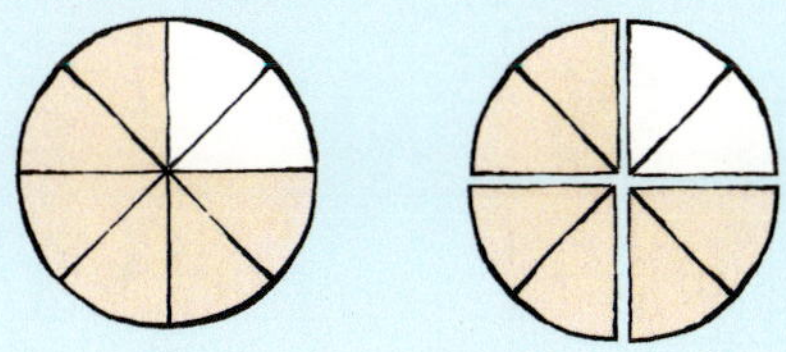

$\frac{6}{8}$ $\frac{6}{8} : 3 = \frac{2}{8}$

3

a) $\frac{2}{5} : 2$ b) $\frac{4}{9} : 2$ c) $\frac{6}{7} : 2$ d) $\frac{8}{10} : 4$ e) $\frac{60}{100} : 2$

$\frac{6}{7} : 3$ $\frac{8}{9} : 4$ $\frac{5}{9} : 5$ $\frac{9}{10} : 3$ $\frac{90}{100} : 3$

$\frac{3}{7} : 3$ $\frac{4}{5} : 2$ $\frac{6}{9} : 3$ $\frac{6}{10} : 3$ $\frac{80}{100} : 4$

$\frac{6}{9} : 2$ $\frac{2}{7} : 2$ $\frac{7}{8} : 7$ $\frac{6}{10} : 2$ $\frac{40}{100} : 2$

4

Drei Freunde teilen sich $2\frac{1}{4}$ Pizza.
Wie viel bekommt jeder?
Wandle zuerst die gemischte Zahl in einen Bruch um.

$2\frac{1}{4} = \frac{9}{4}$

5

Wandle die gemischte Zahl in einen Bruch um, dann teile.

a) $2\frac{2}{5} : 2$ b) $1\frac{3}{5} : 2$ c) $1\frac{2}{3} : 5$ d) $2\frac{1}{2} : 5$ e) $1\frac{4}{5} : 3$

$2\frac{2}{5} : 4$ $2\frac{2}{3} : 2$ $1\frac{3}{4} : 7$ $1\frac{7}{8} : 5$ $2\frac{2}{3} : 4$

$2\frac{2}{5} : 3$ $1\frac{3}{5} : 4$ $1\frac{2}{5} : 7$ $2\frac{1}{4} : 9$ $1\frac{1}{7} : 2$

Wiederholen und Üben

1 Schreibe zu jedem Bild den Bruch und die gemischte Zahl in dein Heft.

a) 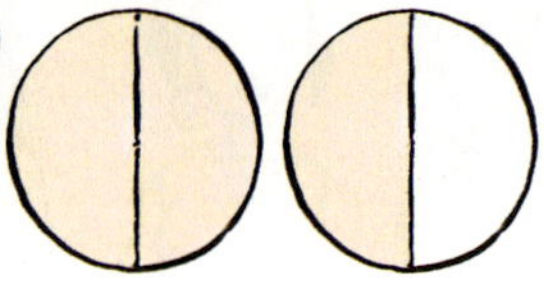 b) 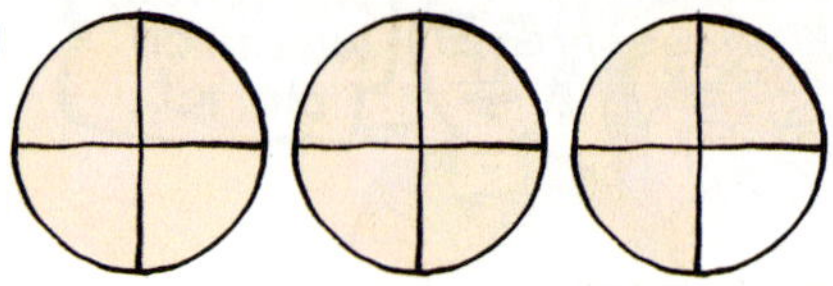 c) 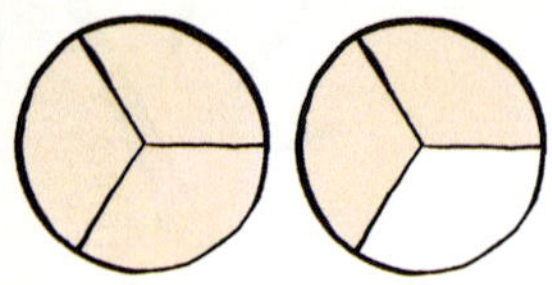

2 Addiere. Schreibe das Ergebnis als gemischte Zahl.

a) $\frac{3}{7} + \frac{5}{7}$ b) $\frac{2}{3} + \frac{2}{3}$ c) $\frac{3}{5} + \frac{3}{5}$ d) $\frac{4}{5} + \frac{2}{5}$ e) $\frac{7}{8} + \frac{5}{8}$

$\frac{2}{5} + \frac{4}{5}$ $\frac{7}{10} + \frac{9}{10}$ $\frac{7}{9} + \frac{3}{9}$ $\frac{3}{4} + \frac{3}{4}$ $\frac{5}{6} + \frac{5}{6}$

3 Kürze im Ergebnis, wenn möglich.

a) $1\frac{2}{3} - \frac{1}{3}$ b) $1\frac{5}{8} - \frac{1}{8}$ c) $3\frac{5}{6} - \frac{1}{6}$ d) $1\frac{5}{8} - \frac{3}{8}$ e) $2\frac{2}{3} - \frac{1}{3}$

$2\frac{3}{4} - \frac{1}{4}$ $2\frac{4}{7} - \frac{1}{7}$ $2\frac{7}{8} - \frac{5}{8}$ $3\frac{3}{4} - \frac{1}{2}$ $3\frac{1}{2} - \frac{1}{4}$

4

a) $\frac{5}{12} + \frac{1}{2}$ b) $\frac{4}{5} + \frac{7}{10}$ c) $\frac{5}{6} + \frac{11}{12}$ d) $\frac{9}{10} + \frac{4}{5}$ e) $\frac{7}{8} + \frac{1}{4}$

$\frac{7}{12} + \frac{1}{3}$ $\frac{2}{5} + \frac{9}{10}$ $\frac{2}{3} + \frac{11}{12}$ $\frac{7}{10} + \frac{1}{2}$ $\frac{5}{8} + \frac{1}{2}$

5 Verwandle die gemischte Zahl in einen Bruch. Dann erweitere auf einen gemeinsamen Nenner und subtrahiere.

a) $1\frac{1}{4} - \frac{1}{2}$ b) $1\frac{1}{2} - \frac{3}{4}$ c) $1\frac{1}{6} - \frac{1}{3}$ d) $1\frac{1}{8} - \frac{1}{4}$ e) $1\frac{3}{8} - \frac{1}{2}$

$1\frac{1}{4} - \frac{5}{8}$ $1\frac{1}{2} - \frac{7}{8}$ $1\frac{1}{6} - \frac{1}{2}$ $1\frac{1}{8} - \frac{1}{2}$ $1\frac{1}{2} - \frac{5}{8}$

6 Kürze das Ergebnis, wenn möglich.

a) $3 \cdot \frac{1}{7}$ b) $2 \cdot \frac{5}{12}$ c) $\frac{2}{10} \cdot 3$ d) $\frac{1}{10} \cdot 4$ e) $3 \cdot \frac{2}{9}$

$2 \cdot \frac{3}{7}$ $2 \cdot \frac{3}{10}$ $\frac{1}{10} \cdot 5$ $\frac{3}{8} \cdot 2$ $2 \cdot \frac{2}{5}$

7

a) 

Wie viel Pizza bekommt jeder Junge?

b) 

Wie viel Pizza bekommt jedes Mädchen?

Verschiedene Vierecke

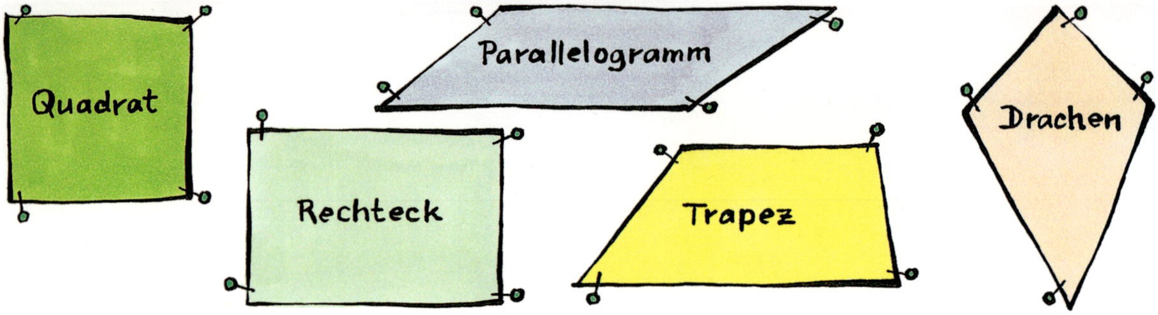

1 Aus welchen Figuren sind die Fische zusammengesetzt? Notiere wie im Beispiel.

a: Parallelogramm, Trapez, Quadrat

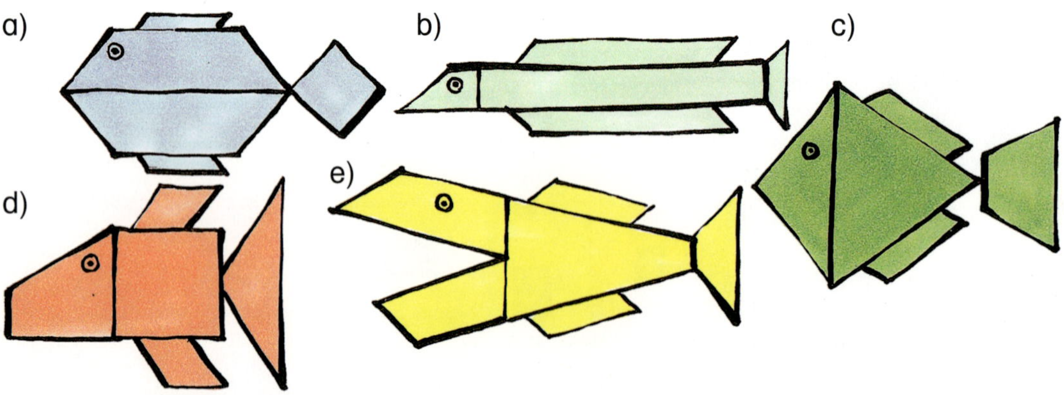

2 Wie heißen die Figuren? Ordne die Eigenschaften zu.

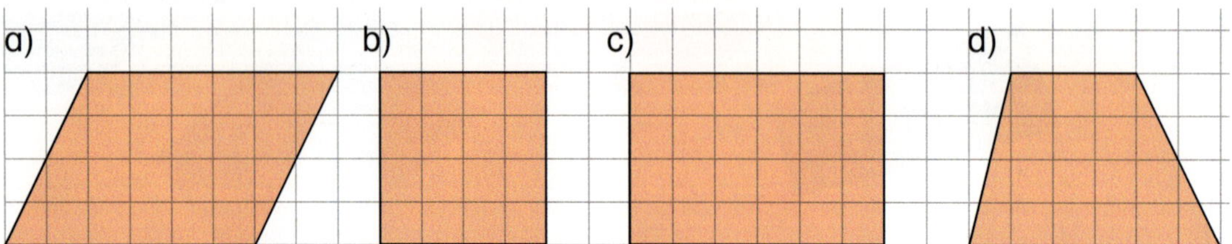

Alle gegenüberliegenden Seiten sind parallel.	4 rechte Winkel
Gegenüberliegende Winkel sind gleichgroß.	Alle Seiten sind gleichlang.
Gegenüberliegende Seiten sind gleichlang.	4 Ecken

3 Lege die Figur mit 8 Hölzern.

a) Rechteck b) Quadrat
c) Parallelogramm
d) Trapez e) Drachen

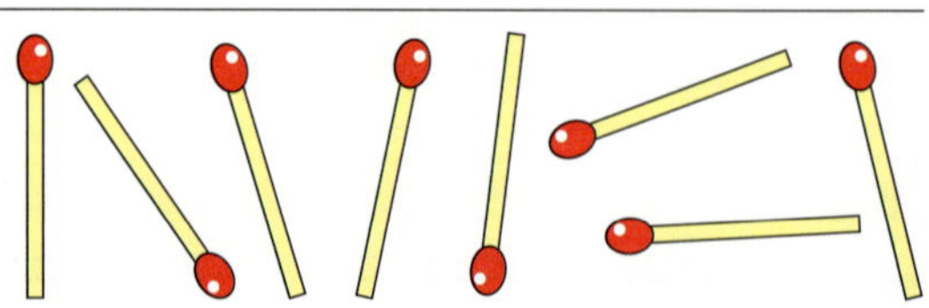

Mathewerkstatt: Geobrett

Bauanleitung für ein Geobrett

Material:
- **25 Eisennägel (Länge 1,5 cm–2 cm)**
- **eine ungefähr 1,5 cm dicke quadratische Holzplatte (a = 14 cm)**
- **Lineal, Geodreieck, Hammer**

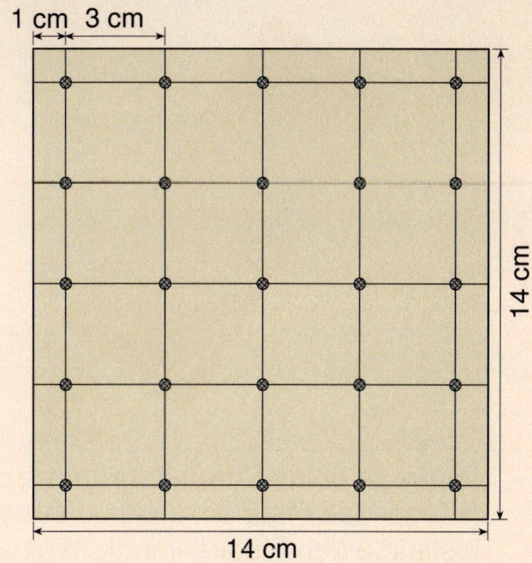

Arbeitsschritte:
1. **Das Holzbrett an den Kanten schleifen.**
2. **Das Raster in den angegebenen Maßen mit dem Geodreieck aufzeichnen.**
3. **Die Nägel so einschlagen, dass sie noch etwa 0,5 cm aus dem Brett ragen.**

1 Spanne verschiedene Figuren mit farbigen Gummibändern.

2 Spanne Quadrate und Rechtecke.
Zeichne jeweils drei Lösungen ins Heft.

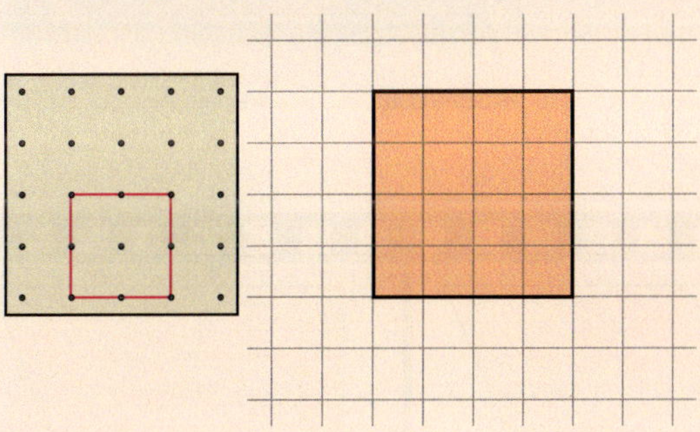
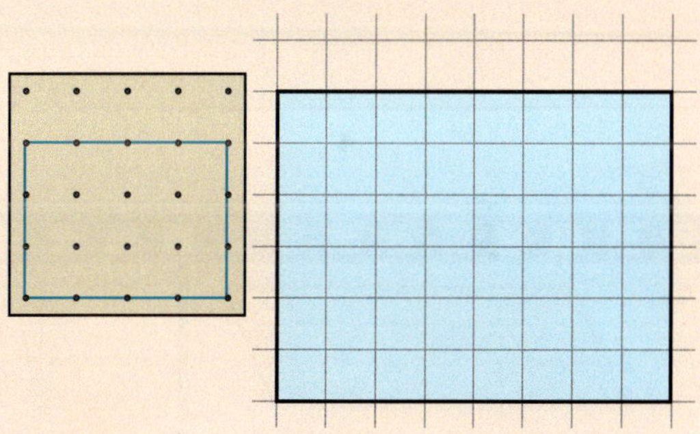

3 Spanne Parallelogramme und Trapeze.
Wie viele Möglichkeiten findest du?
Zeichne deine Lösungen ins Heft.

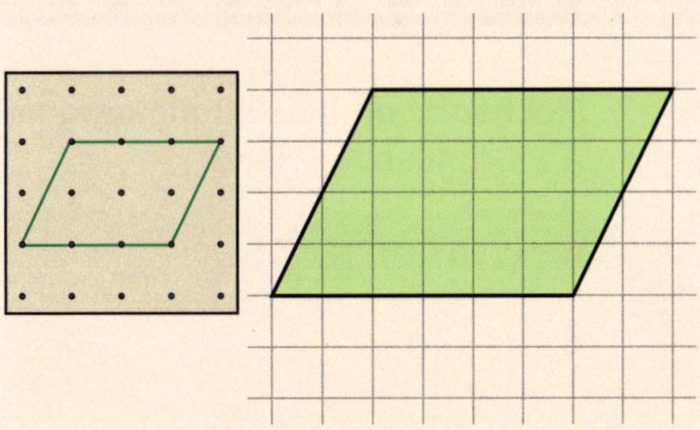
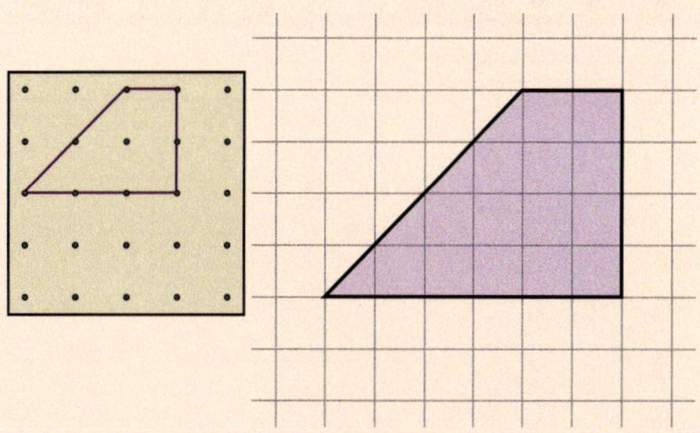

Flächeninhalt des Parallelogramms

1 Was haben die beiden Figuren gemeinsam?

2 Übertrage beide Parallelogramme auf Karopapier und schneide sie aus.
Zerlege jede Figur so, dass du aus den Teilen ein Rechteck legen kannst.
Bestimme den Flächeninhalt. Was fällt dir auf?

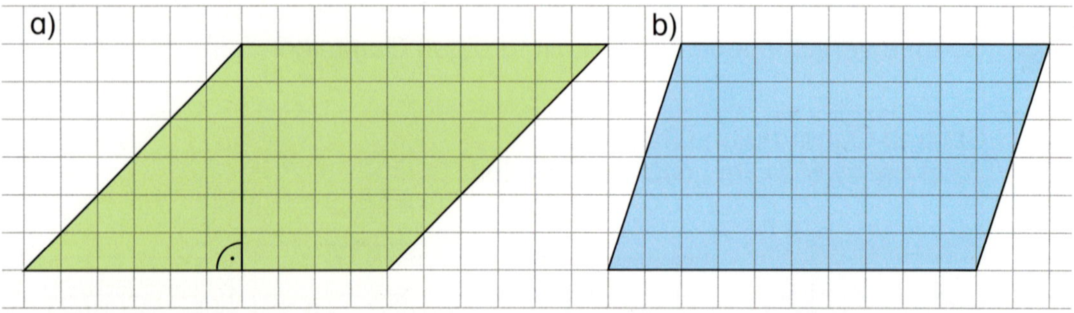

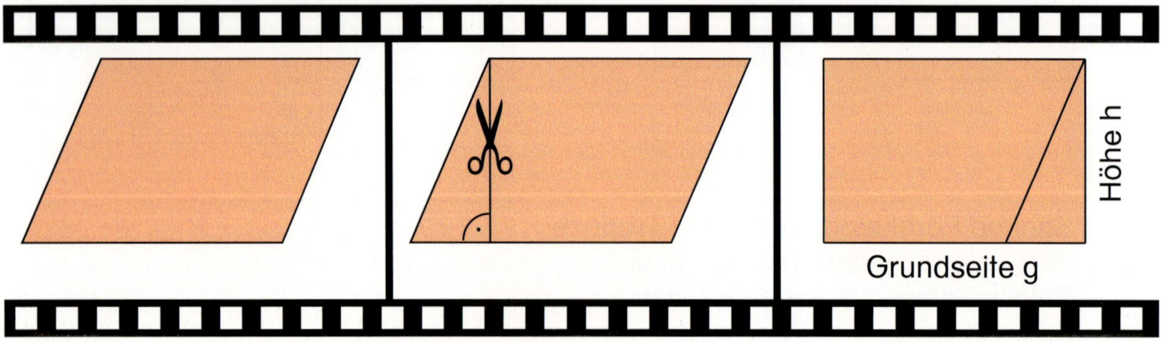

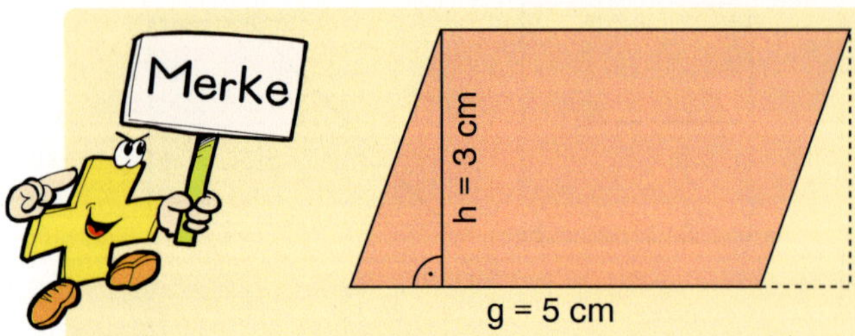

Flächeninhalt des Parallelogramms:
A = Grundseite · Höhe

$A = g \cdot h$ (5 · 3)

$A = 15\ cm^2$

1 Berechne den Flächeninhalt.

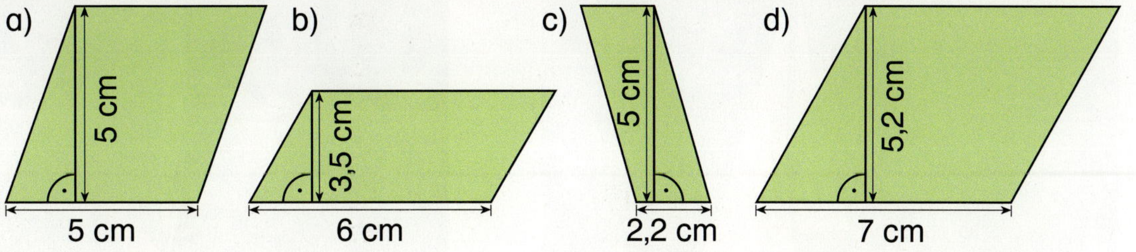

2 Übertrage das Parallelogramm ins Heft. Zeichne die Höhe zur Grundseite ein.
Berechne den Flächeninhalt.

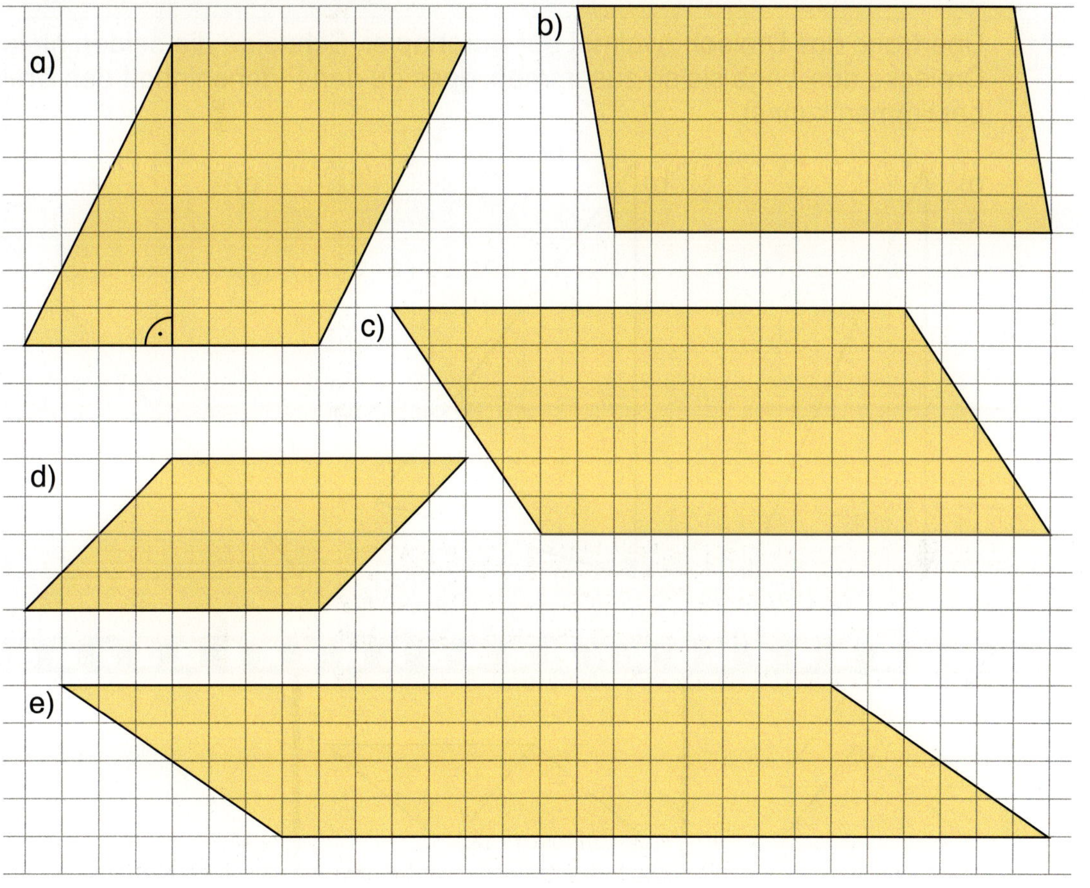

3 Berechne die fehlenden Werte für die Parallelogramme.

	a)	b)	c)	d)	e)	f)
Grundseite g	6 cm	4 cm	4,5 cm		15 cm	5 cm
Höhe h	4 cm	4 cm	6 cm	9 cm		
Flächeninhalt A				27 cm^2	60 cm^2	27,5 cm^2

Flächeninhalt des Dreiecks

1 Übertrage das Dreieck zweimal auf Karopapier. Schneide die beiden gleichen Dreiecke aus. Lege sie so zusammen, dass du den Flächeninhalt des Dreiecks bestimmen kannst.

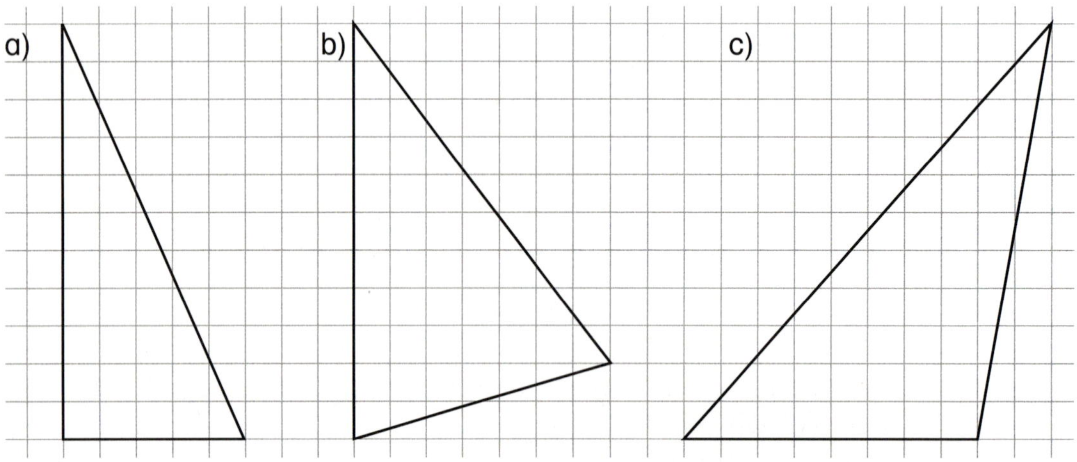

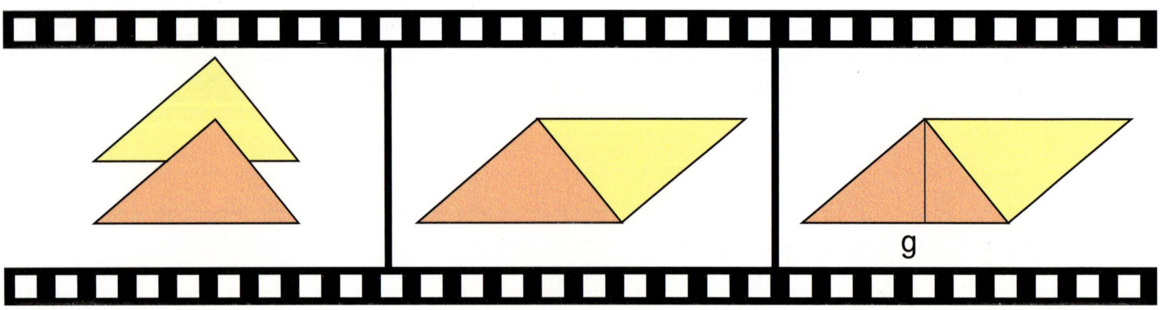

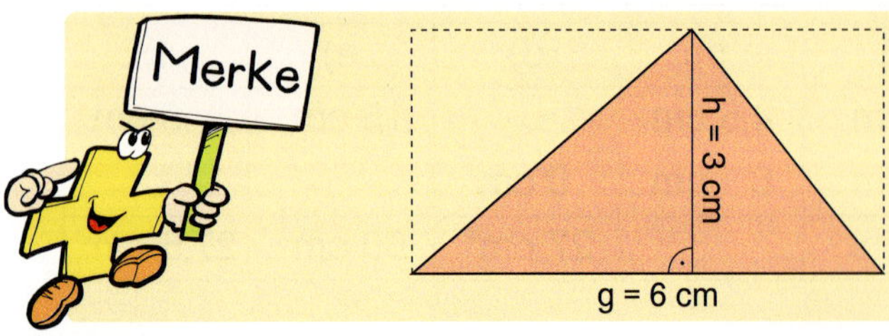

Flächeninhalt des Dreiecks:
Grundseite · Höhe geteilt durch 2

$A = \frac{g \cdot h}{2}$ $\quad \frac{6 \cdot 3}{2} = \frac{18}{2} = 9$

$A = 9\ cm^2$

1 Berechne den Flächeninhalt.

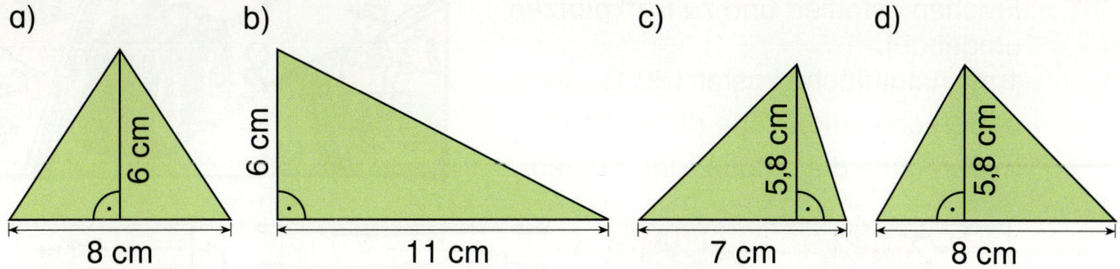

2 Übertrage das Dreieck ins Heft. Zeichne die Höhe zur Grundseite ein.
Berechne den Flächeninhalt.

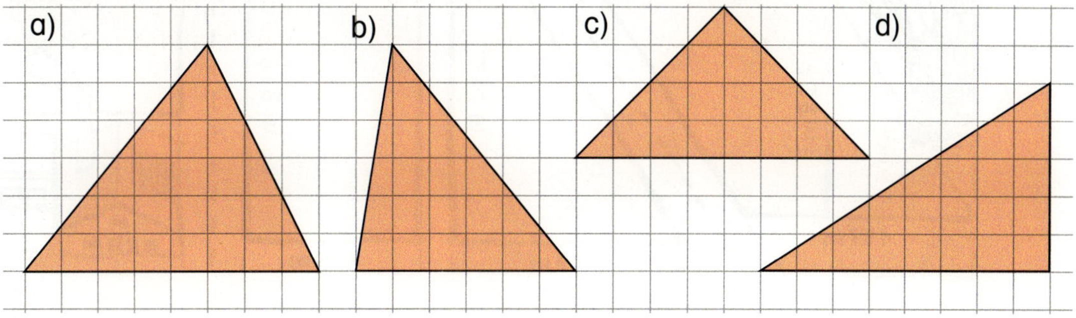

3 (1) $g = 6$ cm, $\alpha = 60°$, $\beta = 80°$ (2) $g = 7$ cm, $\alpha = 45°$, $\beta = 55°$ (3) $g = 9$ cm, $\alpha = 90°$, $\beta = 30°$ (4) $g = 6$ cm, $\alpha = 45°$, $\beta = 85°$

a) Konstruiere das Dreieck mit dem Geodreieck.
Zeichne die Höhe zur Grundseite ein.

b) Berechne den Flächeninhalt.

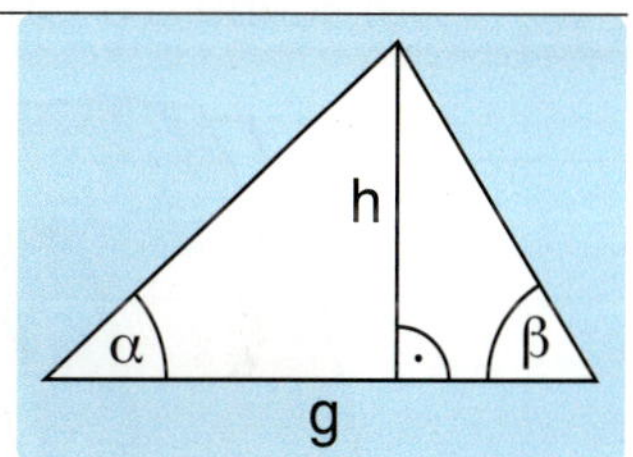

4 (1) $a = 6$ cm, $b = 6$ cm, $c = 6$ cm (2) $a = 4$ cm, $b = 7$ cm, $c = 8$ cm (3) $a = 5$ cm, $b = 5$ cm, $c = 8$ cm (4) $a = 9$ cm, $b = 6$ cm, $c = 5$ cm

a) Zeichne das Dreieck mit dem Zirkel.
Zeichne die Höhe zu einer Seite ein.

b) Berechne den Flächeninhalt.

c) Berechne den Umfang des Dreiecks.

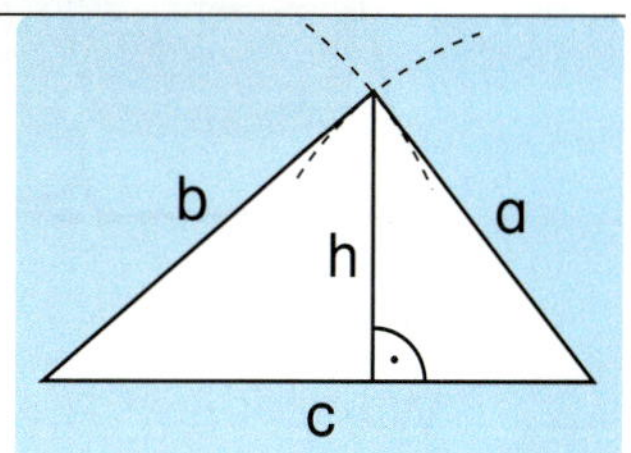

5 Berechne den Flächeninhalt des Dreiecks.

	a)	b)	c)	d)	e)	f)
Grundseite g	7 cm	5 cm	15 cm	5,5 cm	6,4 cm	9,6 cm
Höhe h	3 cm	4 cm	4 cm	4 cm	5 cm	6 cm

Vermischte Übungen

1 Im Gewerbegebiet werden mehrere Flächen asfaltiert und zu Parkplätzen umgebaut.
1 m^2 Asfaltfläche kostet 129 €.
a) Berechne die Größe der Flächen.
b) Berechne die anfallenden Kosten.

2 Berechne die Größe der Parkflächen.

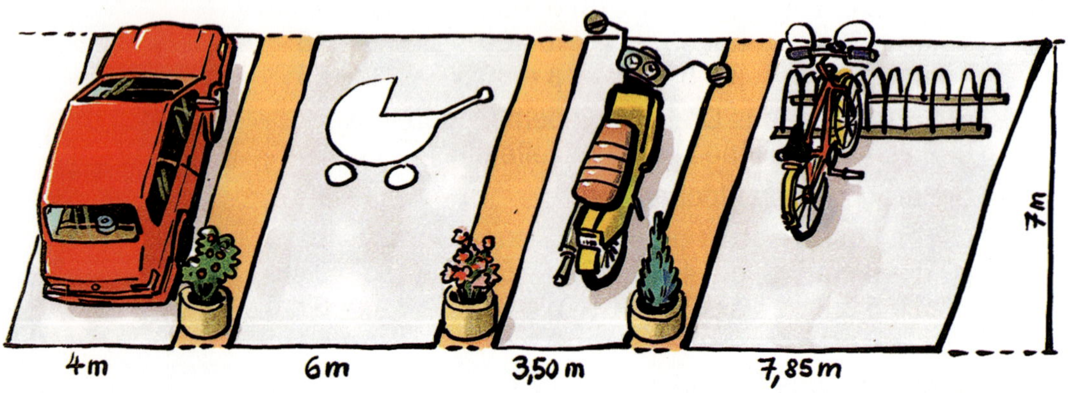

3 Wie viel cm^2 Blech wird für die Herstellung des Verkehrszeichens benötigt?

a) b) c) d)

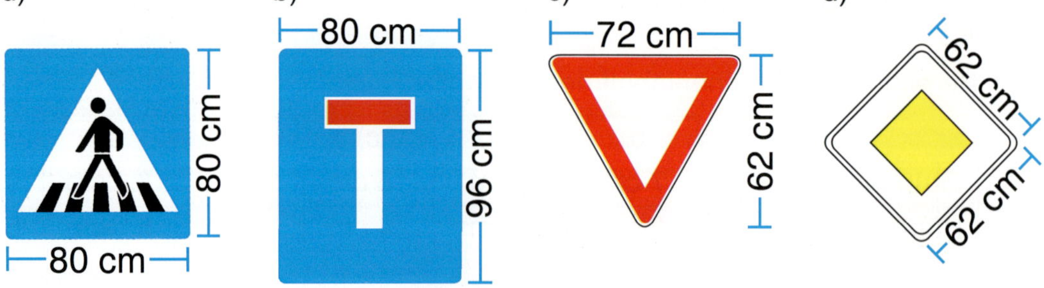

1 Im Neubaugebiet Storchensee sind noch Grundstücke zu verkaufen.

a) Berechne die Größe der Flächen.

b) Wie teuer sind die Grundstücke?

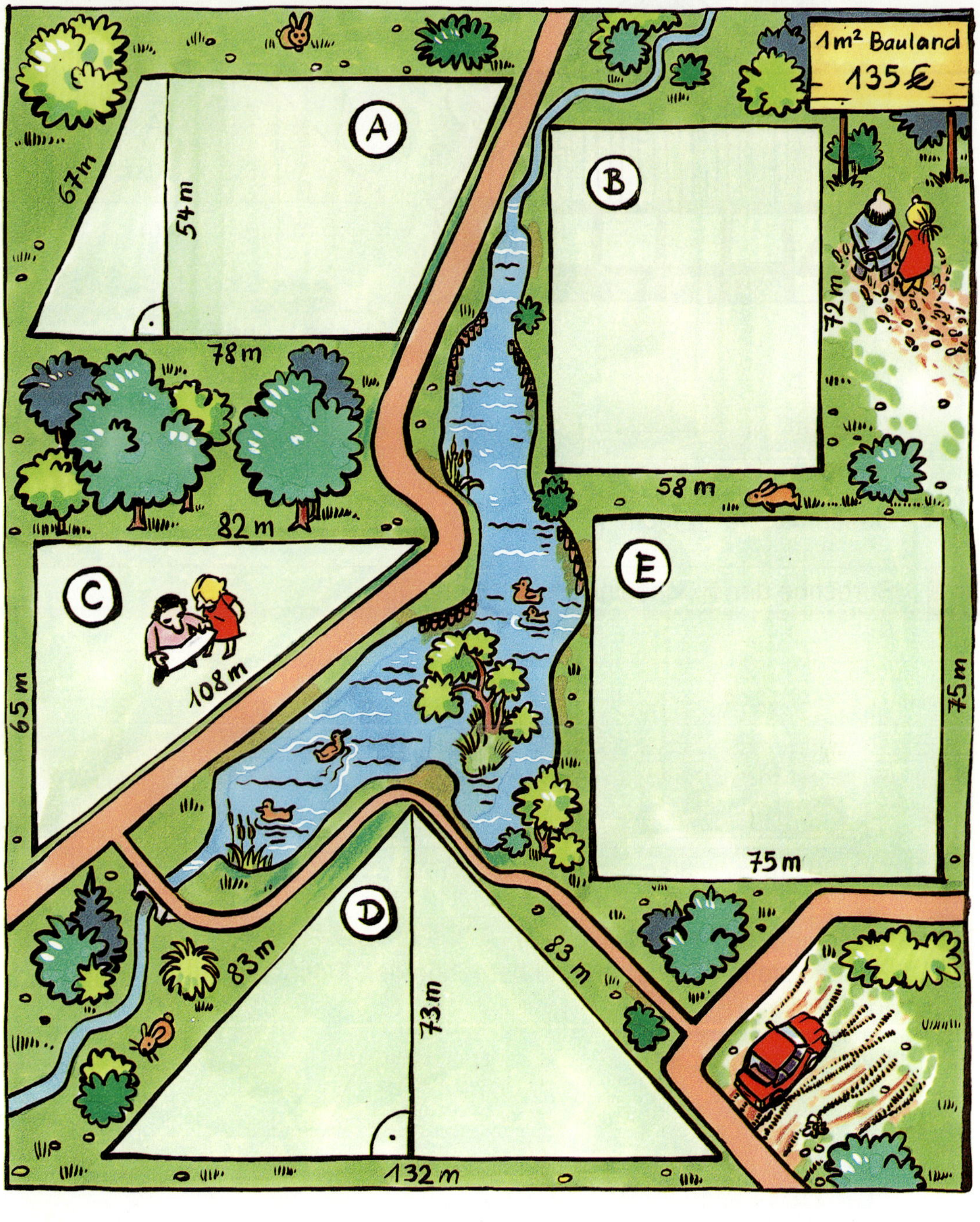

2 Vor dem Beginn der Bauarbeiten sollen die Grundstücke umzäunt werden. Berechne die Länge der Bauzäune.

Zusammengesetzte Flächen

1 Die Giebelseite des Hauses wird mit Brettern verschalt.
Berechne die Größe der Fläche.

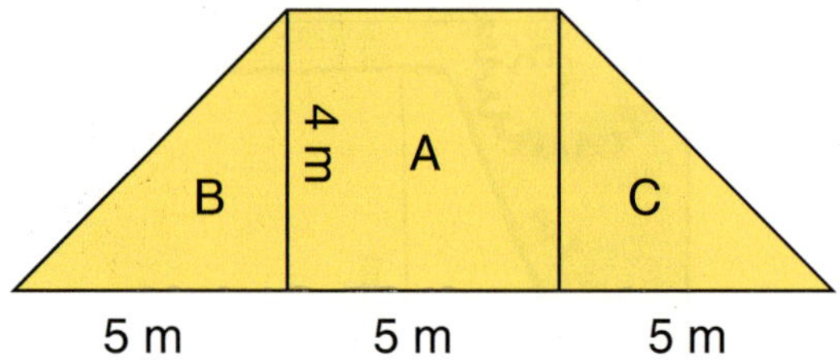

Fläche A

$A = a \cdot b$

$A = 20\ m^2$ (5 · 4)

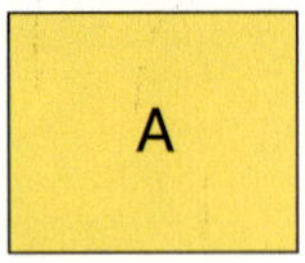

Fläche B und Fläche C

$A = \frac{g \cdot h}{2}$

$A = 10\ m^2$ ($\frac{5 \cdot 4}{2}$)

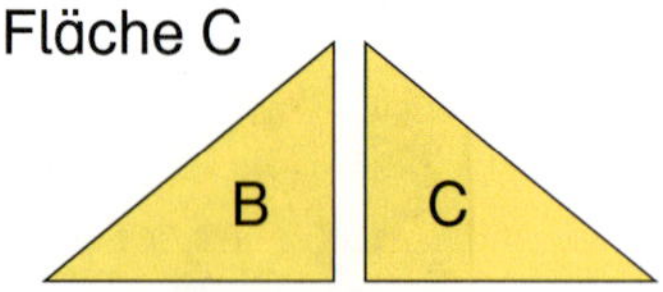

Gesamtfläche = Fläche A + Fläche B + Fläche C

2 Berechne den Flächeninhalt.

a)

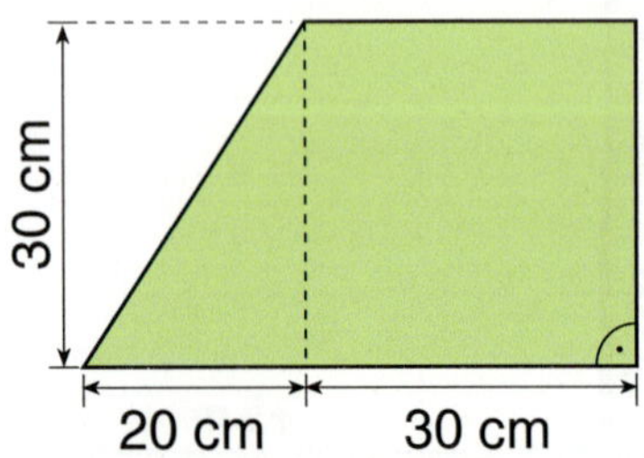

b)

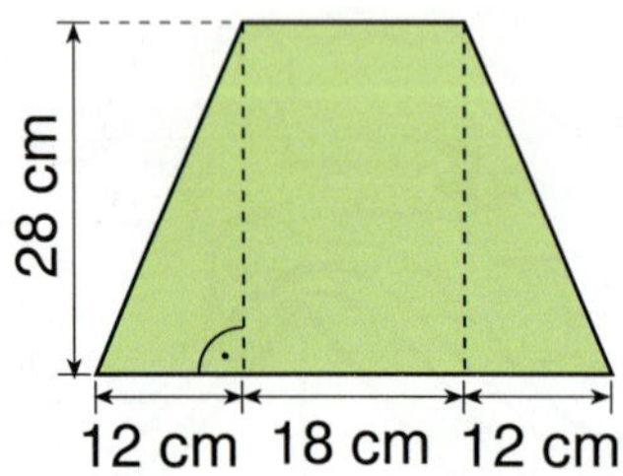

c)

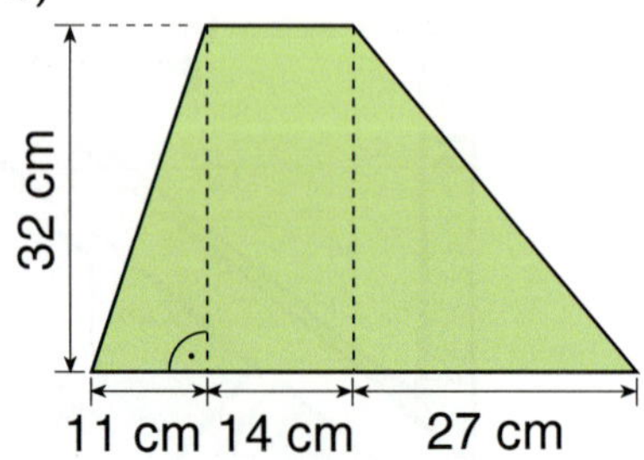

3 Übertrage die Figur in dein Heft.
Zerlege sie in Teilflächen und berechne den Flächeninhalt der Figur.

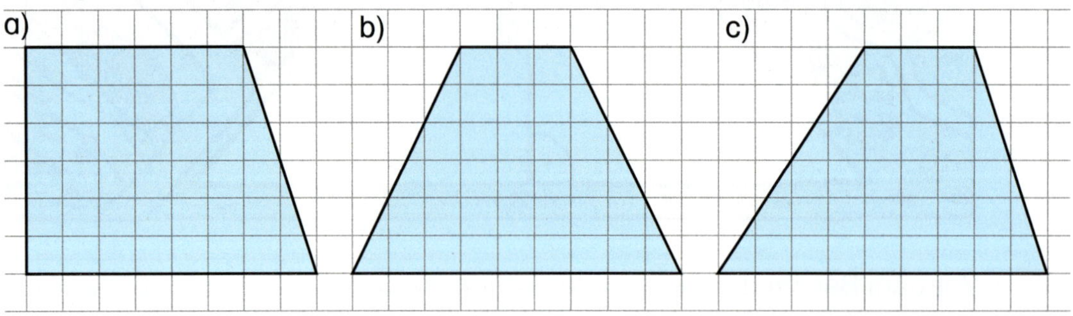

1 Übertrage die Flächen in dein Heft. Berechne Umfang und Flächeninhalt.

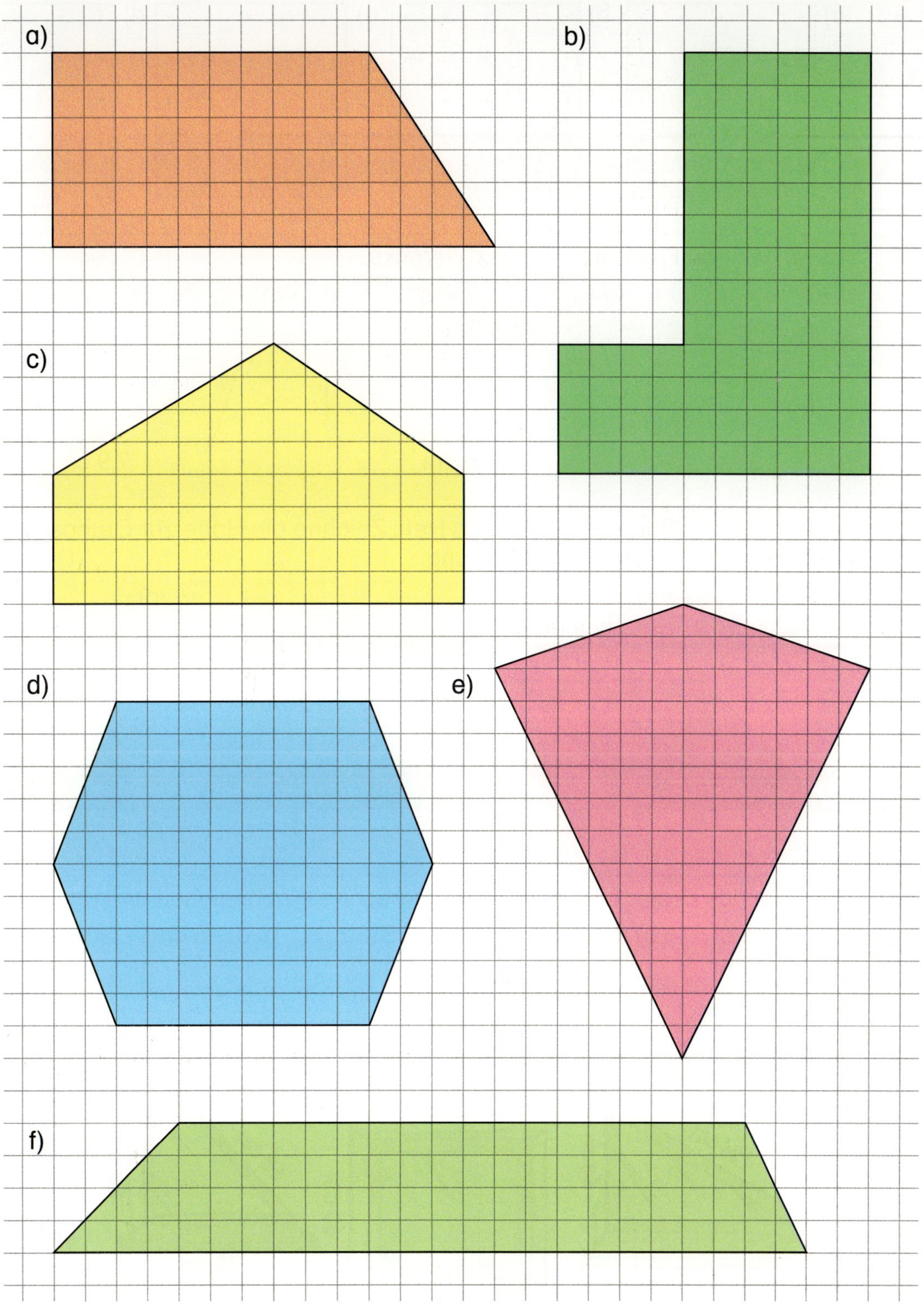

Wiederholen und Üben

1 Spanne die Figur auf dem Geobrett. Notiere Namen und Eigenschaften der Figur.

a) 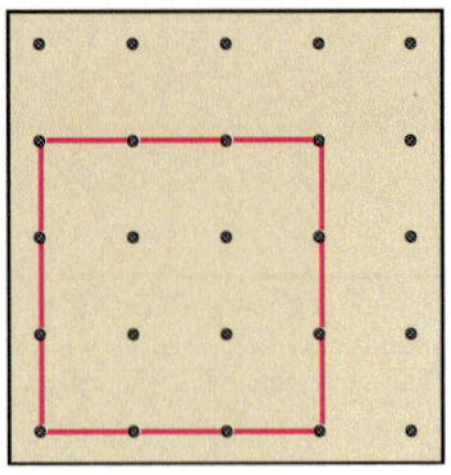 b) 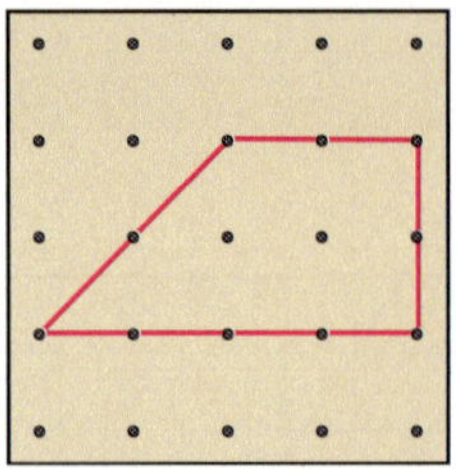 c) 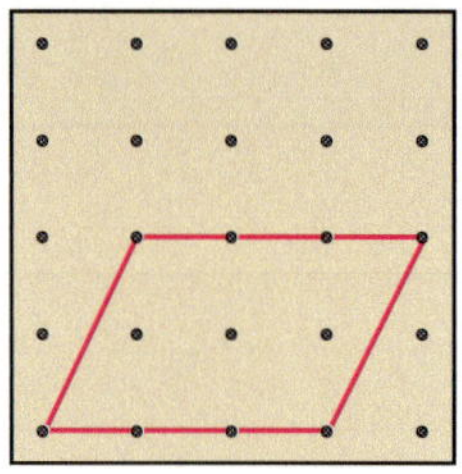 d) 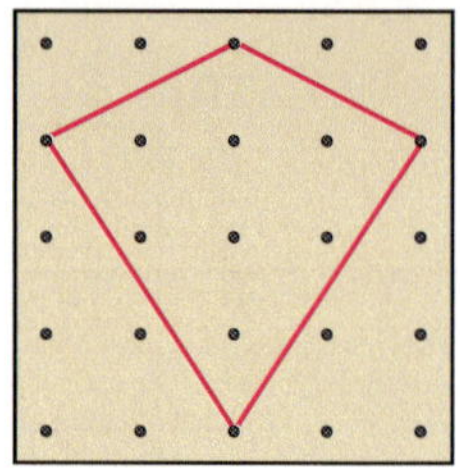

2 Berechne den Flächeninhalt des Vierecks.

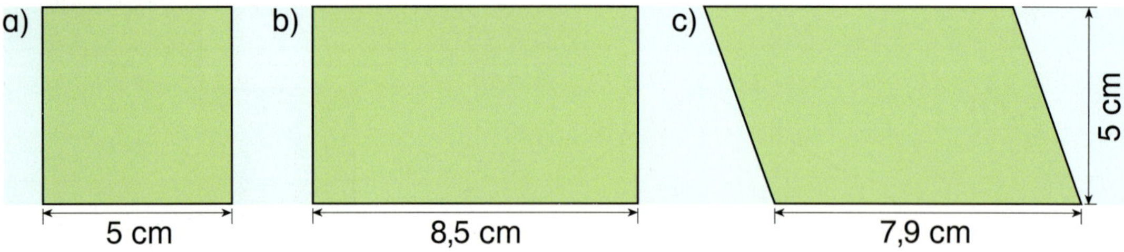

3 Übertrage das Parallelogramm ins Heft. Zeichne die Höhe zur Grundseite ein. Berechne Flächeninhalt und Umfang.

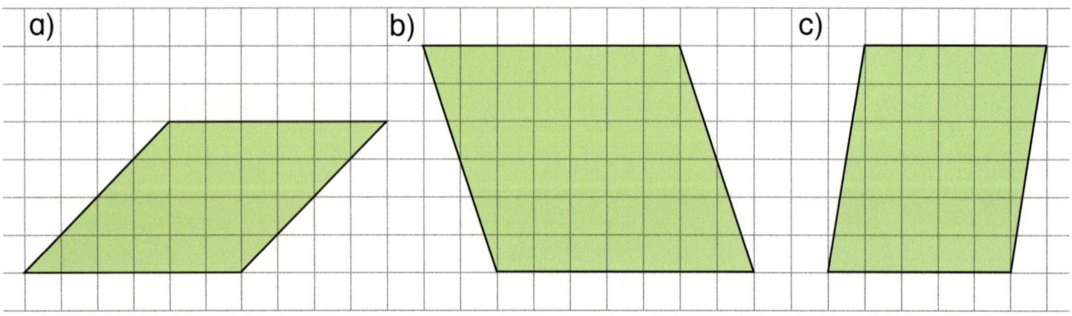

4 Zeichne das Dreieck mit dem Zirkel. Berechne Flächeninhalt und Umfang.

a) a = 4 cm	b) a = 6 cm	c) a = 5 cm	d) a = 6 cm	e) a = 4 cm
b = 5 cm	b = 7 cm	b = 6 cm	b = 4,8 cm	b = 7,8 cm
c = 6 cm	c = 8 cm	c = 8 cm	c = 7 cm	c = 6 cm

5 Berechne Flächeninhalt und Umfang der Fenster.

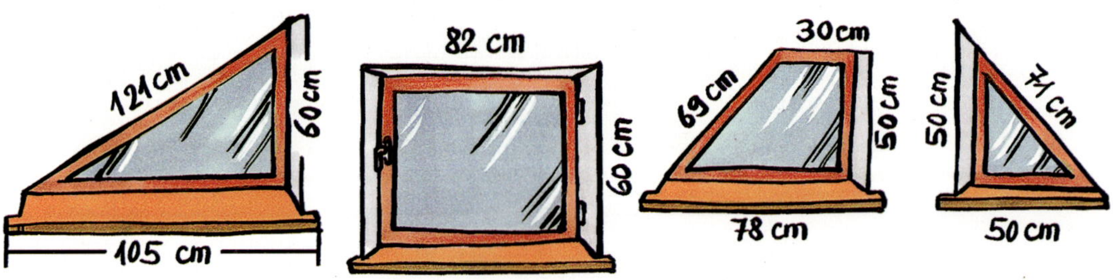

Alles paletti

1

a) 500 000 + ☐ = 1 000 000
700 000 + ☐ = 1 000 000
200 000 + ☐ = 1 000 000
100 000 + ☐ = 1 000 000

b) 250 000 + ☐ = 1 000 000
750 000 + ☐ = 1 000 000
870 000 + ☐ = 1 000 000
490 000 + ☐ = 1 000 000

2

a)	23 500	62 050	56 786	167 542	122 987	210 078	·	4
b)	43 500	64 158	156 346	168 849	189 027	87 668	·	5
c)	28 000	98 150	75 738	267 542	324 659	147 083	·	3
d)	5 100	26 000	37 000	18 300	29 473	37 037	·	27

3 Zeichne die Dreiecke.

a) a = 3 cm, b = 5 cm, c = 6 cm
b) a = 5,5 cm, b = 6,0 cm, c = 8,5 cm
c) c = 5 cm, α = 40°, β = 75°
d) c = 5,5 cm, α = 20°, β = 100°
e) b = 4 cm, c = 6 cm, α = 60°

4 Familie Werner zieht in eine neue Wohnung ein.

a) Berechne die Fläche jedes Zimmers. Die Maße sind in m angegeben.

b) Berechne die Fläche der Wohnung.

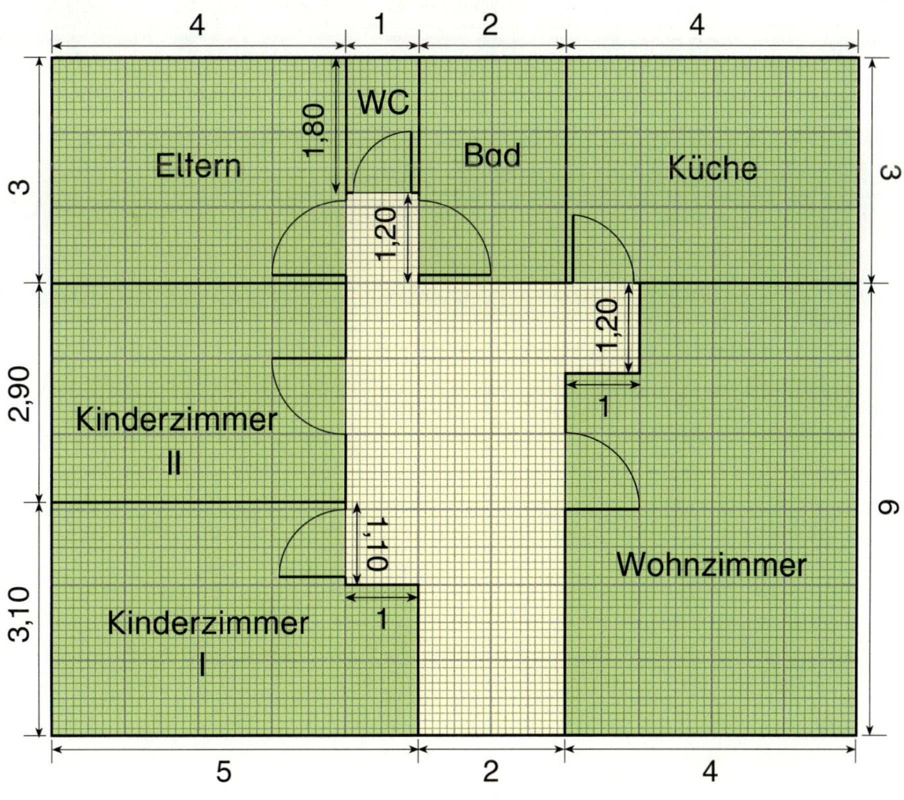

Alles paletti

1 Wer hat die billigsten CD-Rohlinge gekauft?

2 Drei Freunde kaufen zusammen eine Großpackung mit 12 Videokassetten. Sie zahlen dafür 24,60 €.

a) Wie viel € muss jeder bezahlen?

b) Wie viel € kostet eine Videokassette?

3 Die Gemeinde Sachsenheim plant eine neue Sporthalle. Vergleiche die Angebote. Welches ist das günstigste?

Angebot	A	B	C	D
Rohbau	330 675 €	460 785 €	346 750 €	426 654 €
Innenausbau	289 763 €	235 670 €	275 320 €	253 459 €
Grünanlage	68 900 €	103 225 €	78 465 €	88 547 €

4 Eine Bank führt zur Eröffnung der Halle einen Laufwettbewerb durch. Sie zahlt für jeden gelaufenen Kilometer 60 Cent. Wie viel € kommen zusammen, wenn insgesamt 4 670 km gelaufen werden?

5

a)	43 500	4 150	56 345	366 840	789 025	587 605	:	5
b)	2 240	8 666	63 252	930 139	233 331	864 192	:	7
c)	330 000	180 000	279 360	405 030	807 510	987 630	:	30

6

a) $\frac{3}{8} + \frac{4}{8}$ b) $\frac{2}{7} + \frac{4}{7}$ c) $\frac{1}{4} + \frac{3}{8}$ d) $1\frac{2}{4} + \frac{1}{8}$ e) $\frac{5}{8} - \frac{2}{8}$ f) $2\frac{5}{6} - \frac{2}{3}$

$\frac{2}{9} + \frac{6}{9}$ $\frac{3}{10} + \frac{6}{10}$ $\frac{2}{3} + \frac{2}{9}$ $1\frac{1}{9} + \frac{1}{3}$ $\frac{6}{8} - \frac{1}{4}$ $1\frac{1}{4} - \frac{5}{8}$

7

a) $2 \cdot \frac{1}{4}$ b) $2 \cdot \frac{1}{7}$ c) $3 \cdot \frac{4}{5}$ d) $\frac{7}{9} \cdot 2$ e) $\frac{3}{8} \cdot 4$ f) $\frac{4}{6} : 2$

$3 \cdot \frac{2}{3}$ $4 \cdot \frac{5}{8}$ $7 \cdot \frac{5}{7}$ $\frac{3}{4} \cdot 7$ $\frac{5}{6} \cdot 3$ $\frac{6}{8} : 3$

Proportionale Zuordnungen

Ware-Preis-Tabellen

1 Damit der Verkauf beim Schulfest schneller geht, haben Bettina und Jan die Preise in Tabellen eingetragen.
Übertrage die Tabellen in dein Heft. Ergänze sie bis 10 Stück.

a) **Brezeln**

Stück	€
1	0,50
2	1,00
3	1,50
4	2,00

b) **Waffeln**

Stück	€
1	0,30
2	0,60
3	0,90
4	1,20

c) **Pizza**

Stück	€
1	0,70
2	1,40
3	2,10
4	2,80

2 Zeichne die Tabelle in dein Heft. Trage die Preise ein bis 10 Stück.

a) **Müsliriegel**

Stück	€
1	0,45

b) **Quarkspeise**

Schalen	€
1	0,80

c) **Mixgetränk**

Becher	€
1	0,55

3 Schreibe ab und ergänze die fehlenden Werte.

a) **Limo**

	Becher	€	
· 2 ↓	2	0,40	↓ · 2
	4		

b) **Kiwis**

	Stück	€	
· 2 ↓	3	0,90	↓ · 2
	6		

c) **Apfelsinen**

	Stück	€	
· 3 ↓	4	1,60	↓ · 3
	12		

d) **Brötchen**

	Stück	€	
↓	2	0,60	↓
	12		

e) **Jogurt**

	Becher	€	
↓	4	2,10	↓
	20		

f) **Vitaminsaft**

	Liter	€	
↓	3	6,30	↓
	12		

4 Schreibe ab und ergänze die fehlenden Werte.

a) **Farbe**

	Liter	€	
: 2 ↓	4	12	↓ : 2
	2		

b) **Teppichboden**

	m^2	€	
: 3 ↓	6	18	↓ : 3
	2		

c) **Vorhangstoff**

	m	€	
: 2 ↓	6	36	↓ : 2
	3		

d) **Holzbalken**

	Stück	€	
↓	10	40	↓
	2		

e) **Draht**

	m	€	
↓	9	18	↓
	3		

f) **Fliesen**

	m^2	€	
↓	8	120	↓
	2		

1 Herr Ortlepp kauft 2 kg Äpfel. Wie viel € muss er bezahlen?

2 Frau Bergmann kauft 3 kg Birnen und 500 g Himbeeren.
Wie viel € zahlt Frau Bergmann?

3 Für eine Tomatensoße braucht Paulina 2 kg Tomaten.

a) Wie viele 500-g-Netze braucht sie?

b) Wie viel € bezahlt Paulina für die Tomaten?

4 Schreibe ab und ergänze die fehlenden Werte.

a) Himbeeren

	g	€	
· 2 ↓	250	1,70	↓ · 2
	500		

b) Erdbeeren

	g	€	
↓	250	1,10	↓
	750		

c) Stachelbeeren

	g	€	
↓	200	1,30	↓
	800		

d) Schafskäse

	g	€	
: 3 ↓	300	5,40	↓ : 3
	100		

e) Ziegenkäse

	g	€	
↓	400	8,40	↓
	200		

f) Schweizer Käse

	g	€	
↓	600	7,80	↓
	200		

5 Wie viel € zahlen die Kunden?

Julia kauft 400 g.

Frau Alt kauft 300 g.

Herr Seib kauft 500 g.

Dreisatz

1 Drei Mohnbrötchen kosten 1,20 €.
Wie teuer sind 5 Mohnbrötchen?

Mohnbrötchen

	Stück	€	
: 3 ↓	3	1,20	↓ : 3
· 5 ↓	1	0,40	↓ · 5
	5		

2

a) **Roggenbrötchen**

	Stück	€	
: 3 ↓	3	0,90	↓ : 3
· 7 ↓	1		↓
	7		

b) **Vitaminsaft**

	l	€	
↓	2	2,40	↓
↓	1		↓
	5		

c) **Kartoffeln**

	kg	€	
↓	4	3,20	↓
↓	1		↓
	6		

d) **Müsliriegel**

Stück	€
5	3,50
1	
2	

e) **Hefte**

Stück	€
7	2,80
1	
4	

f) **Fahrpreis**

Personen	€
5	12,00
1	
3	

3 Bettina kauft Trockenfutter für Asko.
Für 7 Tage braucht sie 1 400 g Futter.
Wie viel g Trockenfutter braucht sie für 4 Tage?
Ergänze die Tabelle.

Tage	g
7	1 400

4 Berechne mithilfe einer Tabelle immer die Menge für 4 Tage.

a) **Frischfutter**

Tage	g
5	1 500

b) **Leckerli**

Tage	Stück
7	35

c) **Aufbaukalk**

Tage	g
10	60

5 Wie viel g Trockenfutter bekommen die Hunde?

1 Am Morgen fahren Jan und Thomas in 3 Stunden 36 km weit.
Nach der Mittagspause fahren sie im gleichen Tempo noch 2 Stunden.
Wie viel km fahren sie am Nachmittag?

	Std.	km
In 3 Stunden 36 km	3	36
In 1 Stunde …	1	
In 2 Stunden …	2	

2 Sarah fährt mit dem Fahrrad zu ihrer Tante. Für die ersten 6 km braucht sie 30 Minuten. Anschließend fährt sie noch 4 km im gleichen Tempo.
Wie lange ist Sarah noch unterwegs?

3

Wie viel km fährt der Bus nach der Pause?

4 Frau Reimers fährt von Kiel nach Köln. Ihr Auto braucht auf 100 km 6 l Benzin.
Wie viel l Benzin verbraucht das Auto a) für 50 km b) für 550 km?

5 Berechne, wie viel l Benzin für die Fahrstrecke gebraucht werden.

Strecke	100 km	50 km	150 km	200 km	350 km	450 km	550 km
Benzin	8 l						

6 Ein Reisebus kann mit 18 l Dieselkraftstoff eine Strecke von 100 km fahren.
Wie weit kann der Bus mit 9 l Diesel fahren?

7 Berechne, wie weit ein Lkw mit der Kraftstoffmenge fahren kann.

Diesel	24 l	12 l	36 l	48 l	60 l	84 l	120 l
Strecke	100 km						

Preisvergleich

1 Kannst du die Preise der beiden Geschäfte vergleichen?

2 Max kauft 500 g Speisequark bei „Preisbrecher“.
Steffi kauft 200 g bei „Gut und günstig“.
Wer von beiden kauft preiswerter? Berechne jeweils den Preis für 100 g.

3 Vergleiche die Angebote bei „Preisbrecher“ und bei „Gut und günstig“.
Berechne immer den Preis für 100 g.

a) Jogurt b) Schokolade c) Götterspeise d) Traumcreme

4 Wer hat günstiger eingekauft? Berechne immer den Preis für 1 kg.

a)

b)

5 Vergleiche die Angebote. Berechne immer den Preis für 1 kg.

1 Svenja und Hannes kaufen für eine Party ein.
Sie berechnen den Preis für die Spagetti bei beiden Packungsgrößen.
Ergänze die fehlenden Zahlen.

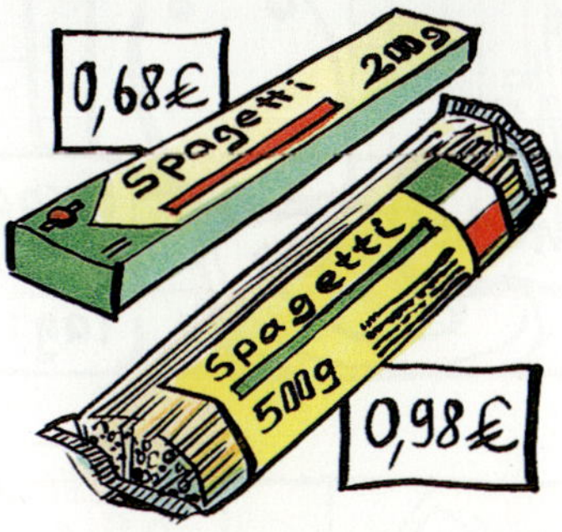

Kleine Packung

g	€
200	0,68
1 000	

Große Packung

g	€
500	0,98
1 000	

2 Berechne immer die Preise für beide Angebote.

3 Die Mengen sind gleich, die Preise sind verschieden. Berechne jeweils den Preis.

4 Eier im Sechserpack kosten 0,96 €.
In der Zehnerpackung kosten Eier derselben Sorte 1,40 €.
Wie teuer ist jeweils ein Ei?

5 Berechne immer den Preis für ein Stück.

Bleistifte	
6er Pack	3,36 €
5er Pack	2,45 €

Klebefilmrollen	
8er Pack	3,92 €
6er Pack	3,06 €

Textmarker	
4er Pack	5,68 €
6er Pack	8,34 €

Wasser sparen im Haushalt

Vermischte Übungen

1 Auf der Autobahn stehen in einem Stau von 1 km Länge ungefähr 120 Fahrzeuge.
Wie viele Fahrzeuge stehen im Stau vor dem Elbtunnel?

2 Ein LKW fährt am Vormittag in 3 Stunden auf der Autobahn 195 km weit. Nach der Mittagspause fährt der LKW noch 4 Stunden im gleichen Tempo weiter.
Wie viel km legt der LKW am Nachmittag zurück?

3 Übertrage die Tabelle ins Heft. Ergänze die Zahl der Herzschläge.

Herzschläge	in 1 min	in 1 h	an einem Tag
Erwachsene	60		
Kinder	100		

4 Herr Hamann kauft 300 g Käse für 4,29 €.
Frau Rahlfs kauft 500 g derselben Sorte.
Wieviel € zahlt Frau Rahlfs für den Käse?

5 Schreibe die Zutatenliste für 6 Personen in dein Heft.

Quarkspeise für 4 Personen
500 g Sahnequark
80 g Zucker
200 g Himbeeren

Bananenmilchmix für 2 Personen
150 g Jogurt
1 Banane
$\frac{1}{2}$ *l* Milch
1 Teelöffel Zucker

Kartoffelauflauf mit Champignons für 4 Personen
1000 g Kartoffeln
400 g Champignons
1 Zwiebel
1 Esslöffel Öl

6 Für eine Fahrt mit dem Taxi in einer Großstadt zahlt man 1,20 € für jeden gefahrenen km und eine Grundgebühr von 1,80 €.
Frau Graumann fährt mit dem Taxi zum 5 km entfernten Bahnhof.
Wie viel € muss sie bezahlen?

7 Berechne die Kosten für die Taxifahrten.

Frau Janssen
Zum Bahnhof
7 km

Herr Ehmke
Zum Arzt
3 km

Frau Schlüter
Zum Flughafen
14 km

Taxigebühren in Neustadt
Grundgebühr: 1,80 €
Je gefahrenen km: 1,20 €

Wiederholen und Üben

1 Übertrage die Tabelle in dein Heft. Trage die Preise ein bis 10 Stück.

a) Vollkornbrötchen

Stück	€
1	0,40

b) Streuselkuchen

Stück	€
1	0,70

c) Apfeltaschen

Stück	€
1	0,90

2 Übertrage ins Heft. Ergänze die fehlenden Werte.

a) Zement

Säcke	€
2	5,10
4	

b) Kantsteine

Stück	€
5	8,30
15	

c) Betonplatten

Stück	€
2	3,20
8	

d) Tapete

Rollen	€
6	33,60
2	

e) Teppichboden

m^2	€
6	24,60
3	

f) Wandfliesen

m^2	€
10	150,50
2	

3 Ein Windrad macht in 10 Sekunden 4 Umdrehungen.

a) Wie viele Umdrehungen macht das Windrad in einer Minute?

b) Wie viele Umdrehungen macht das Windrad in einer Stunde?

4 Bestimme die fehlenden Werte.

a) Holzleisten

m	€
3	2,70
1	
5	

b) Wandfarbe

l	€
9	36,45
1	
14	

c) Vorhangstoff

m	€
5	83,40
1	
9	

5 Frau Gabler und ihre Nachbarin wollen Erdbeermarmelade kochen.
Frau Gabler kauft 12 kg Erdbeeren für 36 €. Die Nachbarin kauft 5 kg.
Wie viel € zahlt die Nachbarin für die Erdbeeren?

6 Berechne immer den Preis für 1 kg.

7 Ein Pkw verbraucht auf 300 km 21 l Benzin. Dieses Auto fährt 700 km von Kiel nach Mannheim.
Wie viel l verbraucht das Auto?

Prozentrechnung

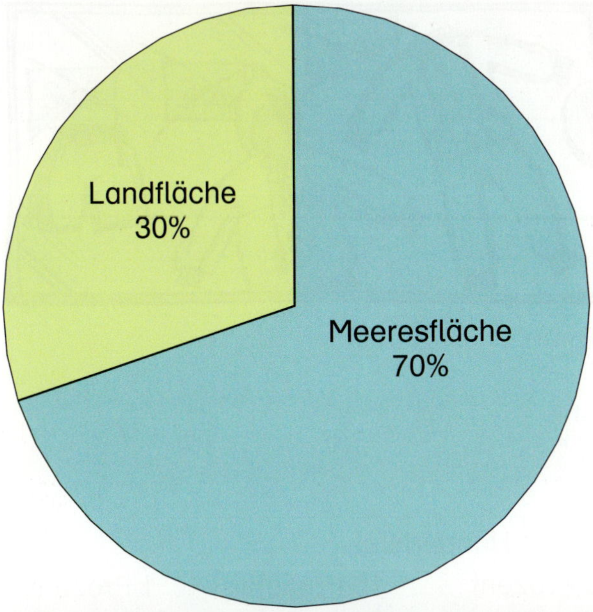

Prozentsätze und Brüche

1

Berechne die neuen Preise für die Waren.

Prozent bedeutet Hundertstel.
Das Zeichen für Prozent ist %.

$3\% = \frac{3}{100}$ $\frac{17}{100} = 17\%$

2 Schreibe mit dem Prozentzeichen und als Hundertstel.

7 Prozent 100 Prozent 50 Prozent 10 Prozent 1 Prozent

3 In den Hunderterfeldern ist der Wassergehalt von Nahrungsmitteln dargestellt. Welcher Bruchteil ist gefärbt?

a) 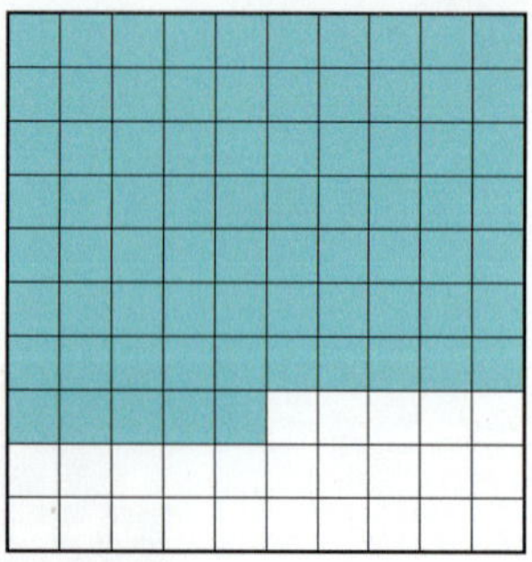 b) 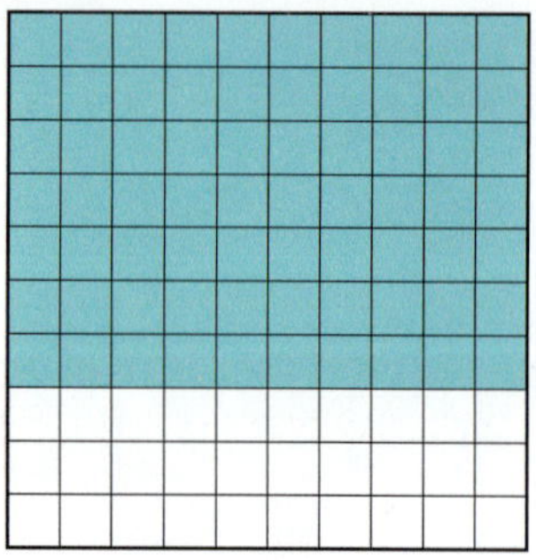 c) 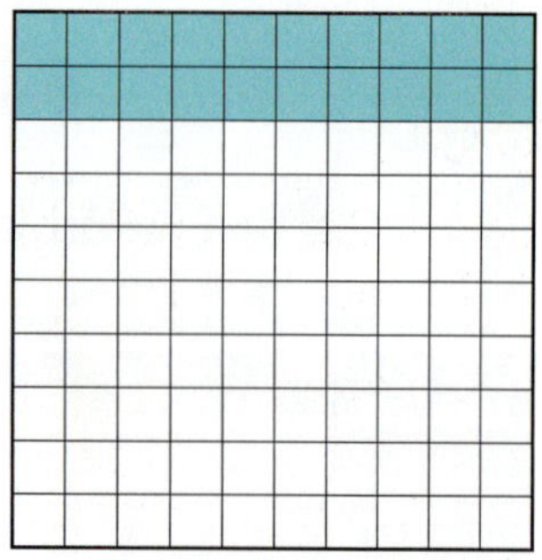

Kartoffeln: $75\% = \frac{\square}{100}$ Rindfleisch: $70\% = \frac{\square}{100}$ Bananen: $20\% = \frac{\square}{100}$

4 Gib als Hundertstelbruch und in Prozent an.

a) 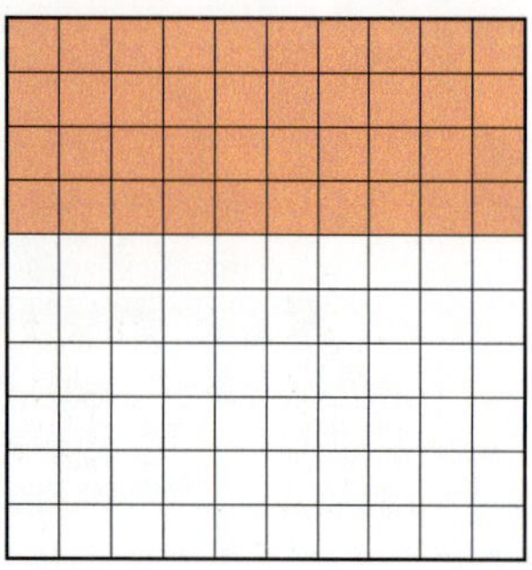 b) 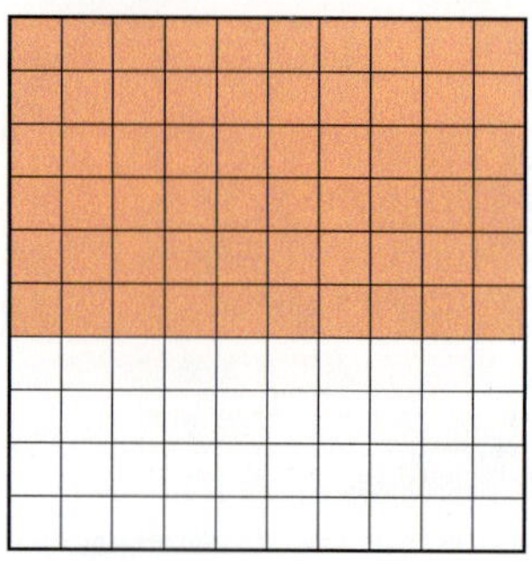 c) 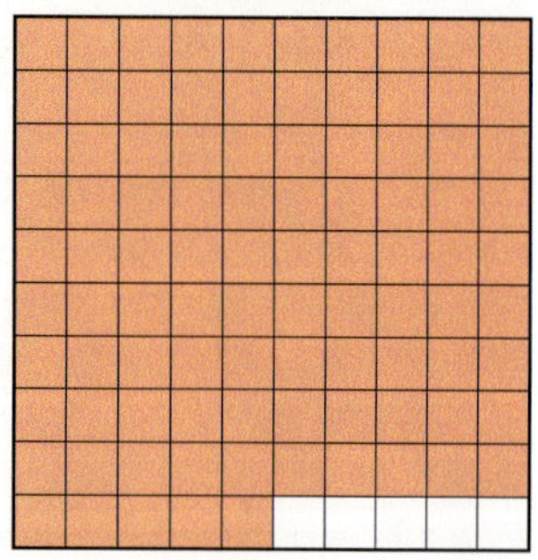

5 Zeichne jeweils ein Hunderterfeld. Färbe: a) 80% b) 30% c) 25% d) 65% e) 85%

Darstellen von Prozentsätzen

1

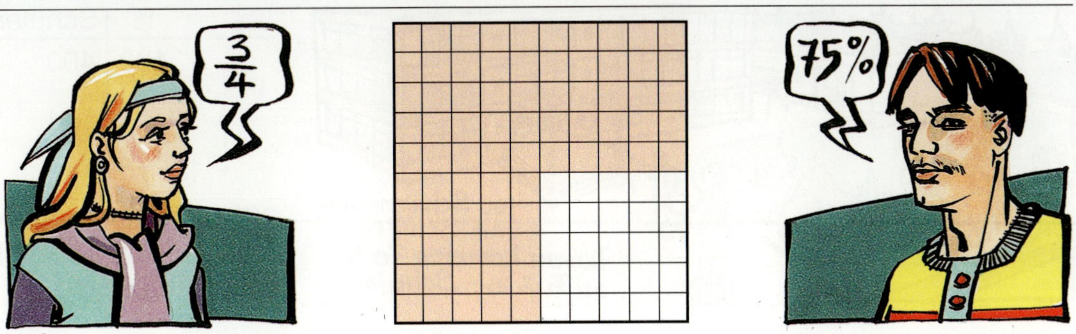

Haben beide Recht?

2 Zeichne jeweils ein Hunderterfeld auf Karopapier. Färbe den Bruchteil.

a) $\frac{1}{2}$ $\frac{1}{4}$ $\frac{1}{10}$ $\frac{1}{5}$ $\frac{1}{100}$ b) $\frac{3}{10}$ $\frac{9}{10}$ $\frac{3}{4}$ $\frac{4}{5}$ $\frac{34}{100}$

3 Schreibe zu jedem Bruch aus Aufgabe 2 den Prozentsatz auf. Verwende die Hunderterfelder.

$\frac{1}{2} = 50\%$

$\frac{1}{2}$ **= 50%** $\frac{1}{10}$ **= 10%** $\frac{1}{4}$ **= 25%** $\frac{1}{5}$ **= 20%**

4 Gib den gefärbten Teil als Bruchteil und in Prozent an.

a) 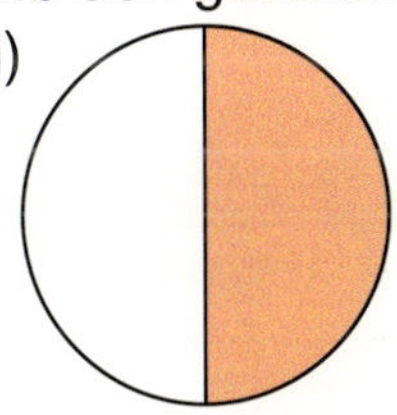

b) 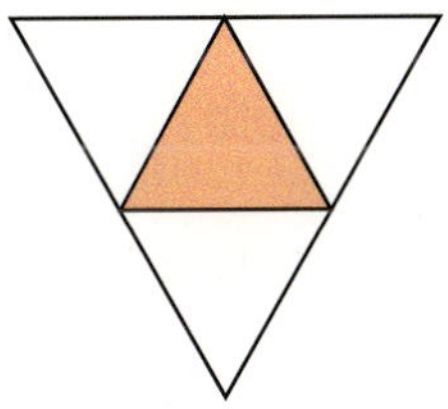

c) 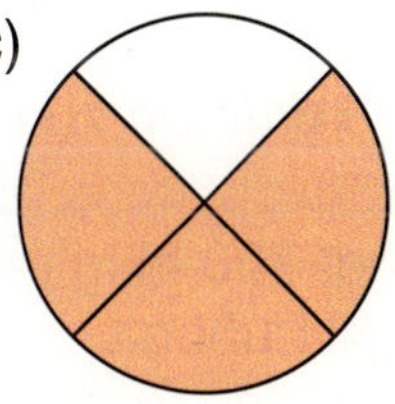

d) 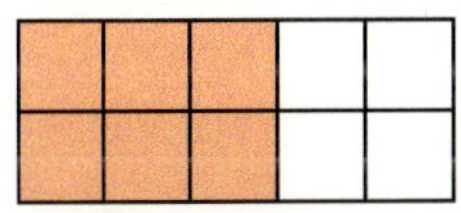

f) 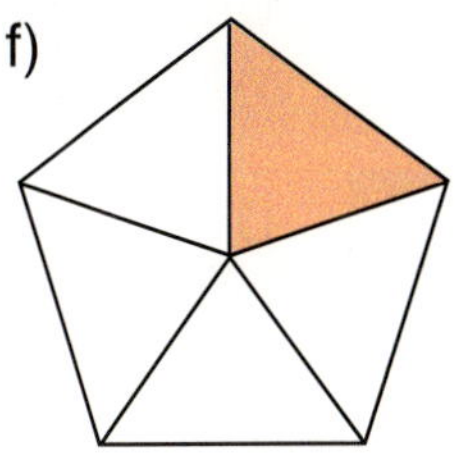

e) 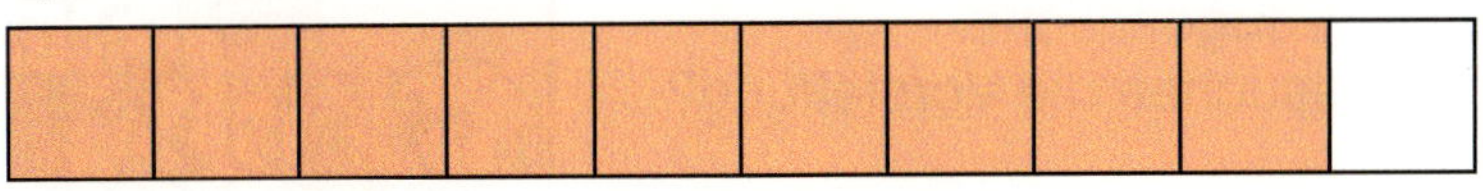

5 Schreibe als Bruch und in Prozent.

a) 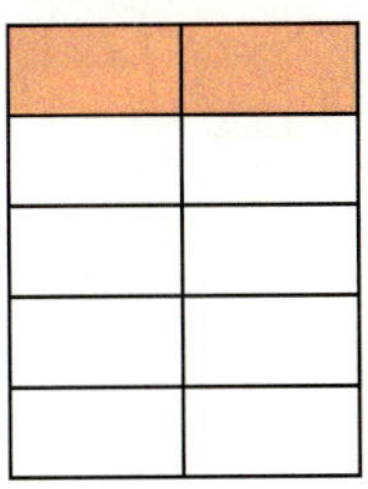

b) 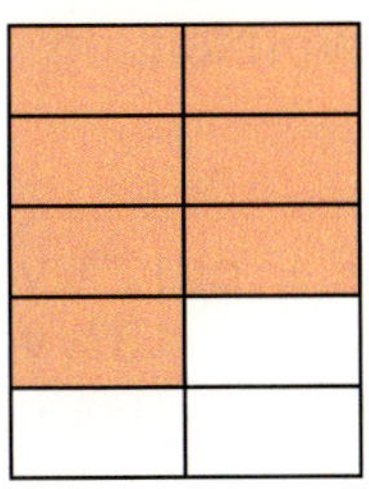

c) 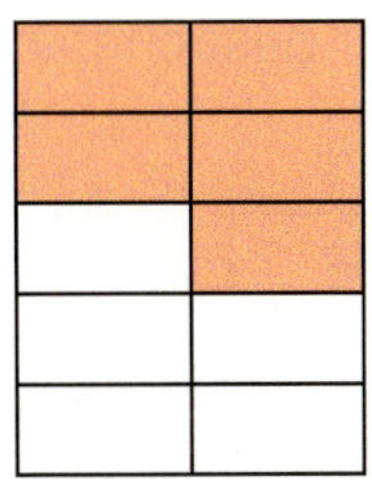

d) 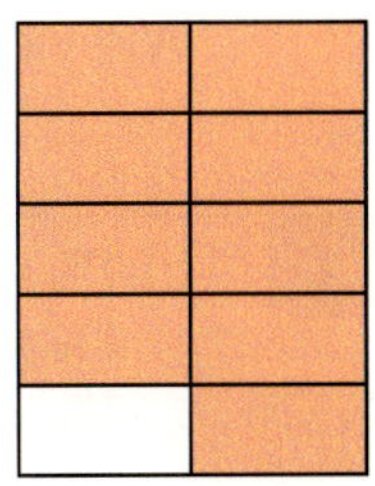

Berechnen des Prozentwertes

	%	Schüler	
	100	400	
: 100 ↓	1	4	↓ : 100
· 70 ↓	70	280	↓ · 70

280 Schülerinnen und Schüler kommen zu Fuß zur Schule.

%	Schüler
100	400

100% sind 400 Schüler.

	%	Schüler	
	100	400	
: 100 ↓	1	4	↓ : 100

1% sind 4 Schüler.

	%	Schüler	
	100	400	
: 100 ↓	1	4	↓ : 100
· 70 ↓	70	280	↓ · 70

70% sind 280 Schüler.

1 Bei einer Verkehrskontrolle werden 500 Fahrräder überprüft.
Davon sind nur 30% ohne Mängel.
Wie viele Fahrräder sind ohne Mängel?

2 Die Tal-Schule hat 200 Schüler.
Davon kommen 80% zu Fuß zur Schule.
Wie viele Schüler kommen zu Fuß zur Schule?

3 Der Sportverein hat 700 Mitglieder.
Davon spielen 60% Fußball.
Wie viele Mitglieder des Sportvereins spielen Fußball?

4 Die Kinovorstellung wird von 300 Zuschauern besucht. Davon sind 15% Jugendliche.
Wie viele Jugendliche besuchen die Vorstellung?

5 Die Zirkusvorstellung hat 900 Besucher.
Davon sind 40% Kinder.
Wie viele Kinder besuchen die Zirkusvorstellung?

6

a)	b)	c)	d)
1% von 400 €	10% von 200 €	12% von 500 kg	22% von 300 m
1% von 800 €	10% von 600 €	13% von 200 kg	23% von 200 m
1% von 500 €	20% von 700 €	16% von 400 kg	21% von 400 m
1% von 900 €	60% von 800 €	11% von 600 kg	34% von 200 m

1 Berechne die Anzahlung für die Möbelstücke.

2 a) 3% von 120 €
5% von 210 €
7% von 110 €
4% von 220 €

b) 10% von 560 €
10% von 470 €
20% von 830 €
20% von 710 €

c) 30% von 260 €
40% von 730 €
70% von 280 €
90% von 320 €

d) 28% von 750 €
34% von 480 €
53% von 860 €
87% von 980 €

3 Frau Töpfer richtet ihr Büro neu ein. Sie kauft Möbel für 2470 €.
Die Anzahlung beträgt 35% des Kaufpreises.
Wie viel € muss Frau Töpfer anzahlen?

4 Eine Waschmaschine kostete ursprünglich 630 €.
Wegen eines Lackschadens wird der Preis auf 87% des alten Preises herabgesetzt.
Wie teuer ist die Waschmaschine nun?

5

Schrank	Sessel	Tisch	Stuhl	Regal
670 €	140 €	375 €	98 €	83 €

Im Räumungsverkauf werden alle Preise um 45% ermäßigt.
a) Wie viel € beträgt die Ermäßigung für jedes Möbelstück?
b) Berechne für jedes Möbelstück den neuen Preis.

6 a) 4% von 280 m
8% von 340 m
9% von 630 m
5% von 270 m

b) 20% von 650 m
34% von 260 m
93% von 780 m
68% von 570 m

c) 23% von 1200 m
38% von 1700 m
87% von 4800 m
96% von 2500 m

d) 4% von 239 m
17% von 448 m
39% von 557 m
82% von 753 m

Mathewerkstatt: Prozentspiele

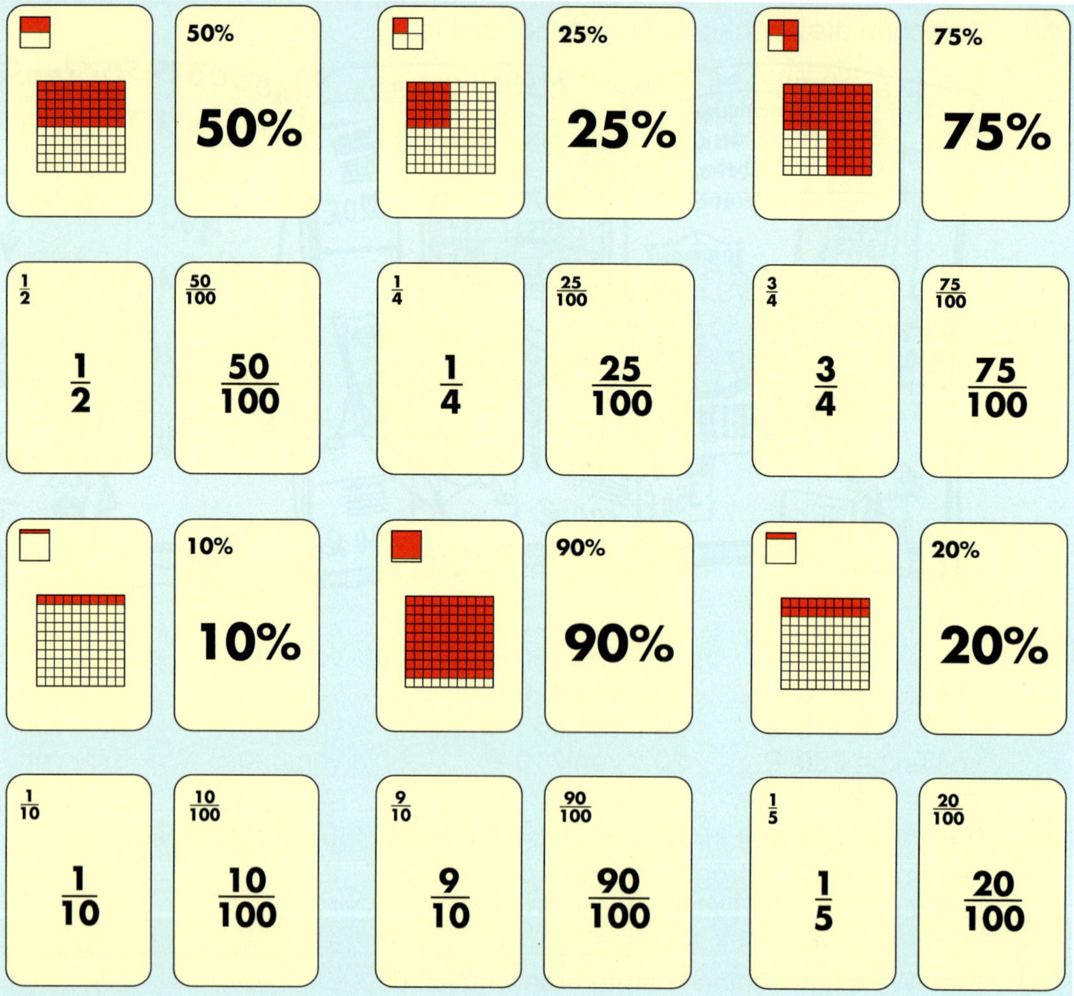

Vorbereitung: Die Karten aufgedeckt hinlegen
Immer vier Karten, die zueinander gehören, zusammenlegen

Bei den Spielen sollt ihr immer Kartenpaare finden.

Schwarzer Peter

- Ein Karte verdeckt aus dem Spiel nehmen und beiseite legen.
- Die übrigen Karten mischen und an 4 Spieler verteilen (drei Spieler bekommen 6 Karten, wer austeilt, bekommt 5 Karten).
- Wer ein Kartenpaar hat, legt es heraus, die Mitspieler prüfen nach.
- Reihum jeweils vom rechten Nachbarn eine Karte ziehen. Passt die gezogene Karte zu einer Karte auf der Hand, wird dieses Kartenpaar abgelegt.
- Wer am Schluss die letzte Karte hat, ist Schwarzer Peter.

Memory

Wie beim Memory, das ihr kennt, sammelt ihr Kartenpaare.

1 So könnt ihr die 24 Karten herstellen:
Ihr braucht 3 Blatt Karton.

Durch Falten und Halbieren erhaltet ihr aus jedem Blatt 8 Karten.

Nun habt ihr 24 rechteckige Karten.

So stellt ihr die Karten fertig:
Immer 4 Karten gehören zusammen.
Auf eine Karte klebt ihr das eingefärbte Hunderterfeld, auf die 3 anderen schreibt ihr den gefärbten Anteil als Bruch, in Prozent und als Hundertstelbruch. Wenn ihr die Angaben in der linken oberen Ecke klein wiederholt, könnt ihr die Karten wie beim richtigen Kartenspiel in der Hand halten.

2 Hier seht ihr immer nur eine von 4 zusammengehörigen Karten.
Welches sind jeweils die 3 fehlenden Karten?

a) 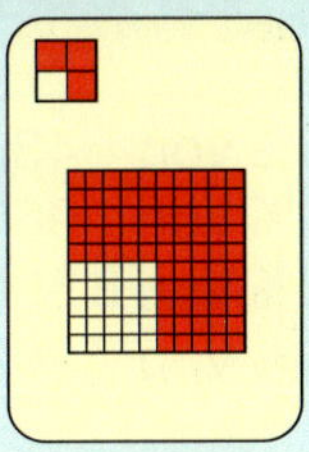

b) 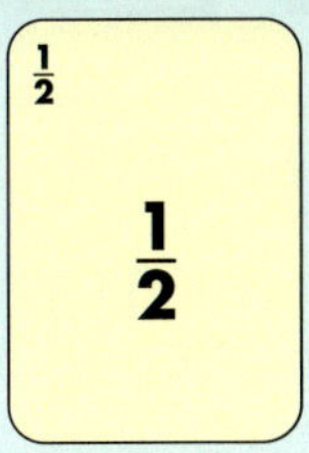

c) 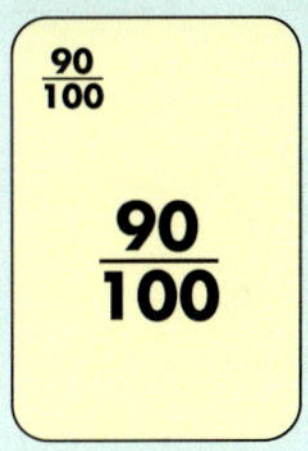

d) 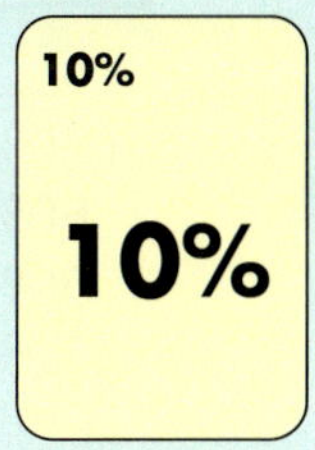

e) 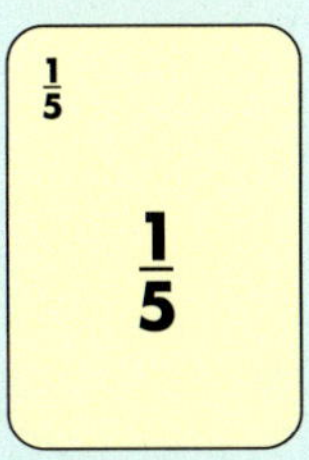

f) 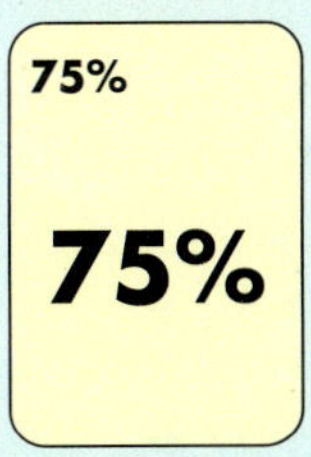

g) 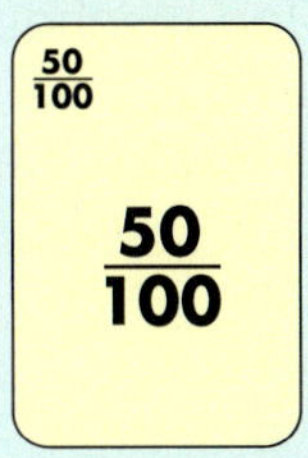

h) 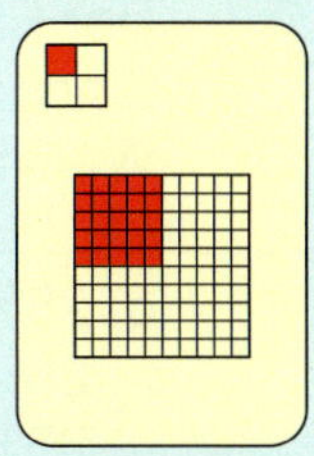

Vorteilhaftes Rechnen

1 Im Park wird ein Gehweg von 600 m Länge mit Platten belegt.
50% des Weges sind schon fertiggestellt.
Wie viel m Weg sind fertig?

2

a)	b)	c)
50% von 400 m	25% von 400 kg	10% von 500 €
50% von 900 m	25% von 800 kg	10% von 700 €
50% von 6 000 m	25% von 2 000 kg	10% von 3 000 €
50% von 7 000 m	25% von 8 000 kg	10% von 7 000 €

3 Die Anzahlung beträgt 25% des Reisepreises.
Wie viel € müssen angezahlt werden?

4

a)	b)	c)
50% von 860 €	25% von 160 kg	10% von 430 m
50% von 640 €	25% von 200 kg	10% von 960 m
50% von 4 200 €	25% von 4 400 kg	10% von 8 500 m
50% von 6 800 €	25% von 8 800 kg	10% von 7 200 m

5 Der Eintritt zur Gartenschau beträgt 4,80 €.
Kinder zahlen nur 25% des Normalpreises.
Wie viel € kostet der Eintritt für ein Kind?

6

a)	b)	c)
25% von 8,40 €	10% von 32 €	50% von 2,60 €
25% von 2,40 €	10% von 73 €	50% von 6,80 €
25% von 3,60 €	10% von 27 €	50% von 1,20 €
25% von 2,00 €	10% von 49 €	50% von 5,00 €

Preissenkung – Preiserhöhung

1 a) Berechne für jedes Gerät die Preissenkung in €.

b) Berechne die neuen Preise für die Geräte.

Computer

a)

	%	€	
: 100 ↓	100	795	↓ : 100
	1	7,95	
· 30 ↓	30	238,50	↓ · 30

Die Preissenkung beträgt 238,50 €.

b) Alter Preis: 795,00 €
Preissenkung: –238,50 €
Neuer Preis: ☐ €

Der neue Preis beträgt ☐ €.

2 Frau Starke verdient monatlich 1 850 €.
Für Steuer und Versicherung werden ihr 27% des Verdienstes abgezogen.

a) Berechne den Abzug in €.

b) Wie viel € bekommt Frau Starke monatlich ausgezahlt?

3 a) Berechne für jedes Modell die Preiserhöhung in €.

b) Berechne die neuen Preise für die Autos.

Kleinwagen

a)

	%	€	
: 100 ↓	100	9 800	↓ : 100
	1	98	
· 4 ↓	4	392	↓ · 4

Die Preiserhöhung beträgt 392 €.

b) Alter Preis: 9 800 €
Preiserhöhung: + 392 €
Neuer Preis: ☐ €

Der neue Preis beträgt ☐ €.

4 Familie Marek hat im letzten Jahr für 475 € Strom verbraucht.
In diesem Jahr liegt der Verbrauch um 12% höher.

a) Um wie viel € ist die Rechnung in diesem Jahr höher?

b) Wie hoch ist die Stromrechnung in diesem Jahr?

Gesunde Ernährung

Aktuelle Befragung ergab:

Jugendliche immer gesundheitsbewusster

Wie eine Befragung von 4000 Jugendlichen im Alter von 12 bis 19 Jahren ergab, steht die gesunde Ernährung bei der heutigen Jugend hoch im Kurs. Die meisten jungen Leute achten auf ausgewogene Ernährung mit vielen Vitaminen. Gemüse, Obst und Fruchtsäfte sind bei der heutigen jungen Generation so beliebt wie nie zuvor.
Die wichtigsten Ergebnisse:

50% der Befragten essen regelmäßig Obst oder Gemüse.

78% der Befragten trinken lieber Obstsäfte als Limonade oder Cola.

65% der Befragten essen regelmäßig Vollkornbrot.

1 a) Wie viele der befragten Jugendlichen essen regelmäßig Obst oder Gemüse?
b) Wie viele der befragten Jugendlichen bevorzugen Obstsäfte?
c) Wie viele der befragten Jugendlichen essen regelmäßig Vollkornbrot?

2 Vor 20 Jahren ergab sich ein ganz anderes Bild.
Damals wurden 2000 Jugendliche befragt.

Frage	Ja	Nein
Isst du regelmäßig Obst oder Gemüse?	27%	73%
Trinkst du lieber Obstsaft als Limonade oder Cola?	42%	58%
Isst du regelmäßig Vollkornbrot?	36%	64%

a) Wie viele der 2000 befragten Jugendlichen antworteten jeweils mit Ja?
b) Wie viele der 2000 befragten Jugendlichen antworteten jeweils mit Nein?

3 Eine Reporterin befragte in einer Schule Jugendliche nach ihren Pausensnacks:

Müsliriegel	21%	Joghurt	15%
Banane	28%	Apfel	12%
Schokolade	17%	belegtes Brot	7%

Wie viele der 300 Befragten greifen zu den einzelnen Pausensnacks?

So sollte sich die Nahrung einer erwachsenen Person zusammensetzen:

Täglich sollte man 2 l ungesüßte Flüssigkeit (Mineralwasser, Kräutertee, ...) trinken.
Die Ernährung sollte abwechslungsreich und auf 4–5 Mahlzeiten am Tag verteilt sein.

1 Ein Erwachsener sollte täglich ungefähr 1 600 g Nahrung zu sich nehmen.
Wie viel g entfallen auf die einzelnen Nahrungsmittel?

2 Stimmen die Empfehlungen? Prüfe nach.

Gemüse, Hülsenfrüchte und Salat sollten fast $\frac{1}{4}$ der Nahrungsmenge ausmachen.

Fleisch oder Fisch sollten weniger als $\frac{1}{10}$ der Nahrungsmenge ausmachen.

$\frac{1}{5}$ der täglichen Nahrungsmenge sollte aus Milch oder Milchprodukten bestehen.

3 In der Tabelle steht der durchschnittliche Verbrauch an Nahrungsmitteln pro Person in verschiedenen Jahren.
Wie viel kg sind es jeweils?

	1950	1985	1999
Gesamtmenge	614 kg	630 kg	612 kg
Kartoffeln	29%	12%	12%
Fleisch	6%	16%	15%
Milch, Quark, Jogurt	21%	17%	16%

Wiederholen und Üben

1 Schreibe mit dem Prozentzeichen und als Hundertstel.

4 Prozent 12 Prozent 43 Prozent 84 Prozent 93 Prozent

2 Färbe jeweils in einem Hunderterfeld: a) 10% b) 30% c) 27% d) 59% e) 85%

3 Gib den gefärbten Teil als Bruchteil und in Prozent an.

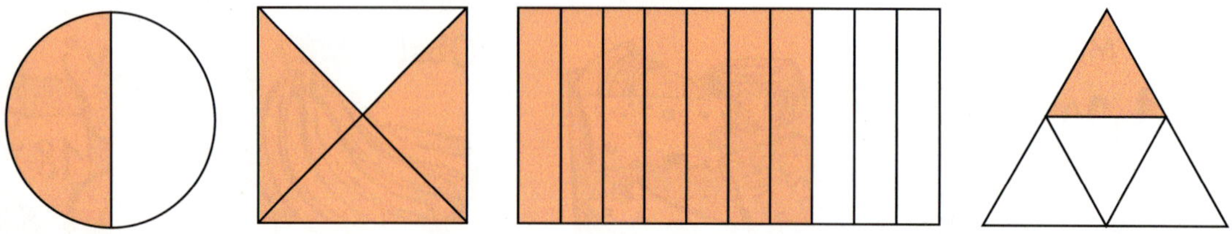

4

a) 7% von 200 €
20% von 600 €
60% von 500 €

b) 8% von 20 m
17% von 50 m
73% von 90 m

c) 6% von 1 600 kg
28% von 1 250 kg
64% von 1 230 kg

5

a) 10% von 30 €
10% von 75 €
10% von 347 €

b) 50% von 68 kg
50% von 36 kg
50% von 52 kg

c) 25% von 360 m
25% von 840 m
25% von 2 400 m

6 Wie viel g Wasser sind in 500 g der Nahrungsmittel enthalten?

Wassergehalt: Hülsenfrüchte 18% Fleisch 72% Brot 41%
Obst 88% Milch: 86%

7 Der Wertverlust eines Mittelklassewagens beträgt in den ersten 3 Jahren ungefähr 28% des Neupreises.

a) Berechne für jedes Fahrzeug den Wertverlust in €.

b) Berechne für jedes Modell den Wert nach 3 Jahren.

Neupreise
Modell A: 12 500 €
Modell B: 11 800 €
Modell C: 13 450 €

8 Familie Özkan zahlte im letzten Jahr 980 € Heizkosten. In diesem Jahr ist die Rechnung um 8% höher ausgefallen.

a) Berechne die Erhöhung der Rechnung in €.

b) Wie hoch ist die Heizkostenrechnung in diesem Jahr?

9 Eine Hausverwaltung erhöht zum 1. Januar die Mieten um 7%.

a) Berechne jeweils die Mieterhöhung in €.

b) Berechne die neue Miete.

Alter Mietpreis
Familie Schmitz: 450 €
Familie Oberle: 510 €
Herr Rastelli: 265 €
Frau Alberz: 285 €

Würfel und Quader – Volumen

Schrägbilder zeichnen

1 Baut Kantenmodelle von Würfeln und Quadern.
Haltet die Modelle gegen eine Lichtquelle.
Betrachtet das Schattenbild.

2 Übertrage die Schrägbilder der Quader in dein Heft.

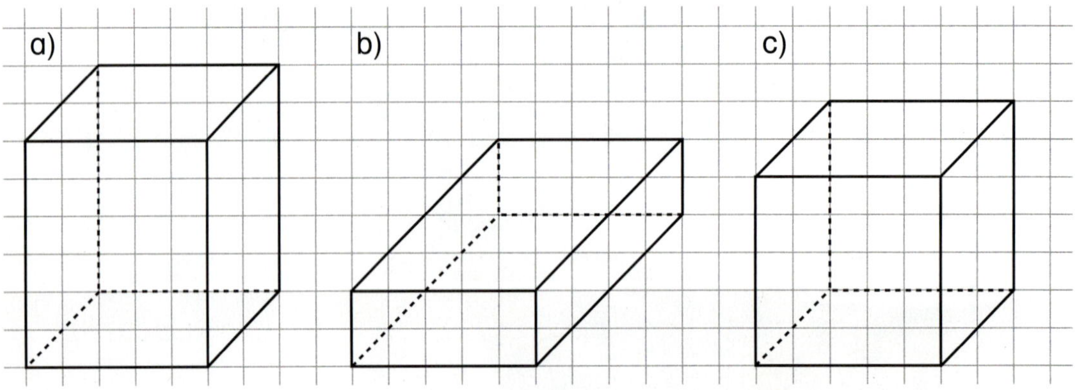

3 Die Schrägbilder der Quader sind unvollständig.
Übertrage die Zeichnungen in dein Heft.
Ergänze die fehlenden Kanten.

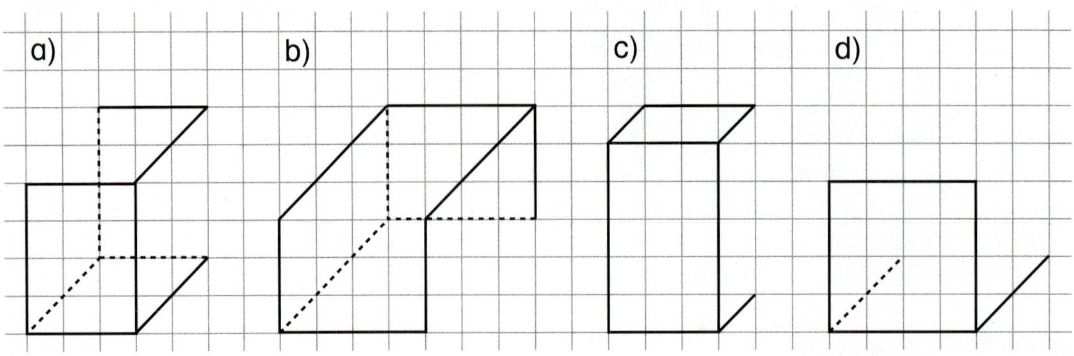

So zeichnest du das Schrägbild eines Quaders.

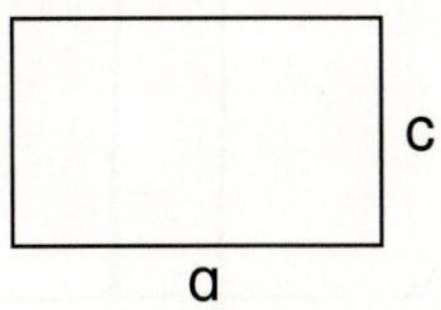

Vorderansicht zeichnen.

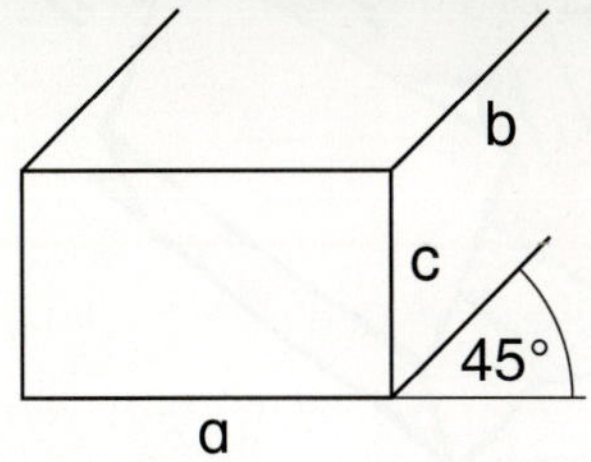

Nach hinten laufende Kanten in halber Länge nach schräg oben zeichnen.

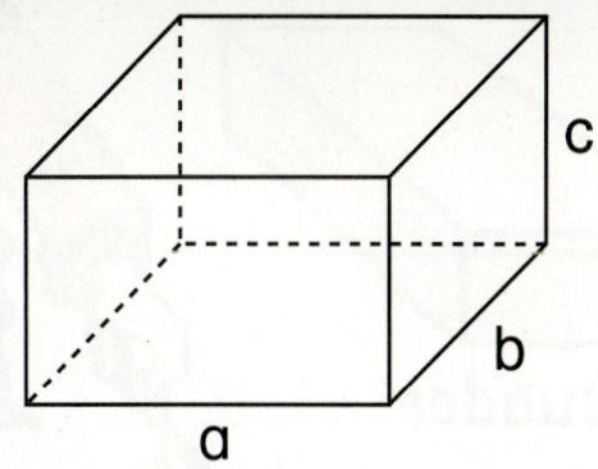

Nicht sichtbare Kanten werden in der Zeichnung gestrichelt.

1 Zeichne die Schrägbilder der Körper.

b in halber Länge zeichnen

a) Quader
a = 5 cm
b = 4 cm
c = 6 cm

b) Quader
a = 6 cm
b = 8 cm
c = 6 cm

c) Würfel
a = 6 cm

d) Würfel
a = 7 cm

2 Zeichne Schrägbilder einer Streichholzschachtel in verschiedenen Lagen.

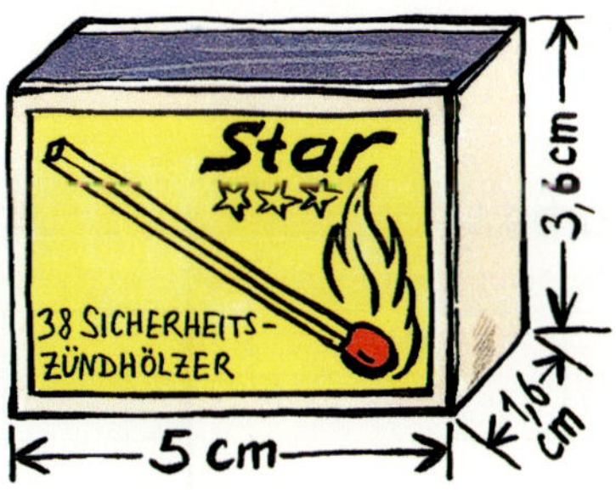

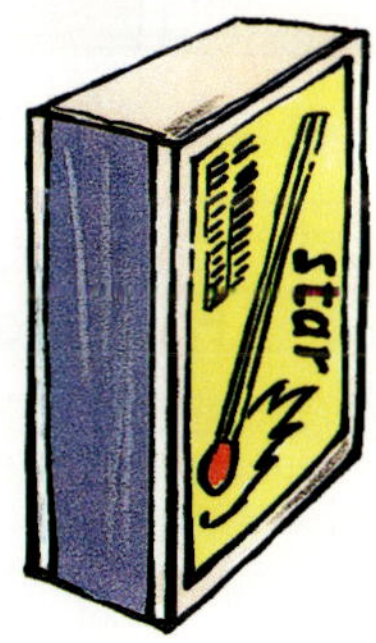

3 Im Technikunterricht werden Kantenmodelle aus Draht hergestellt.
Wie viel Draht benötigt man für jedes Modell?

a)

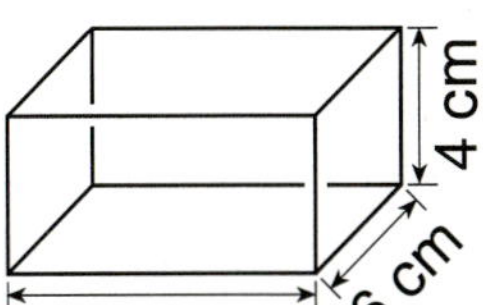

b)

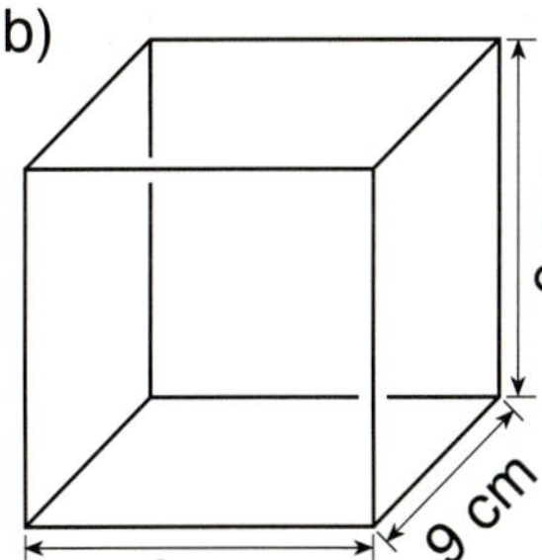

c)

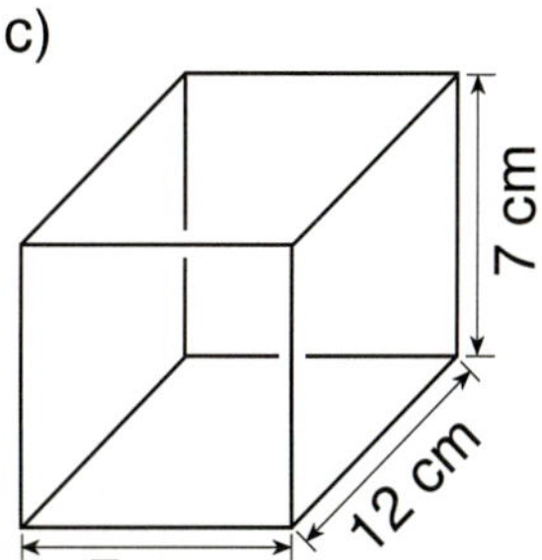

Quadernetze

1 Übertrage die Netze auf kariertes Papier.
Zu welchen Körpern gehören die Netze? Überprüfe.

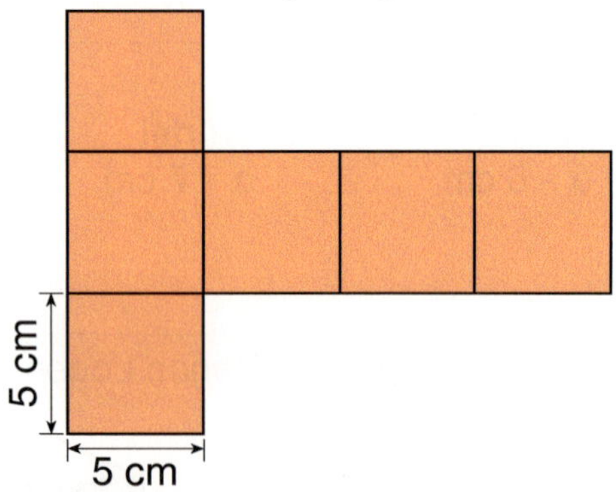

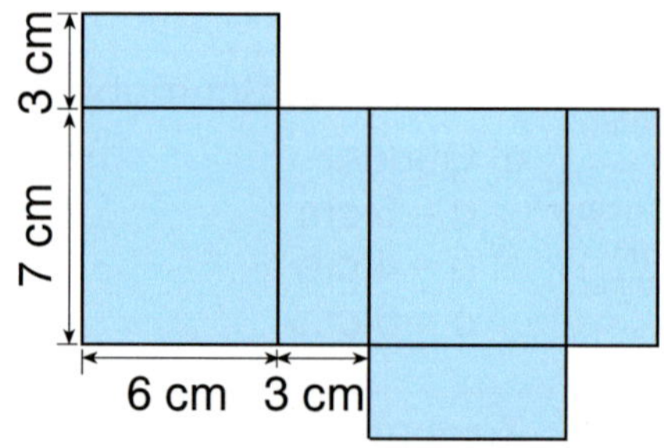

2 Übertrage die Quadernetze in dein Heft.
Färbe gegenüberliegende Flächen in gleicher Farbe.

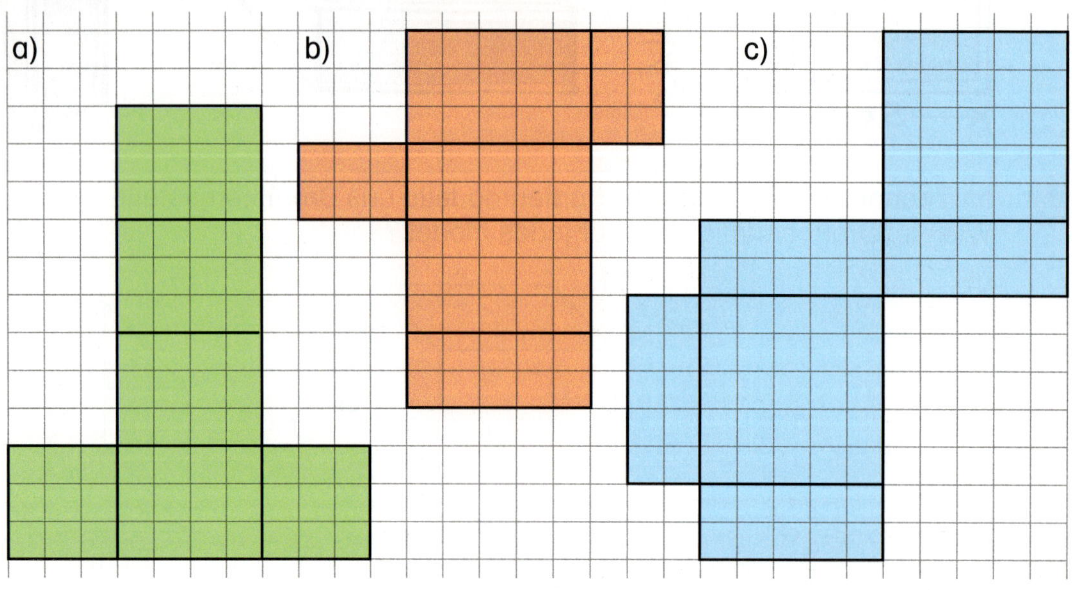

Oberfläche des Quaders

1 Ina hat die Oberfläche von Würfel und Quader berechnet.
Erläutere den Lösungsweg.

Oberfläche des Würfels:

6 · Seitenfläche

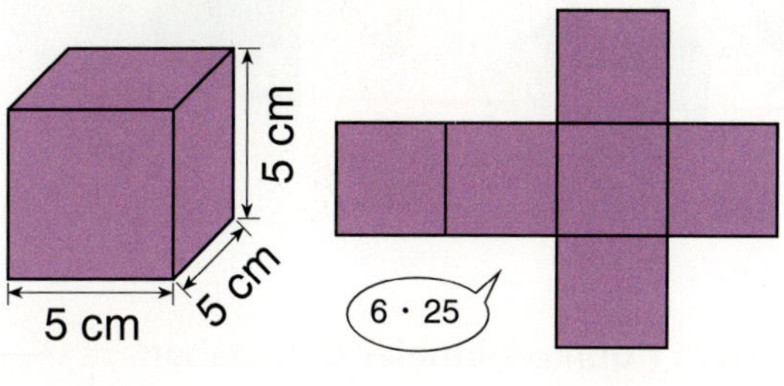

O = 150 cm²

Oberfläche des Quaders:

2 · Grundfläche + 2 · Vorderfläche
+ 2 · Seitenfläche

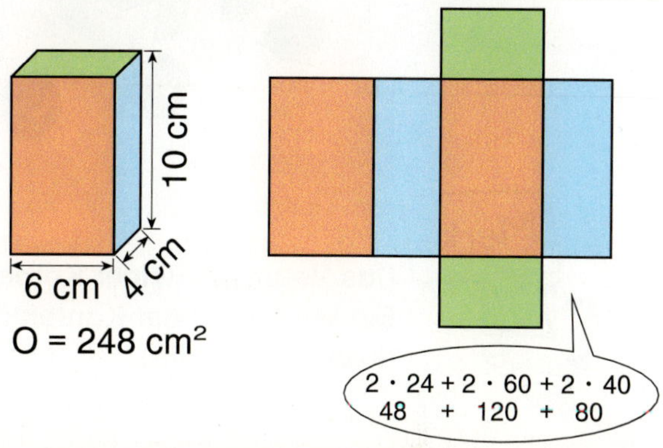

O = 248 cm²

Die Oberfläche eines Körpers ist die Summe seiner Einzelflächen.

2 Zeichne das Netz des Körpers. Berechne die Oberfläche.

a)
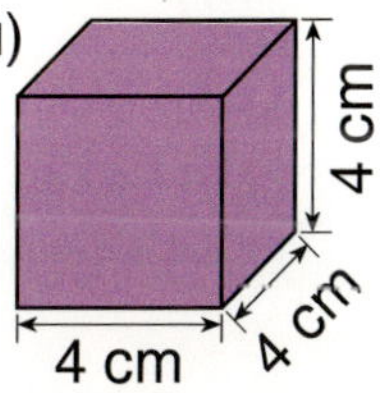

b)
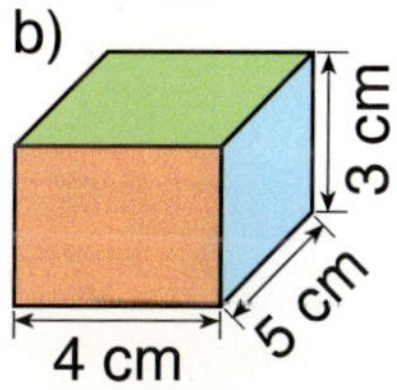

c)
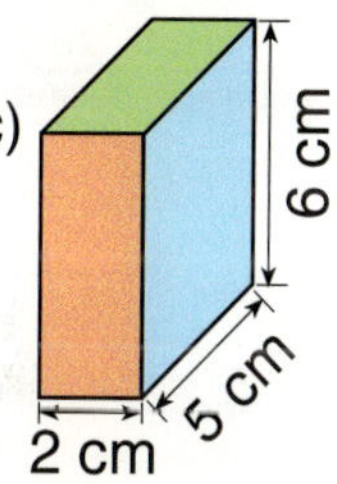

3 Wie viel cm² Pappe wird mindestens für die Kartons benötigt?

a)
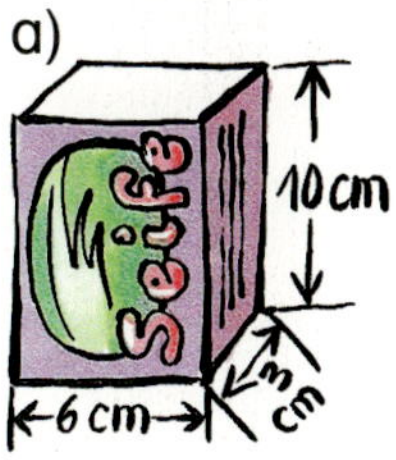

b)
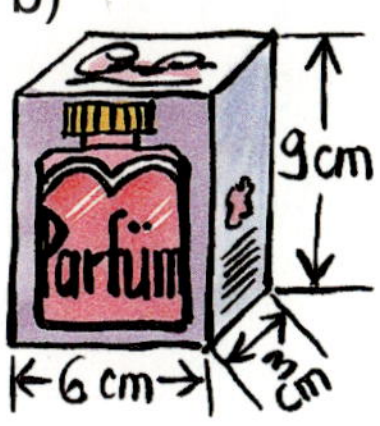

c)
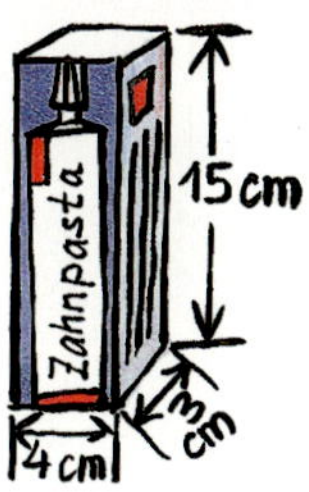

d)
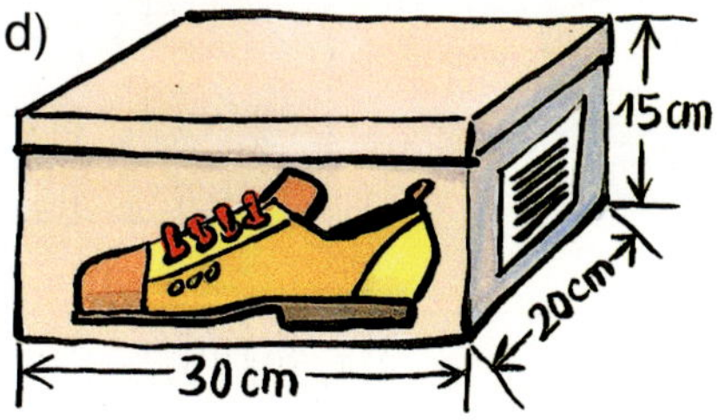

4 Das Straßenbauamt hat 20 Holzkisten für Streusalz bestellt.
1 m² Tannenholz kostet 14 €.

a) Wie viel m² Holz wird für eine Kiste benötigt?

b) Wie viel m² Holz wird für 20 Kisten benötigt?

c) Wie teuer ist das Holz für alle Kisten?

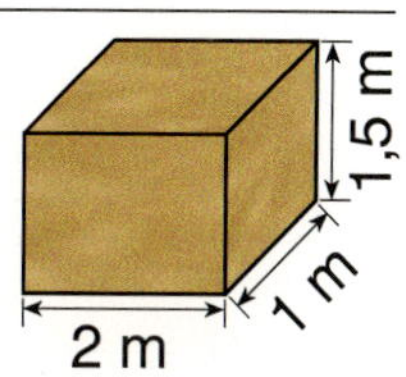

Volumen des Quaders

1 Wie viele Würfel haben die Wagen geladen?

Das Volumen kleiner Körper wird in Kubikzentimeter angegeben. Ein Würfel mit der Kantenlänge 1 cm hat das Volumen 1 cm³ (Kubikzentimeter).

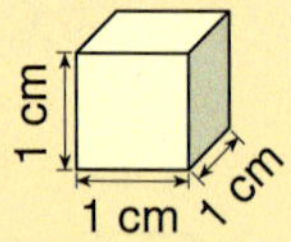

2 Die Würfel haben die Kantenlänge 1 cm.

a) Wie viele Würfel passen in jede Kiste?

b) Wie groß ist das Volumen jeder Kiste?

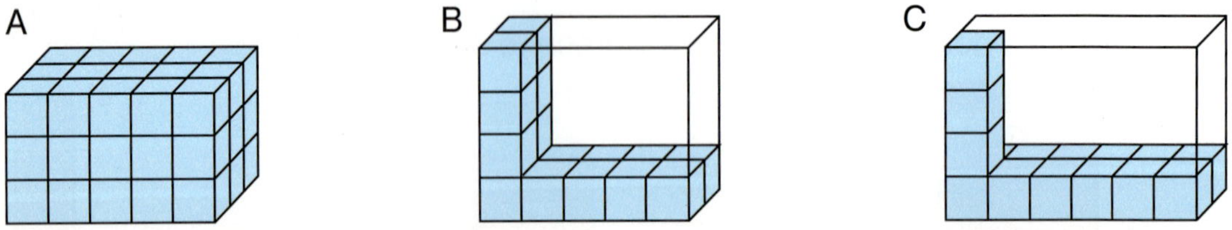

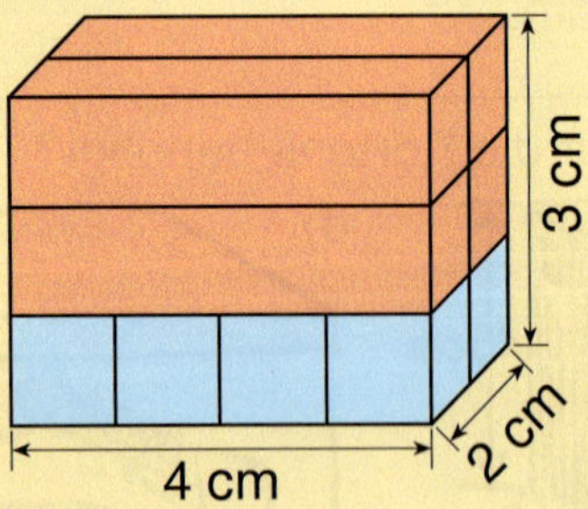

Volumen des Quaders

V = (Anzahl der Würfel in der Grundschicht) · (Anzahl der Schichten)

4 · 2 · 3
8 · 3

V = 24 cm³

3 Berechne das Volumen.

a)

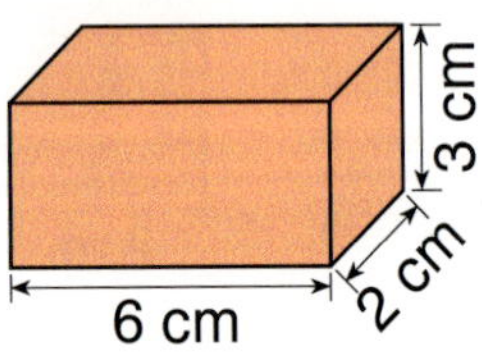

b)

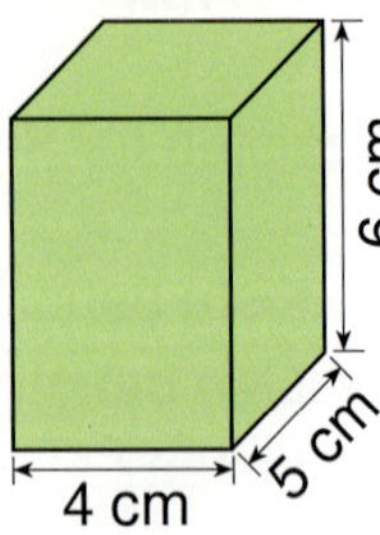

c)

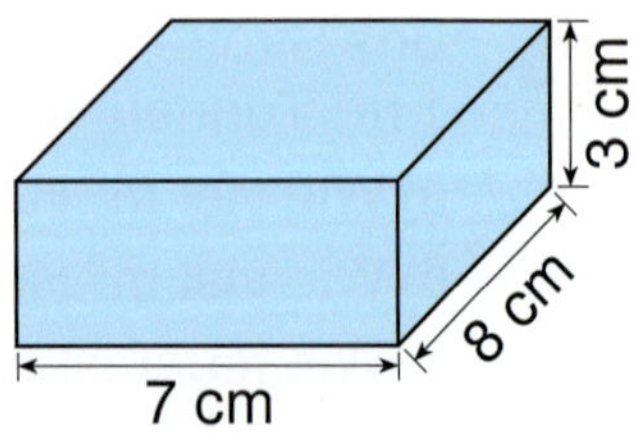

1

F	37,5 cm × 13 cm × 13 cm
XS	22,5 cm × 14,5 cm × 3,5 cm
S	25 cm × 17,5 cm × 10 cm
M	35 cm × 25 cm × 12 cm
L	40 cm × 25 cm × 15 cm
XL	50 cm × 30 cm × 20 cm

a) Ordne die Pakete den Größenangaben zu.

b) Berechne das Volumen der Pakete.

2 Welches Paket hat das größte Volumen?

a)

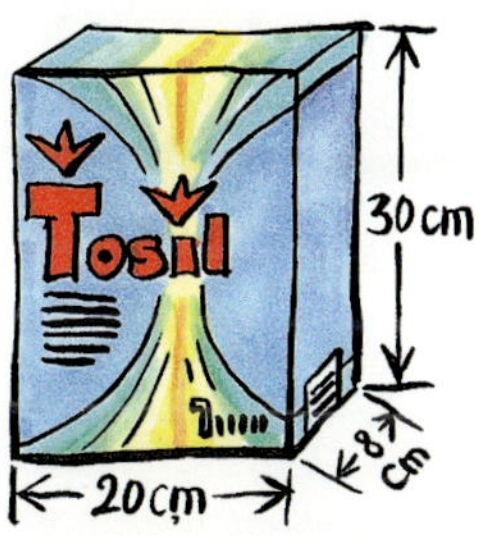

b)

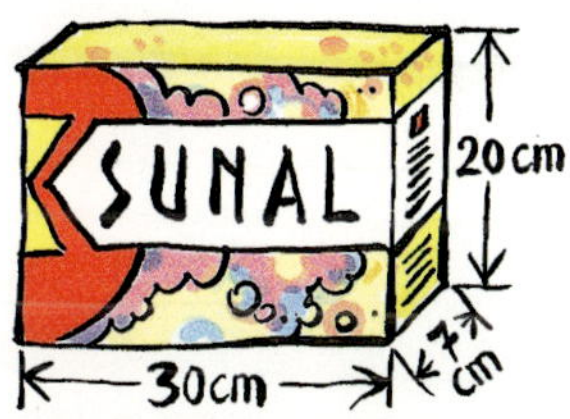

c)

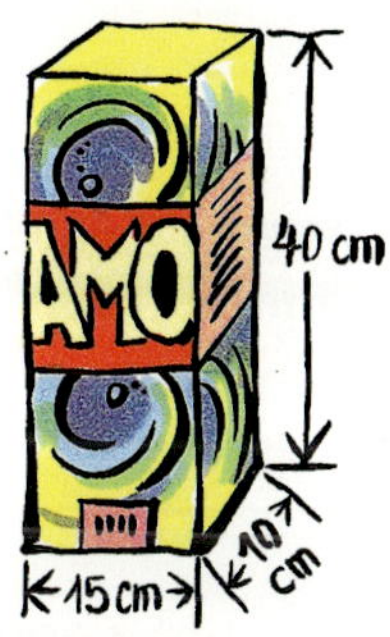

d)

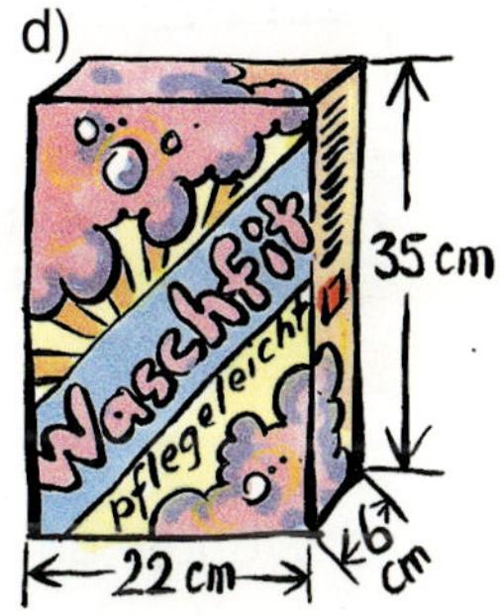

3 Ein Ziegelstein ist 24 cm lang, 12 cm breit und 6 cm hoch.
Berechne das Volumen des Ziegelsteins.

4 Die Kanten eines Holzwürfels sind 6 cm lang.
Wie groß ist das Volumen?

5 Berechne das Volumen der Quader.

	a)	b)	c)	d)	e)	f)
Seite a	5 cm	4 cm	14 cm	5 cm	1,5 cm	5 cm
Seite b	4 cm	4 cm	5 cm	5 cm	3 cm	14 cm
Seite c	3 cm	4 cm	3 cm	5 cm	5 cm	4 cm

6 Zeichne die Schrägbilder zu den Quadern aus Aufgabe 5.

Kubikzentimeter – Liter – Kubikmeter

1 Fülle mit dem Messbecher Wasser in einen Hohlwürfel mit der Kantenlänge 10 cm.

1 000 Kubikzentimeter = 1 Liter
1 000 cm³ = 1 l

2 Wandle um.

1 500 cm³ = 1,5 l

a)	b)	c)	d)
1 000 cm³ = ☐ l	4 l = ☐ cm³	1 300 cm³ = ☐ l	3,5 l = ☐ cm³
3 000 cm³ = ☐ l	7 l = ☐ cm³	2 500 cm³ = ☐ l	7,4 l = ☐ cm³
5 000 cm³ = ☐ l	9 l = ☐ cm³	4 700 cm³ = ☐ l	0,5 l = ☐ cm³
10 000 cm³ = ☐ l	10 l = ☐ cm³	500 cm³ = ☐ l	0,3 l = ☐ cm³

3 Schätze:
Wie viele 10-l-Eimer ergeben 1 m³ Wasser?

1 Kubikmeter = 1 000 Liter
1 m³ = 1 000 l

4 Wandle um.

a)	b)	c)	d)
1 m³ = ☐ l	4 000 l = ☐ m³	1,3 m³ = ☐ l	4 300 l = ☐ m³
5 m³ = ☐ l	3 000 l = ☐ m³	2,5 m³ = ☐ l	7 500 l = ☐ m³
10 m³ = ☐ l	7 000 l = ☐ m³	4,3 m³ = ☐ l	5 100 l = ☐ m³
9 m³ = ☐ l	10 000 l = ☐ m³	8,3 m³ = ☐ l	400 l = ☐ m³

5 Wie viel l Saft enthalten die Pakete?

a)

b)
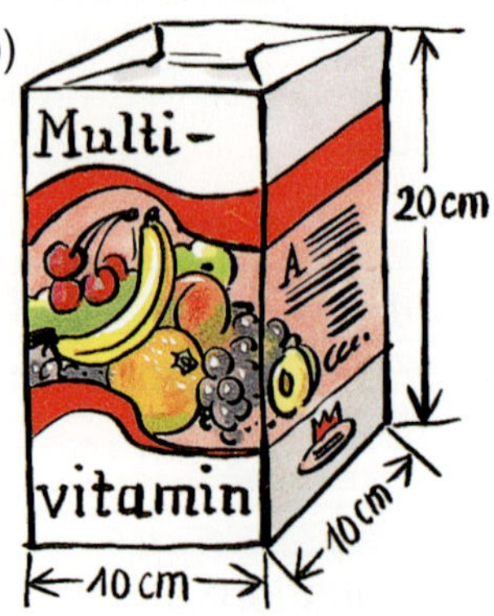

c)
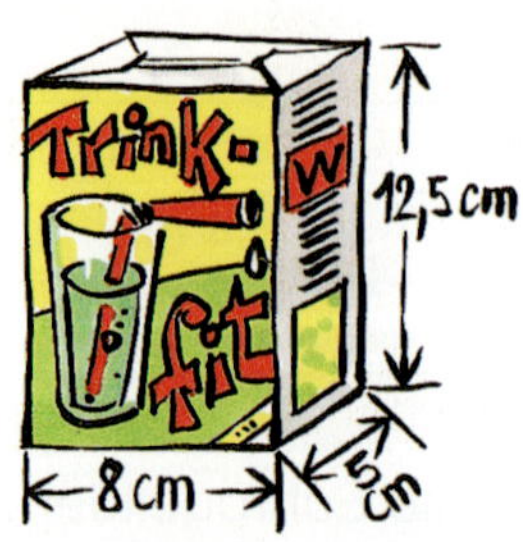

d)
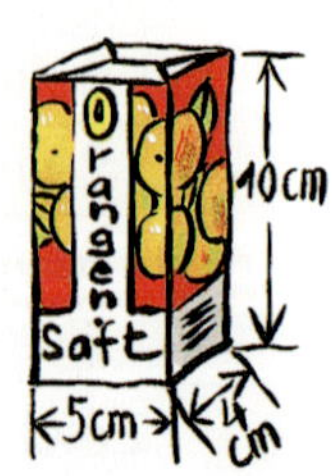

Aquarien

1 Das große Aquarium ist 5 m lang, 2 m breit und 4 m tief.
Wie viel Liter Wasser werden für eine Füllung benötigt?

2 Wie viel Liter Wasser fassen die Aquarien?

a)

b)

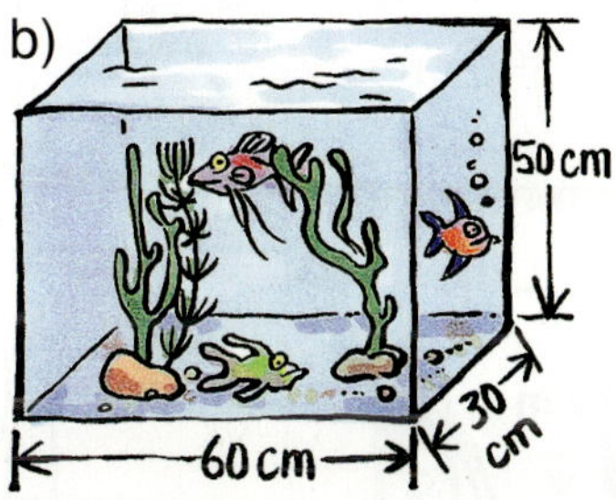

c)

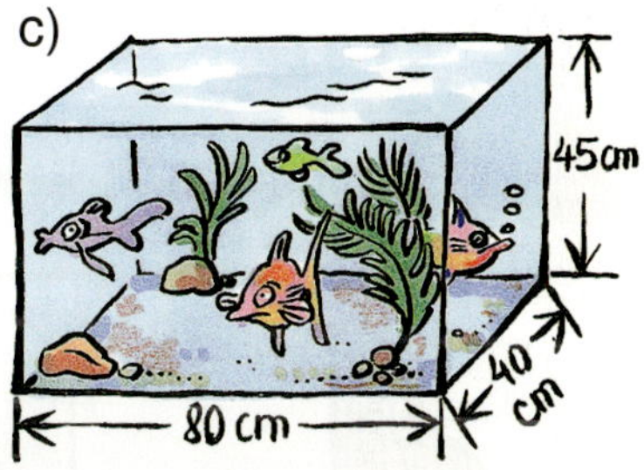

3 Fische benötigen je nach Art ein bestimmtes Wasservolumen.

Guppie 7 l

Panzerwels 11 l

Neonsalm 5 l

a) Wie viele Guppies finden in den Aquarien aus Aufgabe 2 Platz?

b) Wie viele Neonsalme können in das kleinste Aquarium gesetzt werden?

c) Kann Inge in das große Aquarium 7 Guppies, 5 Panzerwelse und 8 Neonsalme setzen?

Wiederholen und Üben

1 Bei jedem dieser Quadernetze fehlt eine Fläche.

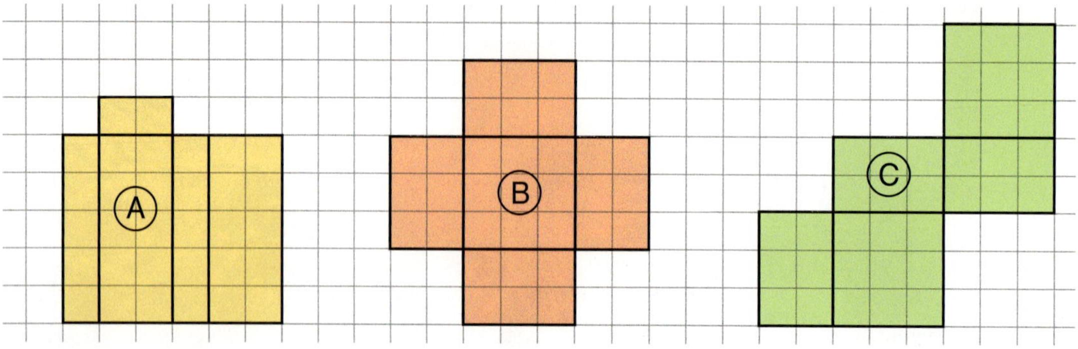

a) Übertrage in dein Heft und ergänze die fehlenden Flächen.

b) Male gegenüberliegende Flächen in gleichen Farben aus.

c) Berechne die Oberfläche der Quader.

2 Zeichne das Schrägbild des Körpers.
Berechne die Oberfläche und das Volumen.

a) a = 7 cm
b = 4 cm
c = 8 cm

b) a = 6 cm
b = 6 cm
c = 6 cm

c) a = 7 cm

d) a = 8 cm
b = 5 cm
c = 8 cm

3 Berechne den Laderaum der Lastkraftwagen.

a)

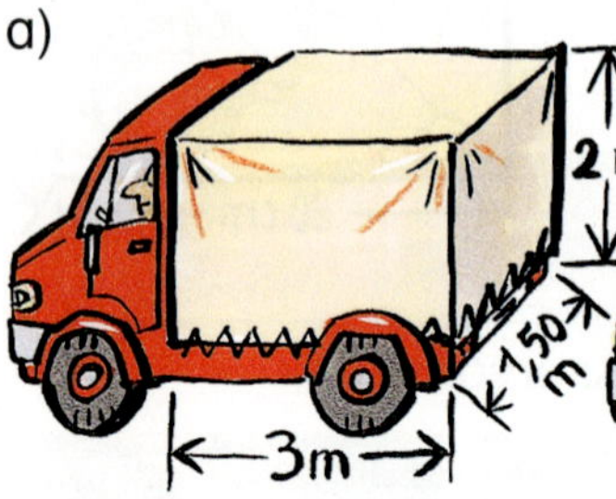

b)

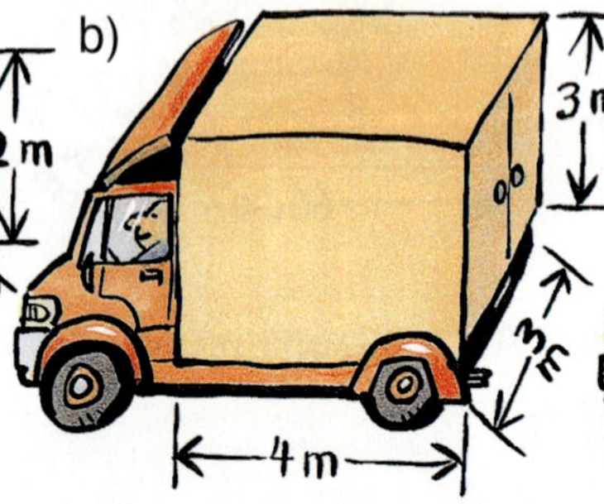

c)

4 Die drei Wasserbecken im Zoo haben eine Tiefe von 2 m.
Wie viel m³ Wasser werden jeweils für eine Füllung benötigt?

a)

b)

c)

Alles paletti

1 Welche Zahlen gehören zu den roten Strichen?
Schreibe: a = 50 000

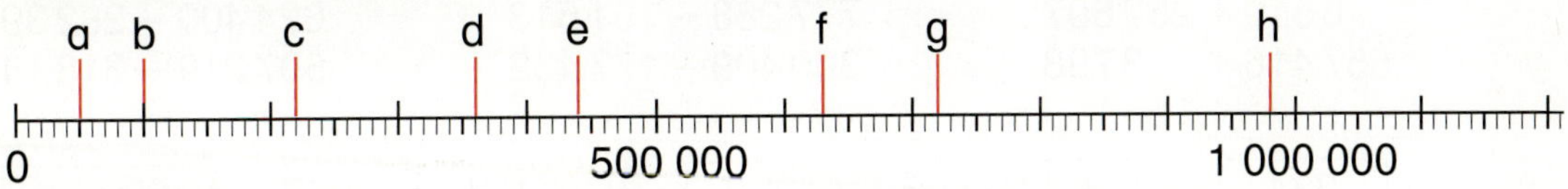

2 Ergänze bis 1 000 000: 600 000 100 000 750 000 510 000 830 000

3 Schreibe zu jeder Zahl die Nachbarhunderttausender auf.

a) 370 000	420 000	710 000	130 000	450 000
b) 287 300	517 900	654 100	847 900	781 200
c) 624 938	713 596	157 203	483 140	842 450

4 Setze ein: > (größer); < (kleiner); = (gleich)

a)	b)	c)
430 000 □ 340 000	310 500 □ 315 000	548 235 □ 485 253
810 000 □ 870 000	116 900 □ 117 000	712 999 □ 713 001
620 000 □ 260 000	834 217 □ 834 217	293 507 □ 307 259

5

a)	b)	c)
60 000 + 20 000	70 000 – 20 000	560 000 + 50 000
640 000 + 200 000	700 000 – 20 000	430 000 + 90 000
430 000 + 70 000	40 000 – 10 000	850 000 – 60 000
310 000 + 90 000	400 000 – 10 000	760 000 – 80 000

6

a)	b)	c)	d)
4 · 30	6 · 50	90 · 7	60 · 8
5 · 700	4 · 600	800 · 3	900 · 7
8 · 2 000	9 · 3 000	7 000 · 6	8 000 · 3
3 · 30 000	8 · 70 000	40 000 · 4	20 000 · 9

7

a)	b)	c)	d)
800 : 2	360 : 6	180 : 2	120 : 3
9 000 : 3	4 900 : 7	2 100 : 3	1 600 : 4
80 000 : 4	24 000 : 3	25 000 : 5	27 000 : 9
400 000 : 2	350 000 : 5	300 000 : 6	540 000 : 6

8 Wie lang dauern die Spaziergänge?
a) Burg – Rastplatz – Dicke Eiche
b) Rastplatz – Dicke Eiche – Burg
c) Dicke Eiche – Burg – Rastplatz
d) Rundgang um den See

Alles paletti

1

a) 517 582 + 13 151
424 347 + 152 822
6 519 + 257 807
657 416 + 3 798

b) 82 574 – 60 341
537 142 – 214 020
777 288 – 51 513
300 409 – 177 432

c) 256 438 + 959
418 207 + 510 893
624 400 – 282 398
507 219 – 318 145

2

a)

234	3 418	27 425	·	7
417	6 934	10 231	·	30
625	4 279	11 045	·	80

b)

438	7 237	19 603	·	51
729	6 315	13 842	·	72
578	9 483	10 782	·	85

3

Eine Tipp-Gemeinschaft von 6 Personen hat im Lotto 248 310 € gewonnen.
Der Gewinn wird gerecht verteilt.
Wie viel € bekommt jede Person?

4

a) 6 432 : 3
5 124 : 4
8 624 : 7
9 576 : 8

b) 10 230 : 6
27 459 : 9
13 112 : 2
27 385 : 5

c) 150 563 : 7
337 380 : 6
806 612 : 4
214 635 : 3

d) 62 430 : 30
86 120 : 40
144 300 : 60
243 280 : 80

5

Wie heißen die Zahlen bei den roten Strichen?

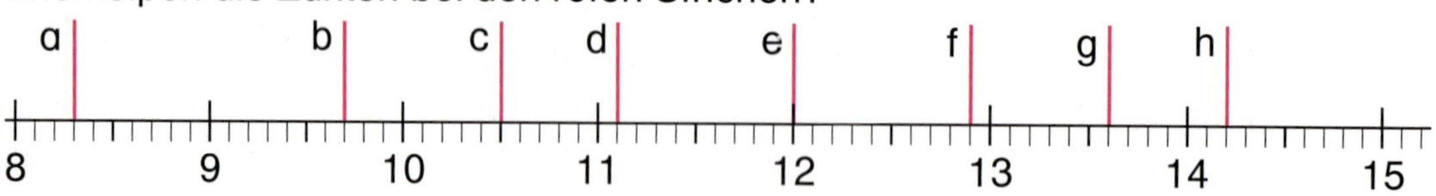

6

a)

1,24	2,53	7,26	8,39	·	5
0,36	4,76	5,89	7,48	·	17
2,75	3,19	7,27	9,04	·	38

b)

3,72	6,18	17,28	10,23	:	3
7,35	1,15	14,85	27,75	:	5
9,18	9,63	21,51	58,32	:	9

7

Schreibe als Kommazahl.

a) $\frac{1}{2}$ kg
$\frac{3}{4}$ kg

b) $\frac{1}{2}$ m
$\frac{3}{4}$ m

c) $\frac{1}{5}$ cm
$\frac{4}{5}$ cm

d) $\frac{1}{4}$ km
$\frac{3}{4}$ km

e) $\frac{1}{8}$ t
$\frac{3}{8}$ t

8

Schreibe in Gramm.

2,435 kg   1,913 kg   2,047 kg   3,150 kg   0,218 kg   1,773 kg

9

a) 2,40 € + 6,32 €
0,70 € + 8,27 €
4,85 € – 2,60 €
9,65 € – 4,23 €

b) 13,6 cm + 2,3 cm
12,0 cm + 4,8 cm
25,3 cm – 1,1 cm
18,7 cm – 3,2 cm

c) 4,90 m + 1,20 m
3,70 m + 0,40 m
9,55 m – 0,50 m
8,30 m – 0,60 m

Alles paletti

1 Frau und Herr Westphal machen mit ihren Kindern Laura und Niklas zwei Wochen Urlaub auf dem Bauernhof. Wie viel € zahlt Familie Westphal für den Urlaub?

2 Berechne die fehlenden Preise.

a) **Textmarker**

Stück	€
8	4,80
2	

b) **Bleistifte**

Stück	€
6	2,40
3	

c) **Klebefilm**

Rollen	€
10	2,50
2	

d) **Milch**

l	€
3	1,35
1	
5	

e) **Limonade**

Flaschen	€
8	4,96
1	
5	

f) **Käse**

g	€
200	2,46
100	
300	

3

a) 3% von 100 €
12% von 100 €
25% von 100 €

b) 5% von 300 m
16% von 700 m
61% von 900 m

c) 4% von 2 500 kg
27% von 1 400 kg
53% von 3 800 kg

4

a) Frau Schilling kauft $\frac{1}{2}$ kg Erdbeeren.
Wie viel g Erdbeeren sind es?

b) Herr Kersting kauft $\frac{3}{4}$ kg Himbeeren für einen Kuchen.
Wie viel g Himbeeren kauft Herr Kersting?

1 kg = 1 000 g
$\frac{1}{2}$ kg = ☐ g

5

a)

$\frac{1}{2}$	$\frac{1}{10}$	$\frac{1}{4}$	$\frac{1}{5}$	von	1 m	1 km

b)

$\frac{3}{10}$	$\frac{2}{5}$	$\frac{7}{10}$	$\frac{3}{4}$	von	1 m	1 km

6 Schreibe das Ergebnis als gemischte Zahl.

a) $\frac{5}{7} + \frac{3}{7}$ b) $\frac{4}{5} + \frac{2}{5}$ c) $\frac{3}{4} + \frac{1}{2}$ d) $1\frac{3}{4} - \frac{1}{4}$ e) $1\frac{1}{2} - \frac{1}{4}$

7 Kürze das Ergebnis, wenn möglich.

a) $3 \cdot \frac{1}{8}$
$2 \cdot \frac{3}{8}$

b) $2 \cdot \frac{3}{10}$
$2 \cdot \frac{3}{7}$

c) $\frac{2}{5} \cdot 2$
$\frac{1}{10} \cdot 4$

d) $\frac{2}{9} \cdot 3$
$\frac{2}{5} \cdot 2$

e) $\frac{3}{8} \cdot 2$
$\frac{3}{10} \cdot 3$

Alles paletti

1 Bestimme mit einer Zeichnung, wie weit das Schiff vom Leuchtturm und von der Kirche entfernt ist.
Für 1 km in Wirklichkeit zeichne 1 cm in deinem Heft.

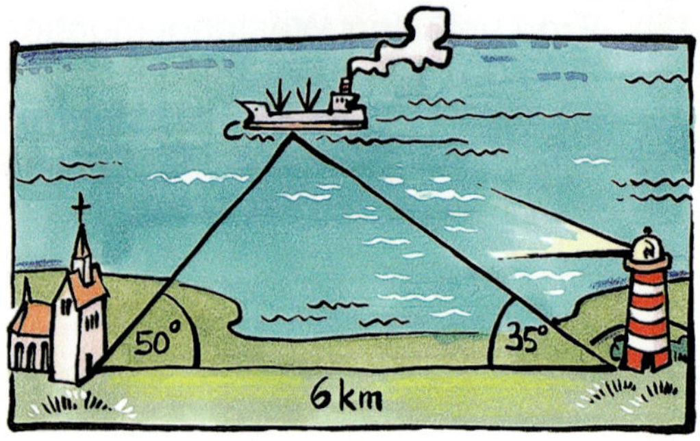

2 Zeichne das Dreieck mit dem Zirkel. Zeichne die Höhe zur Grundseite ein.
Berechne Umfang und Flächeninhalt des Dreiecks.

a) a = 3 cm, b = 4 cm, c = 6 cm
b) a = 7 cm, b = 6 cm, c = 8 cm
c) a = 5,8 cm, b = 4 cm, c = 7 cm
d) a = 4 cm, b = 6,2 cm, c = 5 cm
e) a = 3,6 cm, b = 6 cm, c = 6 cm

3 Berechne die fehlenden Werte für die Rechtecke.

Seite a	3 m	16 m	2,5 cm	2 m		6 cm
Seite b	4 m	5 m	4 cm		3 m	
Umfang						
Flächeninhalt				$10\ m^2$	$24\ m^2$	$36\ cm^2$

4 Wie viel € kostet der Bodenbelag?

a) Terrasse

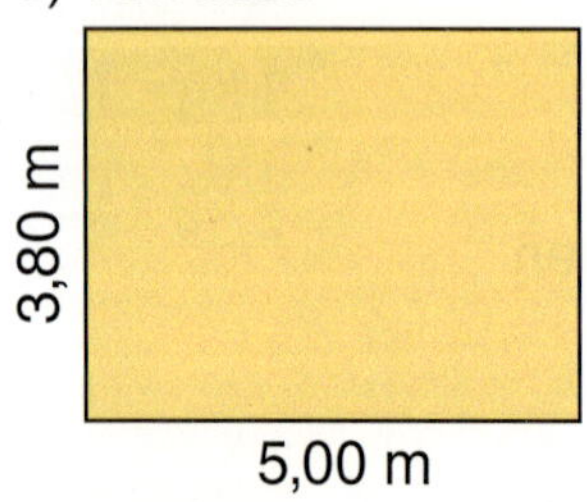

$1\ m^2$ kostet 10,40 €.

b) Fahrradstellplatz

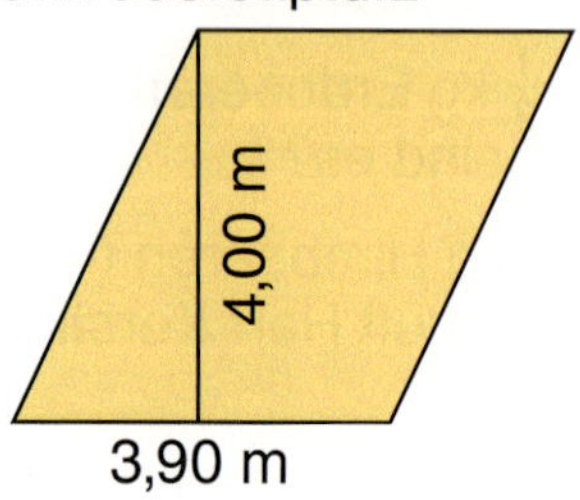

$1\ m^2$ kostet 12,70 €.

c) Treppenabsatz

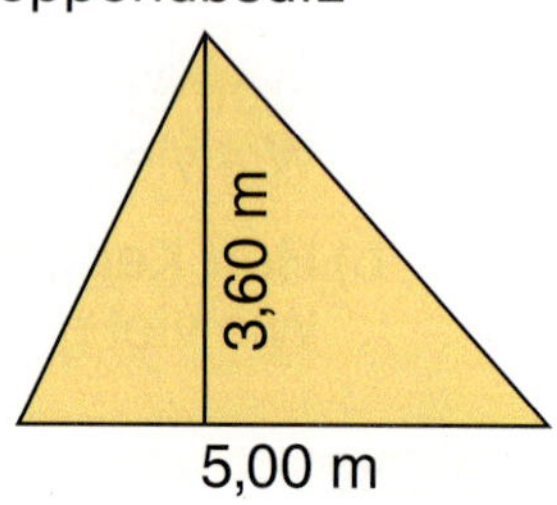

$1\ m^2$ kostet 32,60 €.

5 Wie heißen die Körper?
Notiere für jeden Körper die Anzahl der Ecken, Kanten und Flächen.

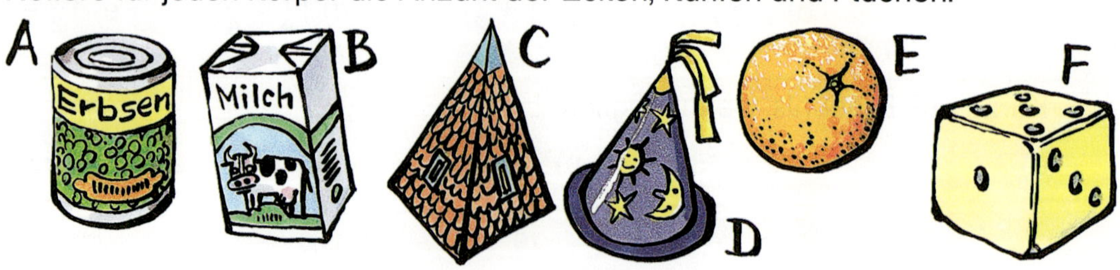

Flug Flight
nach to
über via
planm. scheduled
verspätet delayed
Schalter Counter
Flugsteig Gate
AZ 441 MAILAND
BA 2913 LONDON-GATWICK
LH 4138 BIRMINGHAM
LT 1210 FUERTEVENTURA
SN 416 BRUESSEL
BA 5365 EDINBURGH-BIRMINGHA
HY 242 TASHKENT
SK 630 KOPENHAGEN
AEF 124 IZMIR
LH 3162 KOPENHAGEN
LH 390 STUTTGART
LH 4416 NIZZA
740 338-344 B57-
740 658-665 C 7-
740 120-283 A -
755 724-729 B41-
800 682-688 B -
805 658-665 C -
805 767-769 B -
805 666-670 B -
815 756-758 B -
815 120-283 B11-
820 120-283 B -
825 120-283 B -
Abflug
Departures

Lufthansa

Flugverkehr in Europa

	London	Athen	Oslo	Istanbul	Moskau	Madrid	Rom
Frankfurt	637	1807	1106	1864	2034	1423	962
Rom	1435	1024	1996	1371	2371	1376	
Madrid	1278	2379	2384	2736	3455		
Moskau	2432	2240	1645	1758			
Istanbul	2507	576	2451				
Oslo	1146	2590					
Athen	2392						

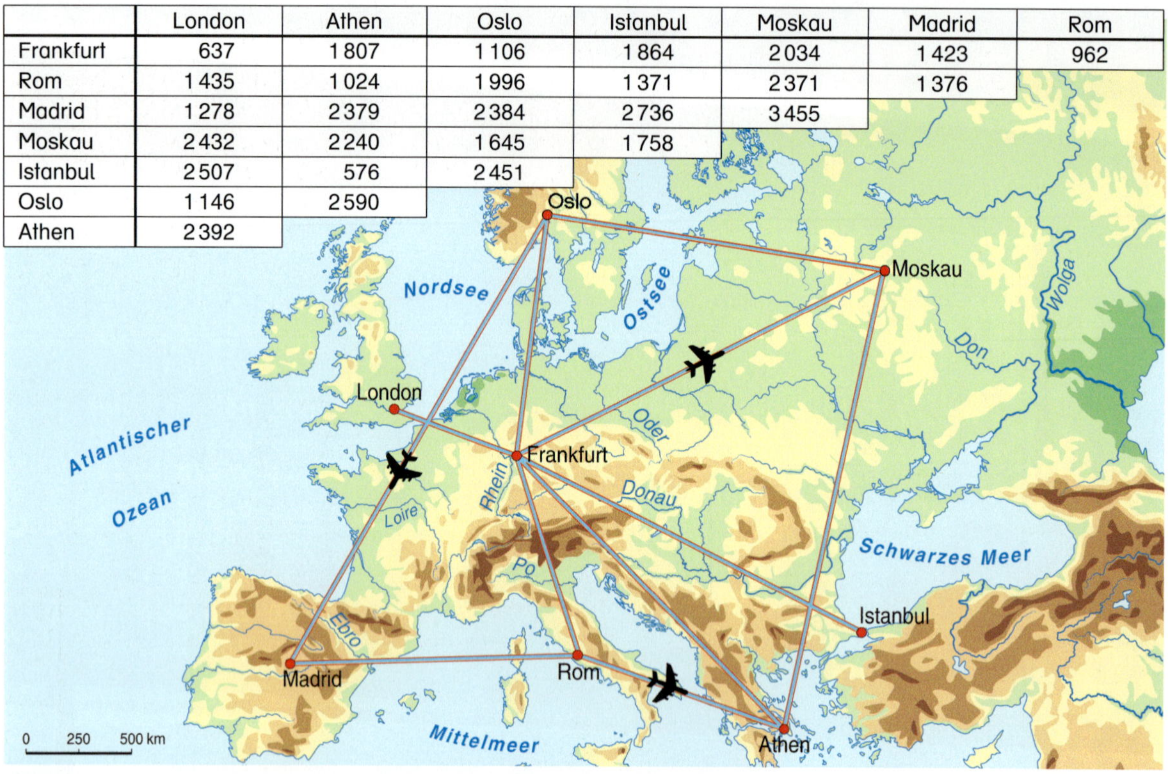

1 Berechne die Entfernungen

a) London–Frankfurt–Istanbul

b) Madrid–Rom–Athen

c) Rom–Frankfurt–Oslo

d) Madrid–Oslo–Moskau–Athen

2 Herr Songül fliegt dreimal im Monat von Frankfurt nach Istanbul und zurück. Wie viele Flugkilometer legt er jährlich zurück?

3 Als Vielflieger erhält Herr Songül eine Ermäßigung von 25% auf den Flugpreis. Wie teuer ist für ihn ein Hinflug?

Frankfurt–Istanbul
239 €

4 a) Berechne für jedes Jahr die Anzahl aller Starts und Landungen.

b) Berechne für jedes Jahr die durchschnittliche Anzahl der Starts und Landungen am Tag. Runde.

Flughafen Frankfurt Starts und Landungen im Monat				
1960	1970	1980	1990	2000
7100	16300	18500	36500	38200

5 Experten schätzen, dass bis zum Jahre 2010 die Zahl der Starts und Landungen in Frankfurt gegenüber der Zahl des Jahres 2000 um 32% ansteigen wird. Wie viele Starts und Landungen sind für das Jahr 2010 zu erwarten?

Airbus 310

Geschwindigkeit: 850 $\frac{km}{h}$
Länge: 46,67 m
Spannweite: 43,90 m
Reichweite: 8 000 km
Sitzplätze: 264
Treibstoff pro km: 6,1 l

Boeing 737

Geschwindigkeit: 800 $\frac{km}{h}$
Länge: 36,40 m
Spannweite: 28,90 m
Reichweite: 4 500 km
Sitzplätze: 168
Treibstoff pro km: 3,4 l

Airbus 380

Geschwindigkeit: 900 $\frac{km}{h}$
Länge: 73 m
Spannweite: 79,80 m
Reichweite: 15 100 km
Sitzplätze: 555

1 Berechne den Treibstoffverbrauch von Airbus 310 und Boeing 737 auf den Strecken. Vergleiche.

a) Frankfurt–Istanbul
Frankfurt–Moskau
Frankfurt–Rom

b) Istanbul–Athen–Rom
Madrid–Rom–Athen
Oslo–Frankfurt–Rom

2 Im Linienflugverkehr sind die Flugzeuge durchschnittlich zu $\frac{2}{3}$ ausgelastet. Wie viele Passagiere fliegen in den Maschinen?

a) Airbus 310 b) Boeing 737 c) Airbus 380

3 Das Körpergewicht eines Passagiers beträgt durchschnittlich 75 kg. Wie viel kg wiegen alle Passagiere einer vollbesetzten Maschine zusammen?

a) Airbus 310 b) Boeing 737 c) Airbus 380

4 Übertrage die Tabelle in dein Heft. Ergänze die fehlenden Werte.

Abflug	7.30	6.30	18.45	12.45	10.30	4.45	
Flugdauer					3 h 30 min	2 h 55 min	1 h 5 min
Ankunft	9.50	9.10	21.00	16.15			13.00

5 Suche im Internet (www.luftfahrt.net) nach Informationen zu Passagierflugzeugen. Vergleiche die Daten.
Stelle die Reichweiten der Maschinen im Säulendiagramm dar.

Urlaub in Dänemark

1 6 Freunde wollen in 8 Tagen den Limfjord umradeln.
Die Tour ist 256 km lang.

a) Wie viel km müssen die Freunde durchschnittlich am Tag fahren?

b) Ein Viertel der Strecke besteht aus Schotter.
Wie viel km sind es?

c) Pro Person müssen 161 € für 7 Übernachtungen gezahlt werden.
Wie teuer ist eine Übernachtung?

d) Wie viel € bezahlen die 6 Freunde zusammen für die Übernachtungen?

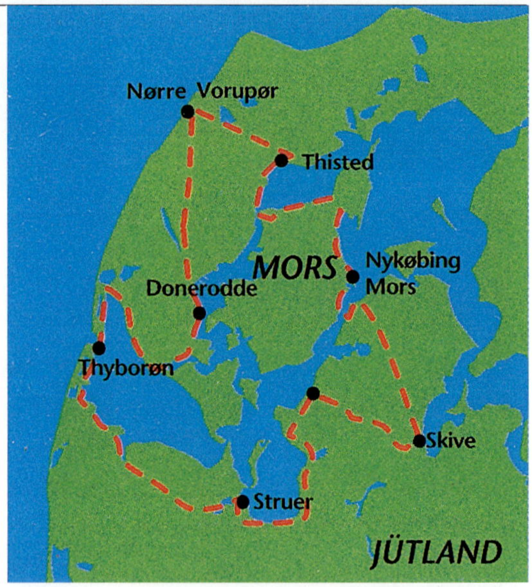

2 Im Ferienpark kostet ein 6-Personen-Haus im Juli für 14 Tage 1059 €.

a) Wie viel € müssen die Urlauber in einer Woche zahlen?

b) Wie viel € muss jede Person für den ganzen Urlaub bezahlen?

c) Ab Mitte August kostet das gleiche Haus nur noch 65% des vorherigen Preises.
Wie viel € kostet das Ferienhaus ab Mitte August?

d) Wie viel € sparen die Urlauber, wenn sie statt im Juli erst im August in den Ferienpark fahren?

3 Die 16 km lange Öresund-Brücke verbindet die dänische Hauptstadt mit dem schwedischen Malmö.

Fahrzeuge pro Tag	Pkw	Lkw	Motorräder
10 000	60%	25%	15%

a) Wie viele Pkw, Lkw und Motorräder überqueren täglich die Brücke?

b) Berechne für jeden der drei Fahrzeugtypen die täglichen Gebühreneinnahmen.

c) Berechne die gesamten Tageseinnahmen.

Urlaub auf Mallorca

22.12.–06.01.	C
07.01.–20.02.	A
21.02.–28.02.	B
01.03.–25.03.	A
26.03.–10.04.	C
11.04.–22.05.	B
23.05.–14.07.	C
15.07.–01.09.	D
02.09.–21.09.	C
22.09.–21.12.	A

Hotel Mallo ***

Preis pro Person und Woche

	A	B	C	D	Nachlass für Kinder	
ÜF	280 €	360 €	430 €	520 €	2–12 Jahre	13–17 Jahre
HP	360 €	440 €	510 €	610 €	40%	20%
VP	425 €	510 €	580 €	690 €		

ÜF Übernachtung und Frühstück
HP Halbpension
VP Vollpension

1 Familie Benz fliegt mit dem Lastminute-Angebot nach Mallorca.
Wie viel € muss die Familie für 2 Erwachsene, Tom (8) und Jenny (10) bezahlen?

2 Im Urlaub treffen sie Herrn und Frau Alt, die mit Max (6) und Anna (12) auch im Hotel Mallo eine Woche mit Halbpension Urlaub machen.
Familie Alt hat ihren Urlaub aus einem Katalog gebucht.

a) Wie viel € hat Familie Alt für den Urlaub bezahlt?

b) Wie viel € hat Familie Benz gespart?

3 Frau Hansen möchte mit ihren Töchtern Ines (6) und Verona (15) eine Woche Vollpension vom 13. bis 20. Januar im Hotel Mallo buchen.
Wie viel € muss sie bezahlen?

4 Wie teuer sind 2 Wochen mit Vollpension für 2 Erwachsene im Hotel Mallo vom:

a) 4. März bis 18. März b) 15. April bis 29. April c) 31. Mai bis 14. Juni

5 Von den 420 000 zugelassenen Autos auf Mallorca sind nur 6% Mietwagen.
Wie viele Mietwagen gibt es auf Mallorca?

Formel 1

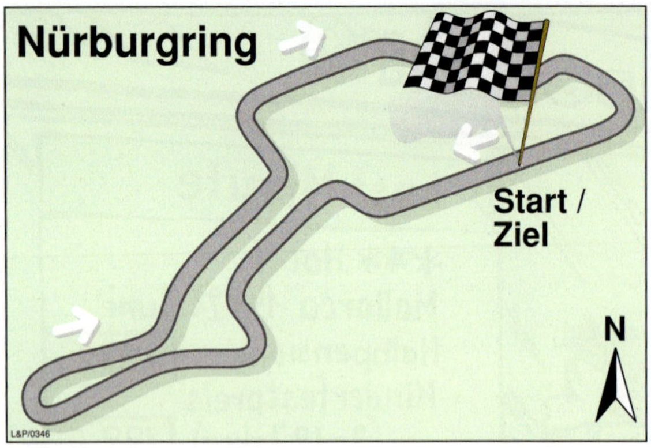

Rundenlänge: 4,556 km
Großer Preis von Europa: 67 Runden

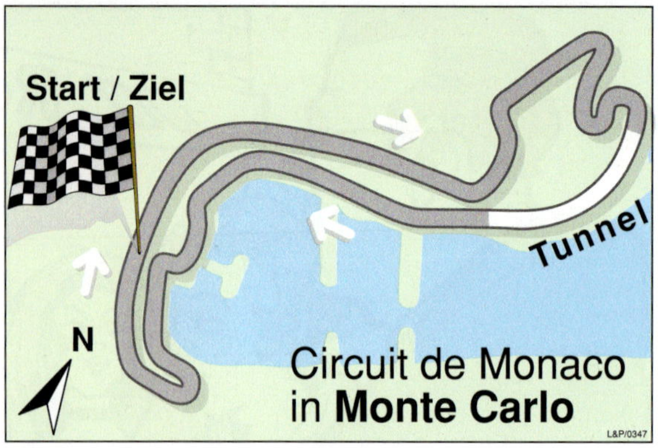

Rundenlänge: 3,367 km
Großer Preis von Monaco: 78 Runden

1 Vergleiche die abgebildeten Formel-1-Rennstrecken.
Bei welchem Rennen werden die meisten Kilometer zurückgelegt?

2 Nachdem bei Testfahrten schon 215 Kilometer zurückgelegt wurden, sind bei verschiedenen Trainingsfahrten auf dem Nürburgring noch zusätzliche 14 Runden zu fahren.
Wie viel Kilometer legt ein Formel-1-Auto dann insgesamt zurück?

3 In Silverstone verfolgten 78 840 Zuschauer das Zeittraining.
$\frac{2}{3}$ der Besucher waren bereits beim ersten Training anwesend.
Berechne die Zuschauerzahl für das erste Training.

4 Für den Großen Preis von Europa wurden 141 500 Eintrittskarten verkauft.
Im Vorjahr waren es 12 800 Karten weniger.
Wie viele Eintrittskarten wurden im Vorjahr verkauft?

5 Beim Rennen in Monaco verbraucht jedes Auto durchschnittlich 175 Liter Kraftstoff.
Wie viel Liter Kraftstoff werden verbraucht, wenn 22 Fahrer teilnehmen?

6 Pro Jahr benötigt ein Formel-1-Team für jedes Auto 6 000 Liter Kraftstoff.
Ein Liter kostet 4,50 €.
Berechne die jährlichen Kraftstoff-Kosten für ein Formel-1-Auto.

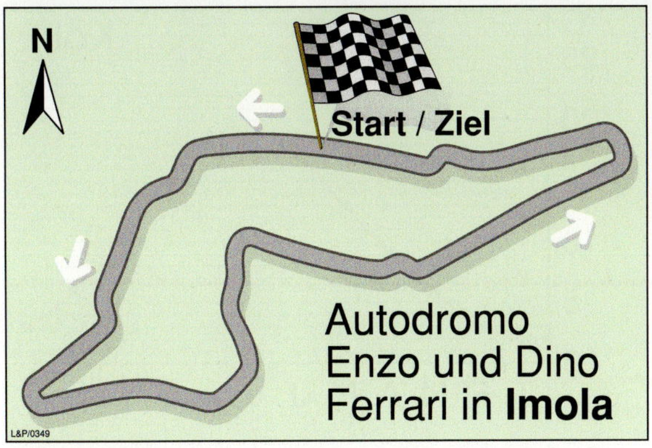

Rundenlänge: 4,930 km
Großer Preis von San Marino: 62 Runden

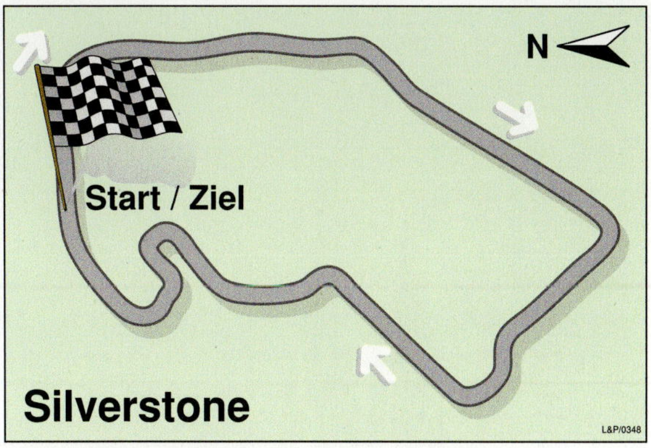

Rundenlänge: 5,140 km
Großer Preis von Großbritannien:
60 Runden

1 Ein Formel-1-Fahrer benötigt für eine Runde auf dem Nürburgring durchschnittlich 1 Minute und 38 Sekunden. Ein untrainierter Fahrer braucht für diese Stecke 35 Sekunden länger.
Welche Zeit benötigt ein untrainierter Fahrer für eine Runde?

2 Herr Paulsen braucht bei seiner Fahrt auf dem Nürburgring 1 Minute und 45 Sekunden mehr als die Rekordzeit.
Berechne die Fahrzeit von Herrn Paulsen.

3 Bei einem Rennen in Imola kam Michael Schumacher nach 93 Minuten und 44 Sekunden ins Ziel. Bei seinem Sieg war Heinz-Harald Frentzen dort 2 Minuten und 39 Sekunden schneller.
Mit welcher Gesamtzeit gewann Frentzen das Rennen?

4 a) In jedem Rennen werden durchschnittlich 12 Reifen pro Auto gebraucht.
Wie hoch sind die Reifenkosten für ein Fahrzeug bei einem Rennen?

b) Ein Formel-1-Team braucht im Jahr 448 Reifen.
Wie viel € kosten die Reifen eines Fahrzeugs in einem Jahr?

Preis eines Reifen: 650 €

Klima – Temperatur

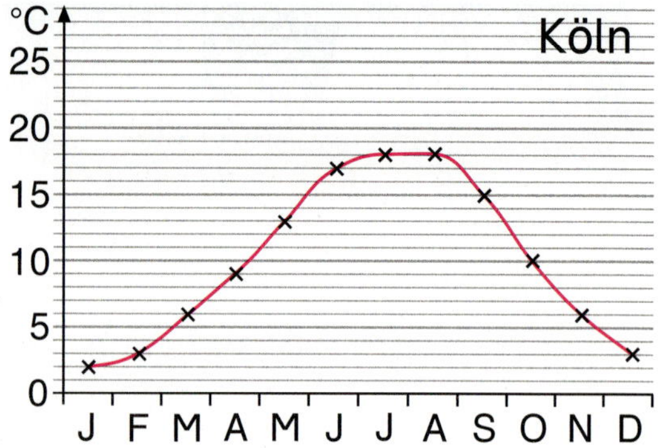

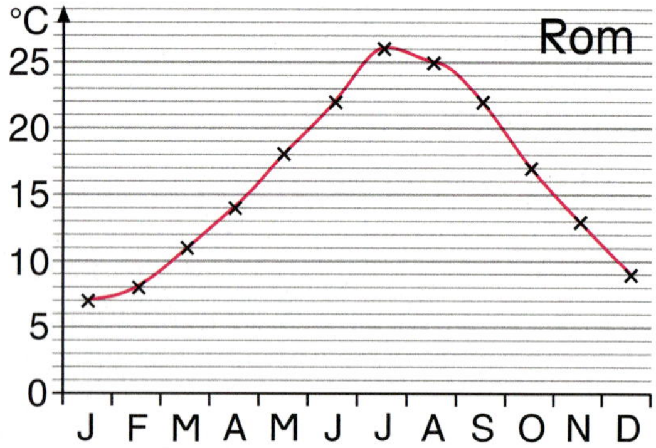

1 a) Lies für jede Stadt die monatlichen Durchschnittstemperaturen ab und trage sie in eine Tabelle ein (wie in Aufgabe 2).

b) Berechne für jede Stadt die jährliche Durchschnittstemperatur.

2 Monatliche Durchschnittstemperaturen für London:

Monat	J	F	M	A	M	J	J	A	S	O	N	D
°C	4	4	7	8	12	15	17	16	14	11	7	5

a) Zeichne die Temperaturkurve für London in dein Heft. Nimm für 1° C eine Karohöhe. Nimm für den Abstand der Monate zwei Karolängen.

b) Berechne die jährliche Durchschnittstemperatur für London.

3 Wassertemperatur und Sonnenstunden im Sommerhalbjahr in Lissabon:

Monat	A	M	J	J	A	S
Wassertemperatur °C	17	17	18	19	20	20
Sonnenstunden pro Tag	9	10	11	12	12	9

a) Berechne die durchschnittliche Wassertemperatur des Atlantik.

b) Berechne für jeden Monat die Anzahl der Sonnenstunden.

b) Wie viele Stunden scheint die Sonne durchschnittlich pro Tag im Sommerhalbjahr?

Klima – Niederschlag

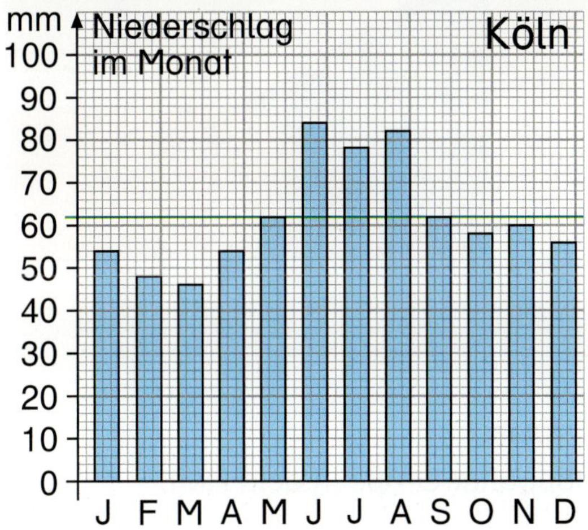

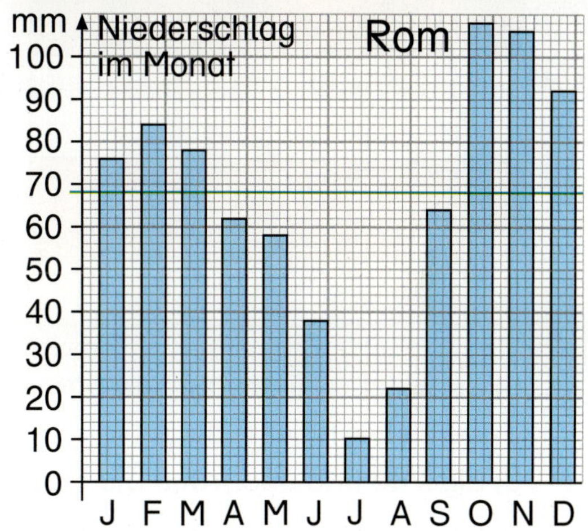

1
a) Lies für jede Stadt die monatlichen Niederschlagsmengen ab und trage sie in eine Tabelle ein (wie in Aufgabe 2).
b) Berechne für jede Stadt die gesamte Niederschlagsmenge im Jahr.
c) Welche Bedeutung hat die grüne Linie in den Schaubildern?

2
Monatliche Niederschlagsmengen in London:

Monat	J	F	M	A	M	J	J	A	S	O	N	D
mm	78	54	60	56	58	60	46	58	68	74	76	80

a) Zeichne ein Schaubild für die Niederschlagsmengen in London in dein Heft. Nimm für 1 mm Niederschlag 1 mm Höhe. Nimm für die Breite der Säulen und für den Abstand der Säulen jeweils eine Karolänge.
b) Berechne die gesamte Niederschlagsmenge im Jahr.
c) Berechne die durchschnittliche Niederschlagsmenge pro Monat und zeichne sie als grüne Linie ein.

3
Berechne für jeden Monat im Sommerhalbjahr, an wie vielen Tagen in Lissabon kein Regen fällt.

Monat	A	M	J	J	A	S
Regentage	5	3	1	0	0	2

Flaggen

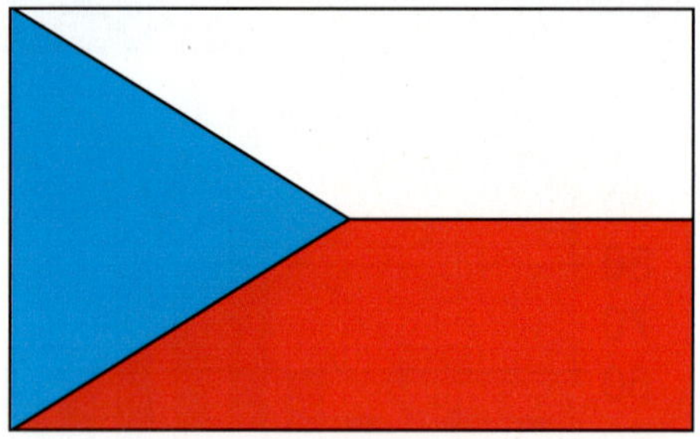

1 a) Zu welchen Nationen gehören die Flaggen?

b) Zeige bei jeder Flagge die Symmetrieachsen.

c) Miss ab und übertrage die Flaggen in doppelter Größe in dein Heft.

2 Für die olympischen Spiele müssen folgende Flaggen neu genäht werden:

a) Berechne für jede Flagge den Stoffverbrauch in den benötigten Farben.

b) Wie teuer sind die Flaggen?

Stoffpreis
weiß/schwarz: 16 € pro m²
bunte Stoffe: 18 € pro m²

Polen

Spanien

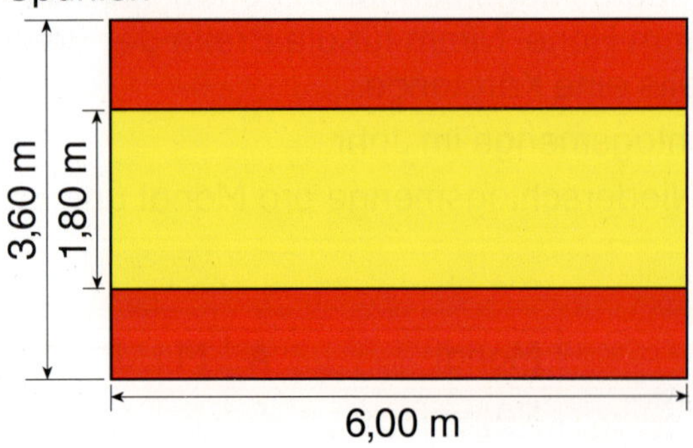

Italien

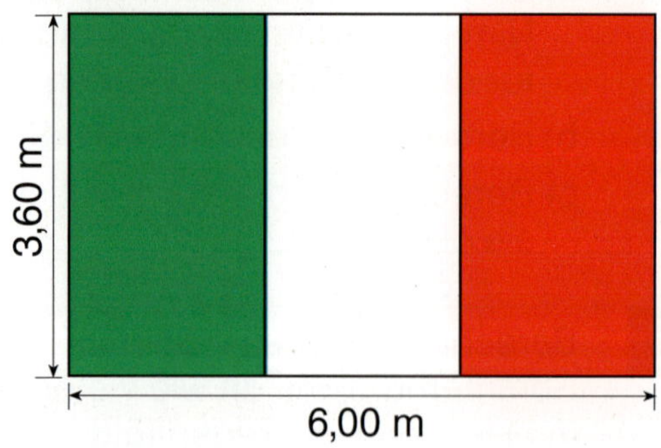

Dezimalbrüche 2

Hochsprung
Gold 2,35 m
Sergej Kljugin (Russland)

Gewichtheben
Zweikampf
Silber 467,5 kg
Ronny Weller (Deutschland)

Weitsprung
Gold 6,99 m
Heike Drechsler (Deutschland)

Kommaschreibweise bei Größen

1 Wer ist am weitesten gefahren?

2 Übertrage die Tabelle in dein Heft und vervollständige sie.

Tim	Sarah	Daniel	Lina
2 500 m	3 200 m		
2 km 500 m		2 km 750 m	
2,500 km			3,100 km

3 Schreibe mit Komma in der angegebenen Einheit.

a) kg
3 kg 275 g
1 kg 53 g
4 kg 100 g
6 kg 4 g

b) kg
4 362 g
2 109 g
575 g
80 g

c) kg
5 800 g
5 080 g
5 008 g
8 500 g

d) t
3 t 935 kg
5 t 89 kg
1 t 100 kg
2 t 25 kg

e) t
4 852 kg
2 075 kg
563 kg
55 kg

4 Setze ein: > (größer); < (kleiner); = (gleich)

a) 372 cm ☐ 3,85 m
105 cm ☐ 1,50 m
89 cm ☐ 0,89 m

b) 2 m 81 cm ☐ 2,81 m
5 m 9 cm ☐ 5,59 m
3 m 70 cm ☐ 3,72 m

c) 3,4 cm ☐ 30 mm
1,9 cm ☐ 18 mm
0,7 cm ☐ 7 mm

5 Runde auf €.

Trikot	Fußball	Hallenschuhe	T-Shirt	Inliner
44,75 €	12,40 €	69,95 €	27,65 €	55,20 €

6
a) 3,50 € + 2,30 €
4,15 € + 1,40 €
5,75 € + 0,05 €

b) 8,120 kg + 1,100 kg
3,250 kg + 2,200 kg
1,900 kg + 0,100 kg

c) 25,30 m – 5,10 m
38,75 m – 2,75 m
15,80 m – 0,50 m

7
a) 4 · 2,1 cm
3 · 3,3 cm
2 · 5,4 cm

b) 2 · 4,302 km
3 · 2,201 km
5 · 1,110 km

c) 14,60 € : 2
21,90 € : 3
12,80 € : 4

Addieren und Subtrahieren

1 a) Wie viel € muss Jan bezahlen?
b) Wie viel € behält Tina übrig?

2

a) 2,5 + 3,2
7,8 + 6,1
25,2 + 10,3
40,6 + 6,3

b) 0,6 + 16,2
21,1 + 3,6
54,2 + 5,3
12,4 + 0,4

c) 5,8 – 2,3
16,5 – 5,1
25,7 – 3,2
30,8 – 0,6

d) 45,9 – 5,9
12,8 – 0,5
9,7 – 3,6
22,2 – 1,1

3 Rechne schriftlich. Schreibe Komma unter Komma.

a) 73,85 + 21,73
246,08 + 135,86
605,39 + 206,08
462,94 + 83,45

b) 223,82 – 146,35
547,06 – 83,59
302,54 – 75,08
193,70 – 124,26

c) 124,73 + 81,46 + 5,8
90,4 + 236,87 + 10,52
345,09 + 8,25 + 41,7
5,62 + 176,3 + 94,95

4 Wie viel € bleiben übrig?

5 Rechne schriftlich.

a) 244,381 + 109,475
612,035 + 78,914
63,503 + 210,876
370,249 + 99,408

b) 413,743 – 245,615
105,934 – 96,702
84,068 – 9,436
362,402 – 186,057

c) 909,129 – 77,027
306,001 – 120,999
472,213 – 98,321
100,235 – 99,235

6 Ein Goldmedaillengewinner im Speerwurf erreicht 84,28 m.
Der Sportler auf dem dritten Platz erreicht 83,26 m.
Wie groß ist der Unterschied?

Multiplizieren mit 10, 100 und 1 000

1 Berechne die Preise.

Wird eine Kommazahl mit 10, 100, 1 000 multipliziert, verschiebt sich das Komma nach rechts.

4,25 · 10 = 42,5 **6,527 · 100 = 652,7** **8,346 · 1 000 = 8 346**

Füge Nullen hinzu, damit du das Komma verschieben kannst.

2,5 · 1 000 = 2,5000 · 1 000 = 2 500

2

a)
27,453 · 10
14,387 · 100
35,162 · 1 000

b)
134,082 · 10
517,375 · 100
86,049 · 1 000

c)
83,47 · 10
205,863 · 100
517,032 · 1 000

3

a)
4,8 · 100
12,9 · 100
48,3 · 100
70,2 · 100

b)
3,75 · 1 000
18,32 · 1 000
27,5 · 1 000
45,8 · 1 000

c)
14,8 · 1 000
0,5 · 100
27,04 · 1 000
1,9 · 100

4

a)
138,207 · 10
24,03 · 1 000
75,5 · 100
214,38 · 10

b)
54,37 · 1 000
708,2 · 100
14,086 · 10
142,702 · 100

c)
68,27 · 100
138,4 · 1 000
94,63 · 10
3,089 · 1 000

5 Für einen Zaun werden 100 Bretter benötigt.
Wie viel m Holz werden verarbeitet?

Dividieren durch 10, 100 und 1 000

1 Berechne jeweils den Preis für 1 Stück. Runde auf 2 Stellen nach dem Komma.

Wird eine Kommazahl durch 10, 100, 1 000 dividiert, verschiebt sich das Komma nach links.

34,8 : 10 = 3,48 **251,6 : 100 = 2,516** **4 265,1 : 1 000 = 4,2651**

Füge Nullen hinzu, damit du das Komma verschieben kannst.

5,2 : 100 = 005,2 : 100 = 0,052

2

a) 28,623 : 10
475,76 : 100
2 434,08 : 1 000

b) 48,04 : 10
506,3 : 100
3 209,4 : 1 000

c) 57,5 : 10
283,84 : 100
1 025,6 : 1 000

3

a) 2,5 : 10
17,3 : 100
0,7 : 10
20,8 : 100

b) 4,8 : 100
35,72 : 1 000
8,3 : 1 000
0,2 : 100

c) 0,2 : 10
105,4 : 100
23,1 : 1 000
3,5 : 100

4

a) 45,3 : 10
162,5 : 1 000
17,4 : 100
3,7 : 10

b) 58,2 : 1 000
63,0 : 100
167,4 : 10
0,8 : 100

c) 4,26 : 100
5,37 : 1 000
17,8 : 10
263,5 : 1 000

5

a) Wie teuer ist eine Dose Katzenfutter?

b) Ein Tierheim kauft 100 Dosen zum Extra-Sonderpreis von insgesamt 62,00 €.
Wie viel € zahlt das Tierheim für eine Dose?

Multiplizieren

1 Die Klassen 8a und 8b besuchen mit insgesamt 27 Schülern das Heimatmuseum.
Wie viel € kostet der Eintritt für alle Schüler?

Eintritt
3,25 €

Rechne ohne auf das Komma zu achten.
Setze erst im Ergebnis das Komma.

24,3 · 4	7,53 · 64
97,2	451 8
	30 12
	481,92

2

a) 34,65 · 3
7,159 · 6
141,03 · 5
78,7 · 4

b) 253,72 · 7
15,6 · 9
48,65 · 2
9,042 · 8

c) 24,68 · 20
9,53 · 43
78,9 · 30
6,05 · 65

d) 52,8 · 59
6,43 · 70
12,01 · 91
0,84 · 80

3

a)

b)

c)

4

a) 32,3 · 21
14,62 · 18
9,04 · 35
20,5 · 43

b) 50,6 · 32
54 · 8,24
0,156 · 23
34,04 · 18

c) 4,023 · 15
44,7 · 38
29,04 · 42
93 · 0,6

d) 4,082 · 26
45 · 19,57
68,9 · 14
0,631 · 37

5

a) Wie viel km legt Marc an 5 Schultagen zurück?

b) Wie viel km fährt Pia an 5 Tagen mit dem Fahrrad?

Dividieren

1 a) Wie viel € kostet ein Tag in der Pension?

b) Wie viel € kostet ein Tag im Hotel?

Beim Überschreiten des Kommas muss auch im Ergebnis ein Komma gesetzt werden.

```
20,7 : 3 = 6,9
18
 27
 27
  0
```

2

a)	b)	c)	d)
47,65 : 5	128,4 : 6	8,771 : 7	348,6 : 20
55,26 : 3	180,8 : 4	8,215 : 5	717,5 : 50
98,72 : 4	228,9 : 3	7,602 : 3	789,4 : 40
79,12 : 2	318,5 : 5	9,632 : 8	641,4 : 30

3 a)

b)

c)

4 Acht Freunde gehen ins Kino.
Der Eintritt für alle zusammen beträgt 30 €.
Wie viel € kostet eine Eintrittskarte?

5 Rechne höchstens bis drei Stellen nach dem Komma.

a)	b)	c)	d)	e)
10 : 8	2 : 5	46 : 9	8 : 9	127 : 8
15 : 4	4 : 8	57 : 8	62 : 6	217 : 8
20 : 6	7 : 4	124 : 6	304 : 7	100 : 3
3 : 4	21 : 6	253 : 7	199 : 4	200 : 6

10 = 10,0

Multiplizieren mit Dezimalbrüchen

1

Wie viel € müssen die Kunden bezahlen?
Runde die Ergebnisse auf zwei Stellen nach dem Komma.

Setze erst im Ergebnis das Komma.
Das Ergebnis hat so viele Stellen nach dem Komma wie beide Kommazahlen zusammen.

```
1,64 · 2,3
  3 28
   49 2
    1
  3,77 2
```

2

a)	b)	c)	d)
4,31 · 3,9	24,35 · 2,8	18,04 · 6,5	245,04 · 3,1
6,18 · 8,6	16,72 · 4,3	24,73 · 1,8	95,8 · 6,4
3,53 · 5,7	9,58 · 7,4	12,05 · 3,9	131,72 · 8,3
3,69 · 2,3	31,41 · 5,2	8,9 · 4,7	166,4 · 5,2

3 Runde die Ergebnisse auf zwei Stellen nach dem Komma.

4 Die Ergebnisse sollen nicht mehr als zwei Stellen nach dem Komma haben. Runde, falls nötig.

a)

12,42	8,06	21,3	·	2,3
9,04	16,8	12,75	·	4,5

b)

7,23	0,81	16,35	·	3,7
2,46	1,04	12,63	·	2,9

c)

17,15	0,37	9,4	·	6,4
0,96	8,3	14,03	·	8,7

d)

17,77	2,85	10,06	·	7,3
4,29	14,3	25,4	·	9,7

Gebühren und Kosten im Haushalt

Wiederholen und Üben

1 a) 2,40 m + 3,10 m
5,25 m + 1,30 m
2,05 m + 1,35 m

b) 3,20 € + 1,80 €
1,35 € + 4,30 €
6,08 € + 2,80 €

c) 3,500 kg – 1,200 kg
4,750 kg – 2,400 kg
7,580 kg – 5,500 kg

2 a) 3 · 2,1 m
5 · 1,2 m

b) 2 · 1,203 km
3 · 1,102 km

c) 18,80 € : 2
27,60 € : 3

3 a) 10,4 + 5,2
25,3 + 3,5
41,8 + 6,1
9,2 + 4,6

b) 130,3 + 20,2
310,7 + 15,1
500,1 + 63,8
0,6 + 15,3

c) 23,8 – 2,5
55,6 – 4,1
9,9 – 3,3
18,4 – 0,2

d) 160,6 – 50,2
290,3 – 30,3
700,8 – 20,8
900,5 – 0,5

4 a) 225,98 + 153,73
96,17 + 368,05
341,02 + 91,38
502,99 + 74,46

b) 438,72 – 193,46
103,04 – 89,72
351,91 – 244,04
276,83 – 91,58

c) 546,712 + 115,193
83,049 + 241,305
254,304 – 96,183
471,243 – 173,059

5 a)

34,19	68,074	8,04	·	10
15,321	24,29	6,8	·	100
4,326	9,04	10,3	·	1 000

b)

15,28	8,149	25,3	:	10
215,82	73,05	8,8	:	100
123,4	68,5	7,2	:	1 000

6 a) 419,3 · 5
83,74 · 8
275,06 · 6
9,835 · 9

b) 12,026 · 3
0,94 · 7
153,8 · 4
44,003 · 2

c) 34,8 · 25
29,74 · 50
8,09 · 32
46,2 · 40

d) 0,836 · 61
2,07 · 92
25,6 · 86
18,012 · 70

7 Runde die Ergebnisse auf zwei Stellen nach dem Komma.

a)

46,23	208,8	86,142	:	3
316,25	74,305	142,5	:	5

b)

39	141	377	:	4
29	277	561	:	8

c)

253	465	809	:	6
813	492	206	:	7

d)

258,33	409,2	74,61	:	30
173,52	587,6	390,4	:	40

8 Frau Roth kauft 2,4 kg Hackfleisch und 1,7 kg Schnitzel.
Wie viel € muss sie bezahlen?
Runde die Ergebnisse auf zwei Stellen nach dem Komma.

1. 2. 2000: Erste Fahrt mit dem Riesenrad in London

Durchmesser:	135 m
Höhe:	137 m
Gewicht:	1 400 t
Fahrgastkabinen:	32 Stück für jeweils 25 Personen
Fahrtdauer:	30 Minuten für eine Umdrehung
Konstrukteure:	David Marks und Julia Barfield

Kreisförmige Gegenstände

1 Womit fährst du am besten?

2 Wo entdeckst du Kreise?

Kreis: Durchmesser und Radius

1 Wie kannst du Kreise zeichnen?

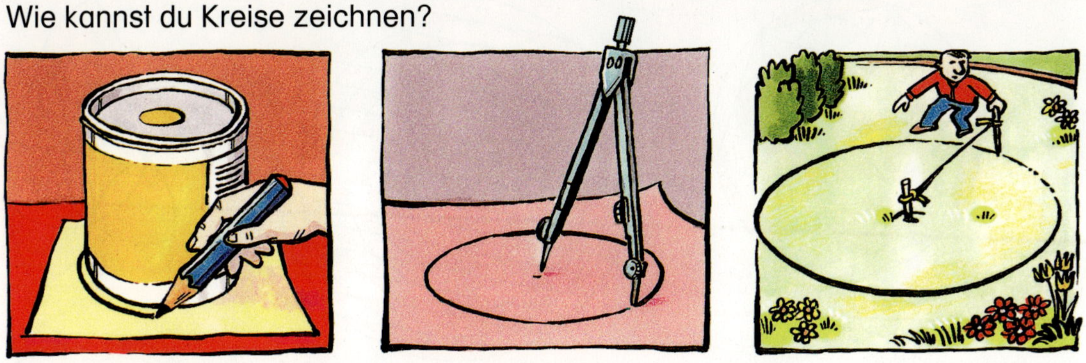

2

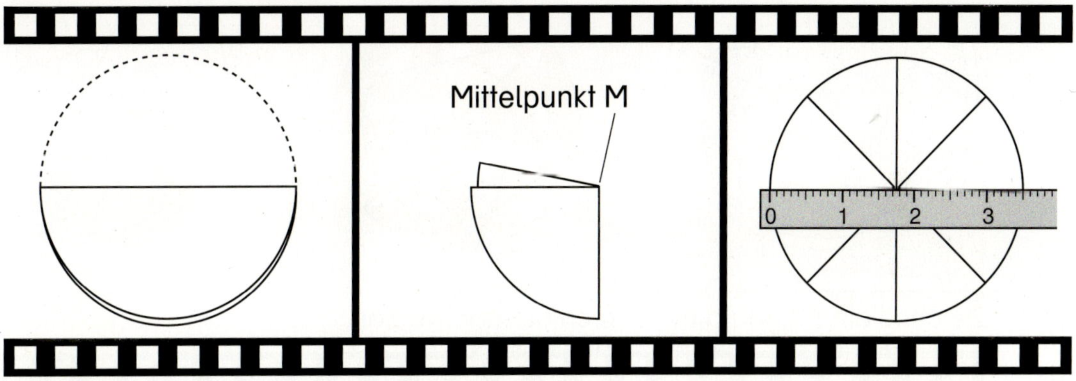

a) Zeichne einen Kreis, schneide ihn aus. Halbiere ihn mehrmals durch Falten.

b) Zeichne die Faltlinien farbig nach und miss ihre Länge.
Was stellst du fest?

c) Miss den Abstand vom Mittelpunkt bis zur Kreislinie.
Vergleiche mit der Größe des Durchmessers.

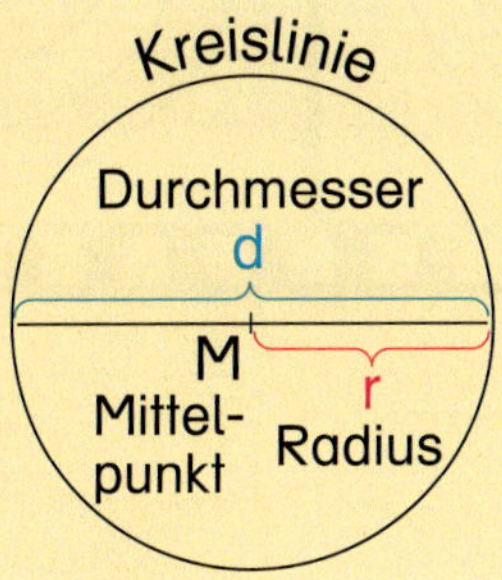

Der Radius ist halb so groß wie der Durchmesser.

d = 2 · r **r = d : 2**

4 Übertrage die Tabelle in dein Heft und berechne die fehlenden Werte.

	a)	b)	c)	d)	e)	f)	g)	h)
Radius r	3 cm	7 cm	12 cm				82 cm	
Durchmesser d				36 cm	68 cm	54 cm		156 cm

Mandalas zeichnen

1 Zeichne ein Mandala mit verschiedenen Radien.

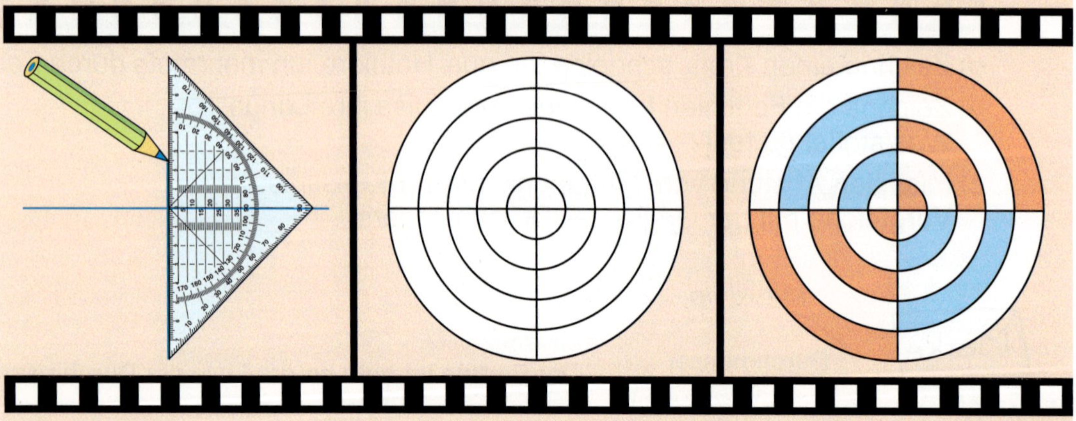

2 Zeichne das Mandala und male es aus.

a)

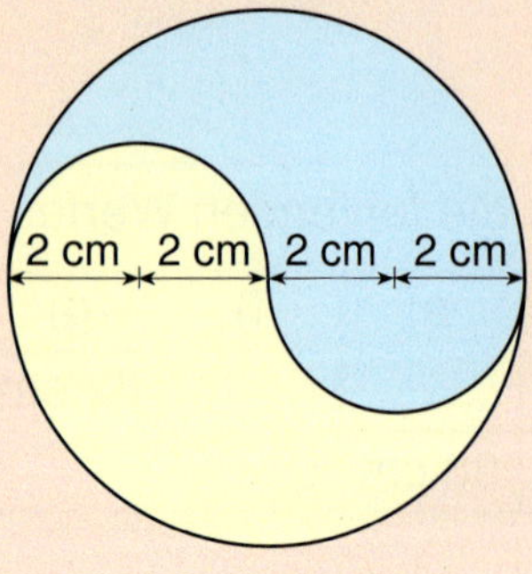

b)

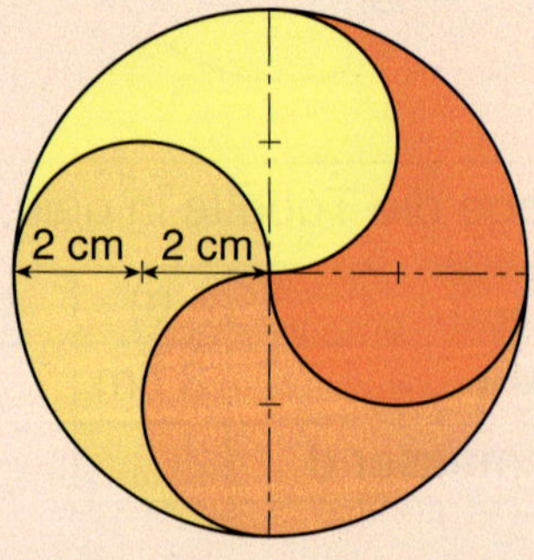

1 Zeichne die Mandalas in dein Heft und gestalte sie farbig.

a)

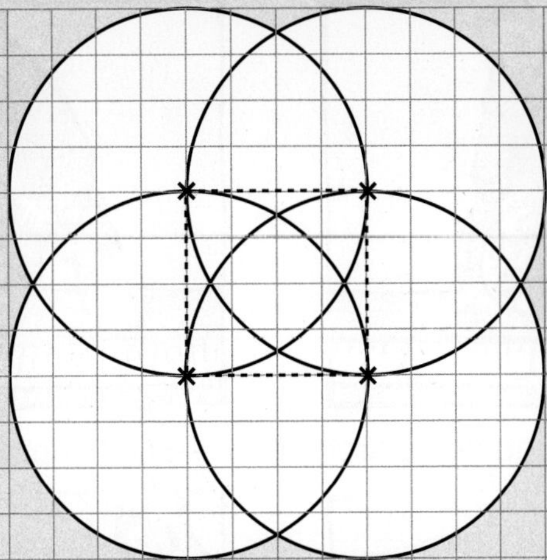

b)

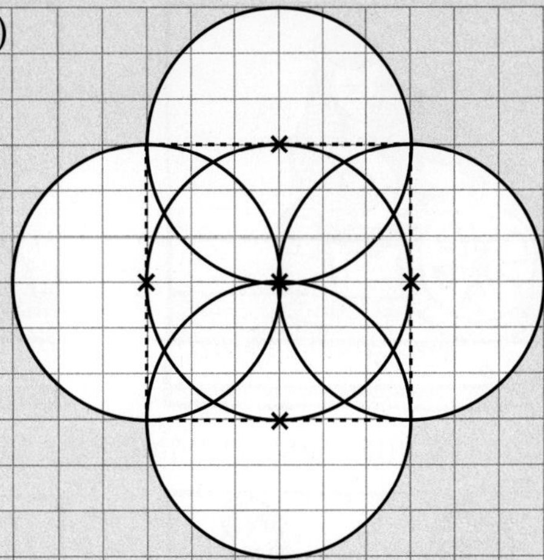

c)

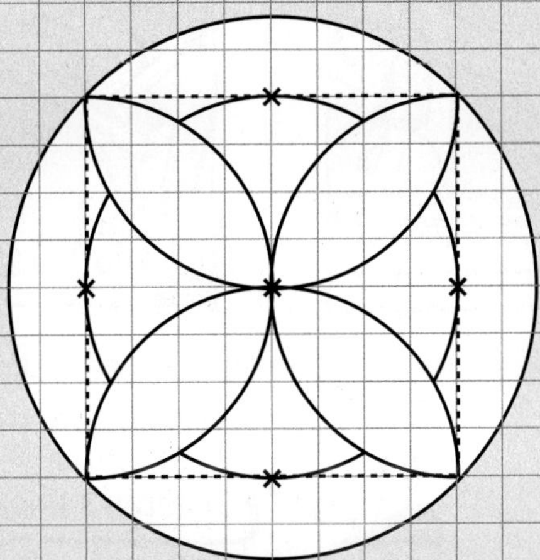

d)

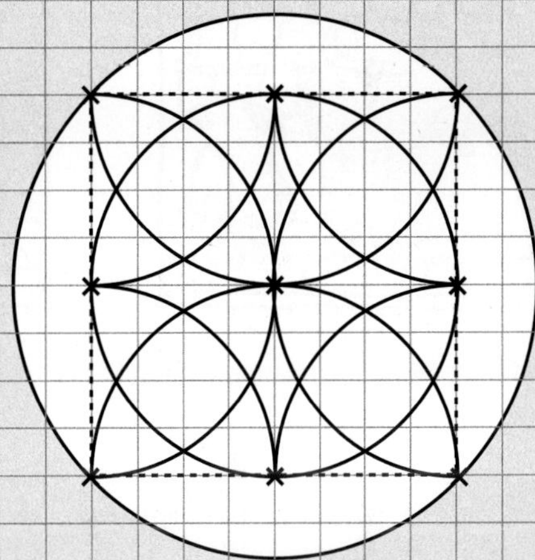

e)

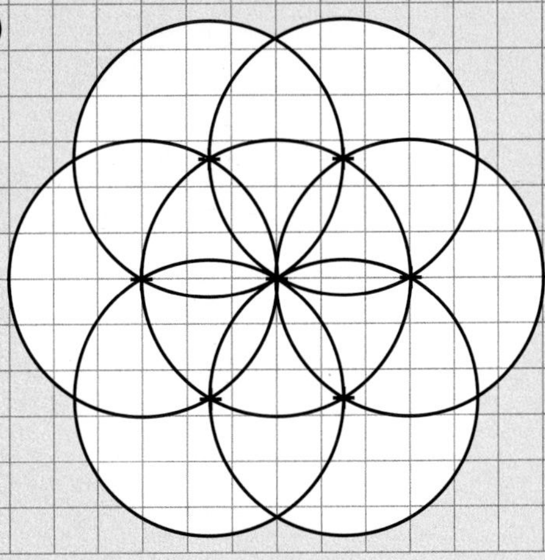

f)

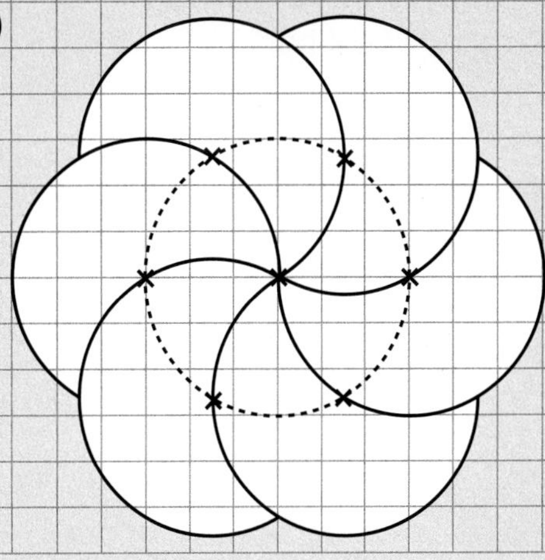

2 Erfinde eigene Mandalas.

Umfang des Kreises

Roland bestimmt den Umfang eines Rades.

Vanessa und Mirko ermitteln den Umfang und den Durchmesser einer Pappröhre.

1 a) Nehmt runde Gegenstände und ermittelt jeweils den Umfang und den Durchmesser.
Tragt eure Ergebnisse in eine Tabelle ein.

b) Prüft mit den Werten nach, ob Mirko Recht hat.

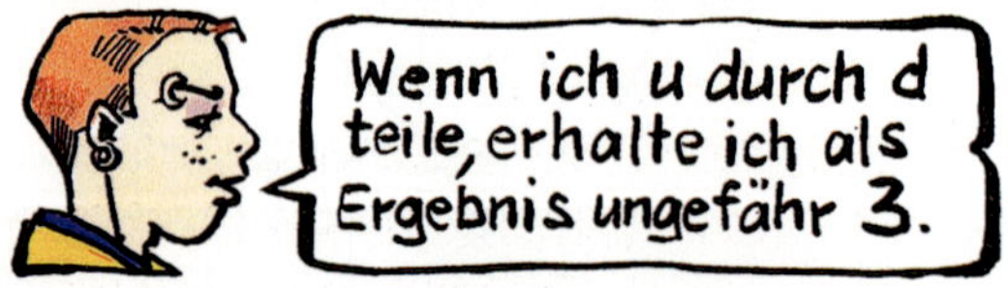

	Umfang (u)	Durchmesser (d)	u : d
Milchdose			
Käseschachtel			
Tasse			

Das genaue Ergebnis von u : d wird π (sprich pi) genannt.
Wir rechnen mit π = 3,14. Für den Umfang des Kreises gilt:

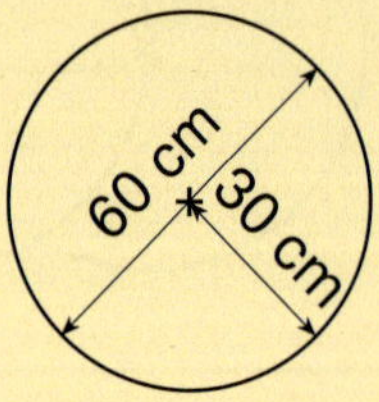

u = π · d | **u = 2 · π · r**

u = π · d | **u = 2 · π · r**

3,14 · 60 | **2 · 3,14 · 30**

u = 188,40 cm | **u = 188,40 cm**

1 Miss den Durchmesser des Kreises und berechne seinen Umfang.
Runde das Ergebnis auf eine Stelle nach dem Komma.

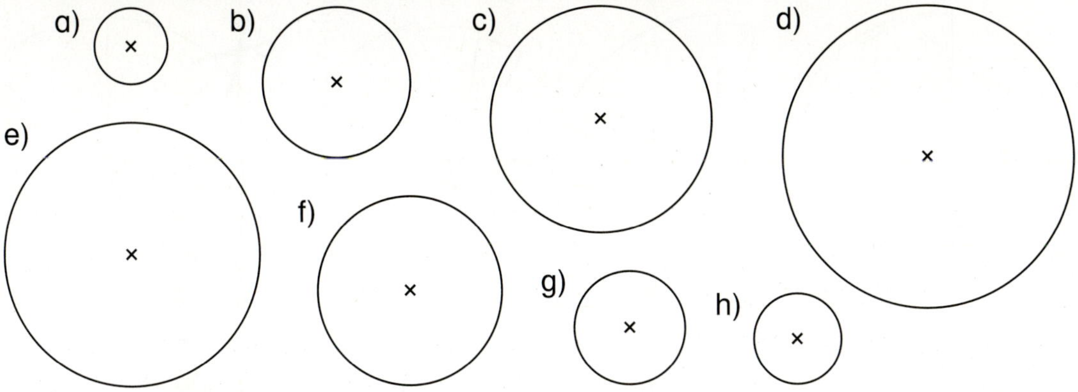

2 Übertrage die Tabelle ins Heft. Berechne die fehlenden Werte und den Umfang.

	a)	b)	c)	d)	e)	f)	g)	h)
Radius r	6 cm	7 cm	9 cm				21 cm	34 cm
Durchmesser d				36 cm	50 cm	75 cm		

3 Der Superwirbel *Orion* hat einen Durchmesser von 12 m.

a) Welchen Umfang hat das Karussell?

b) Welche Wegstrecke hat ein Fahrgast nach 25 Umdrehungen des Karussells zurückgelegt?

4 Ein Riesenrad hat einen Radius von 17 m.

a) Berechne den Umfang.

b) Während einer Fahrt dreht sich das Riesenrad 4-mal. Welche Wegstrecke hat ein Fahrgast dabei zurückgelegt?

5 a) Die großen Räder eines Traktors haben einen Durchmesser von 1,60 m.
Welche Wegstrecke legt ein großes Rad bei einer Umdrehung zurück?

b) Der Durchmesser der kleinen Räder ist halb so groß wie der Durchmesser der großen Räder.
Welche Wegstrecke legt ein kleines Rad bei einer Umdrehung zurück?

Flächeninhalt des Kreises

1 a) Zeichne einen Kreis mit dem Radius r = 5 cm und schneide ihn aus.
b) Teile den Kreis durch Falten in 8 gleiche Teile und schneide auch diese aus.

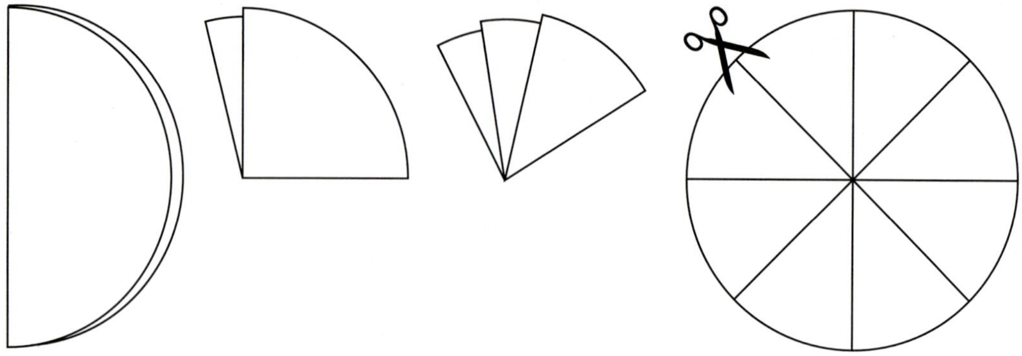

c) Ordne die Teile so an, dass annähernd ein Rechteck entsteht.
Dazu musst du ein Teilstück halbieren.

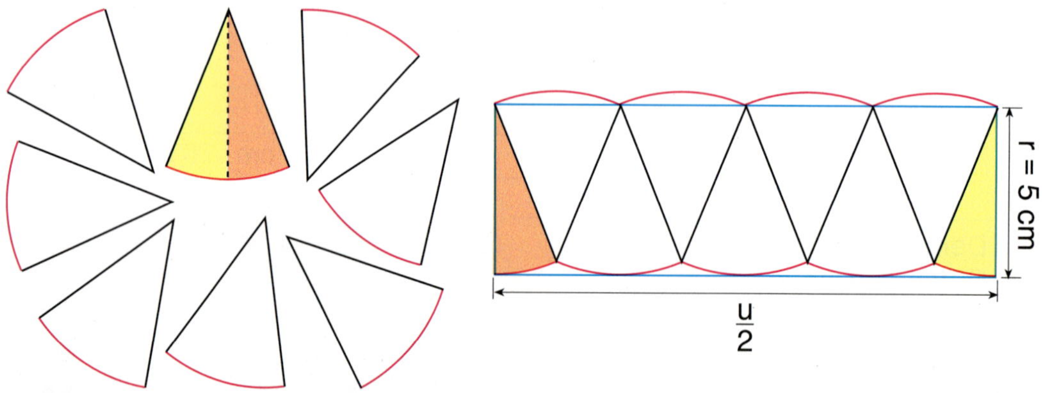

2 Der Flächeninhalt des blauen Rechtecks in Aufgabe 1c) hilft bei der Berechnung der Kreisfläche. Erkläre.

$A_{\square} = a \cdot b$

$A_{\circ} = \frac{u}{2} \cdot r$

3 Die Formel für den Flächeninhalt des Kreises kannst du vereinfachen.
Erkläre die Vorgehensweise.

$A = \frac{u}{2} \cdot r$

$A = \frac{2 \cdot \pi \cdot r}{2} \cdot r$

$A = \pi \cdot r \cdot r$

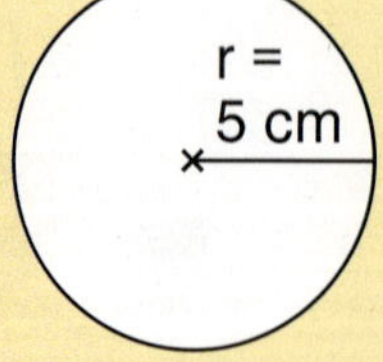

Flächeninhalt des Kreises

$A = \pi \cdot r \cdot r$ ($3{,}14 \cdot 5 \cdot 5$)

$A = 78{,}50\ cm^2$

1 Miss den Radius der Figur und berechne den Flächeninhalt.
Runde das Ergebnis auf eine Stelle nach dem Komma.

a) b) c) d)

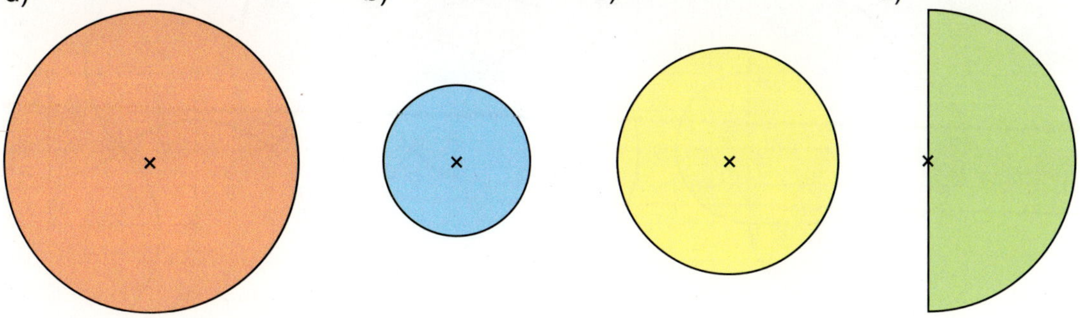

2 Übertrage die Tabelle in dein Heft und berechne die fehlenden Werte.

	a)	b)	c)	d)	e)	f)
Radius r	5 cm	7 cm			15 cm	60 cm
Durchmessser d			32 cm	50 cm		
Flächeninhalt A						

3 Zeichne die Figur in dein Heft und berechne den Flächeninhalt.

a) b) c)

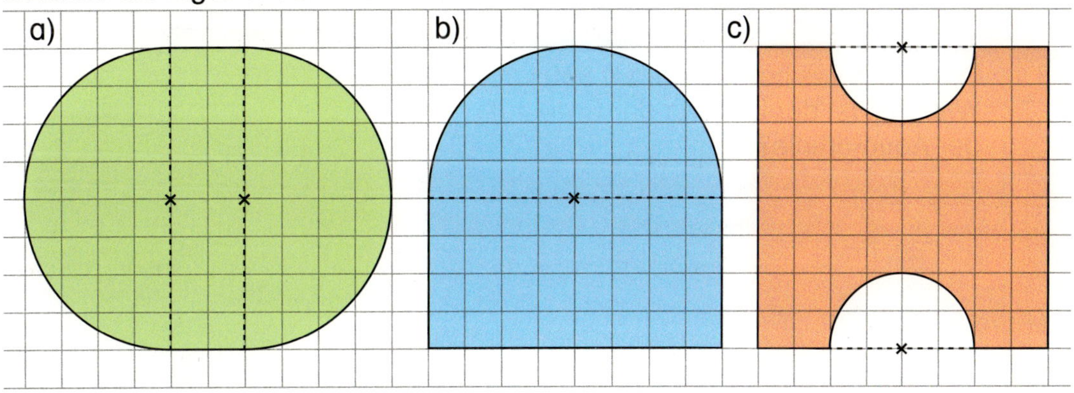

4 Berechne den Flächeninhalt der Unterlegscheibe.
Runde das Ergebnis auf eine Stelle nach dem Komma.

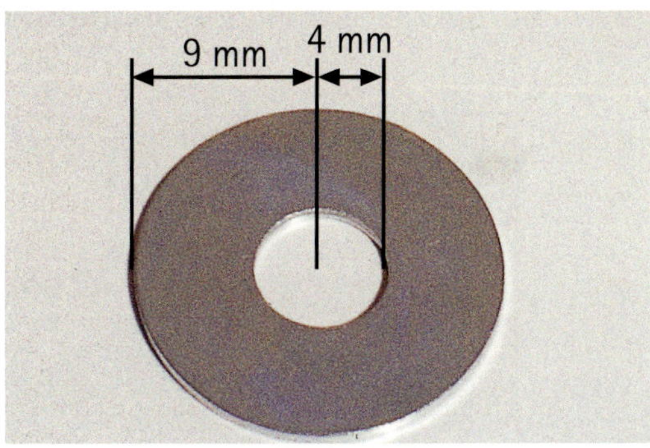

Wiederholen und Üben

1 Zeichne das Muster in dein Heft.

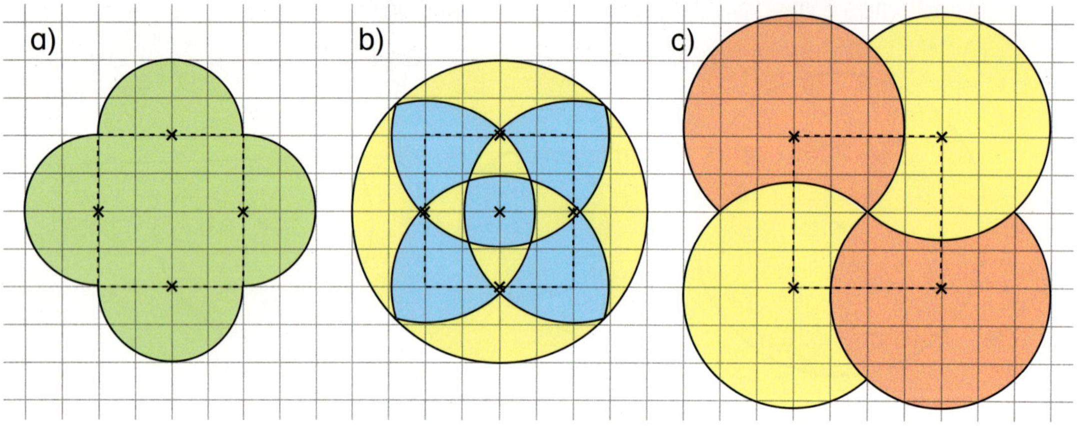

2 Übertrage die Tabelle in dein Heft und ergänze die fehlenden Werte.

	a)	b)	c)	d)	e)	f)
Radius r	4 cm	6 cm			40 cm	
Durchmesser d			16 cm	52 cm		96 cm
Umfang u						
Flächeninhalt A						

3 Der Erdradius beträgt rund 6 350 km. Wie groß ist der Umfang der Erde auf der Äquatorlinie?

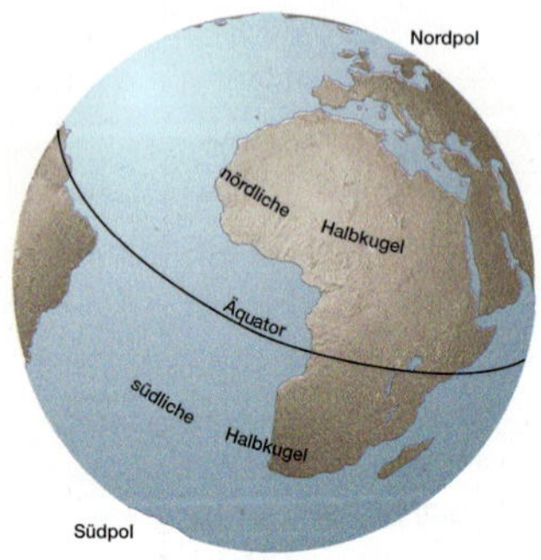

4 Berechne den Flächeninhalt der Figuren.

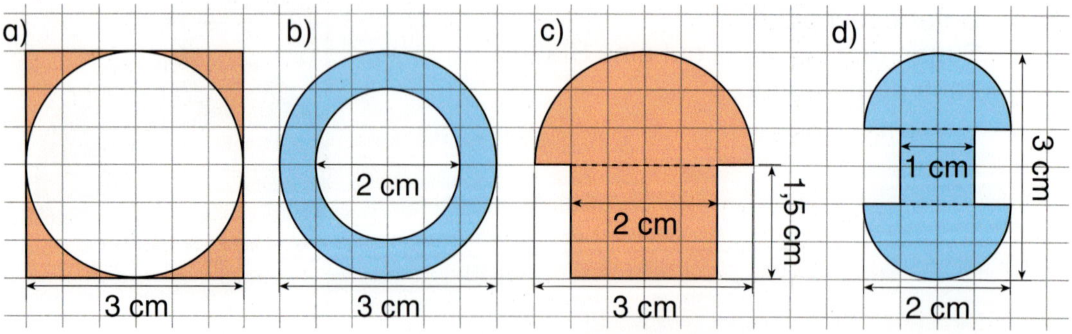

Alles paletti

1 Das schwierigste Langstrecken-Rennen der Welt findet auf dem Nürburgring statt. Die 25 km lange Strecke muss 140-mal umrundet werden.

a) Wie viel km werden bei diesem Rennen gefahren?

b) In einer Stunde werden durchschnittlich 145 km gefahren. Wie viel km hat ein Fahrer mit seinem Wagen nach 8 Stunden zurückgelegt?

2

a)	b)	c)
126,78 + 13,21	378,63 + 26,21	387,06 + 81
37,43 + 321,54	739,08 – 225,67	36 + 463,09
254,87 – 32,36	683,43 + 56,28	581,64 – 73,47
768,14 – 13,68	375,64 – 48,92	435,05 – 182
253,08 – 127,45	67,70 + 343,07	647 – 362,48

3 a)

12,71	36,018	9,1	·	10
63,631	54,38	6,4	·	100
17,468	91,63	12,7	·	1 000

b)

124,3	96,28	6,9	:	10
363,7	64,51	9,7	:	100
6 357	12 050	461	:	1 000

4

a)	b)	c)	d)
74,3 · 2	13,6 · 21	12,41 · 53	14,5 · 5,2
217,4 · 3	24,7 · 14	18,3 · 72	35,6 · 7,3
53,67 · 4	39,4 · 23	93,85 · 60	129,86 · 6,5
138,015 · 6	9,08 · 43	86,74 · 78	261 · 3,7
47,14 · 5	52,3 · 50	56,34 · 95	73,6 · 9,2

5

a)	b)	c)
1% von 200 kg	10% von 65 m	10% von 98 €
1% von 350 kg	10% von 40 m	20% von 730 €
1% von 80 kg	10% von 275 m	25% von 1 200 €
1% von 1 500 kg	10% von 10 m	50% von 2 500 €

6

a)	b)	c)
3% von 183 €	10% von 1 750 €	12% von 126 €
5% von 25 €	20% von 800 €	23% von 84 €
7% von 234 €	25% von 1 640 €	64% von 508 €
9% von 305 €	50% von 1 350 €	78% von 93 €

7 In Monaco leben rund 32 000 Menschen.
21% sind Monegassen, 47% sind Franzosen und 16% sind Italiener.
Wie viele Menschen in Monaco sind Monegassen, Franzosen, Italiener?

Alles paletti

1 Neun Schüler bezahlen zusammen 33,75 € für den Besuch der Tropfsteinhöhle.
Wie viel € kostet die Eintrittskarte?

2

a) 85,15 : 5
20,58 : 3
5,1 : 6
193,24 : 4

b) 110,7 : 9
84,36 : 6
313,8 : 4
3,15 : 5

c) 330,2 : 20
841,2 : 30
2 693 : 50
772,8 : 40

d) 852 : 30
686 : 70
1 355,4 : 90
2 010,6 : 60

3 Übertrage ins Heft. Ergänze die fehlenden Werte.

a) **Fliesen**

m²	€
10	155
30	

b) **Kleber**

kg	€
5	24,80
20	

c) **Zement**

Säcke	€
3	7,30
9	

d) **Glühbirnen**

Stück	€
6	13,80
2	

e) **Batterien**

Stück	€
8	6,40
4	

f) **Akkus**

Stück	€
10	15,30
2	

4 Übertrage die Tabelle in dein Heft. Ergänze die fehlenden Werte des Kreises.

	a)	b)	c)	d)	e)	f)
Radius r	4 cm	35 cm			74 cm	
Durchmesser d			88 cm	116 cm		264 cm
Umfang u						
Fläche A						

5 Berechne den Flächeninhalt der farbigen Figuren.
Runde auf zwei Stellen nach dem Komma.

a)
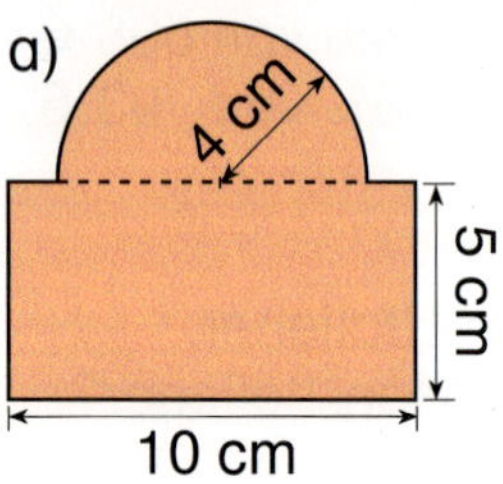

b)
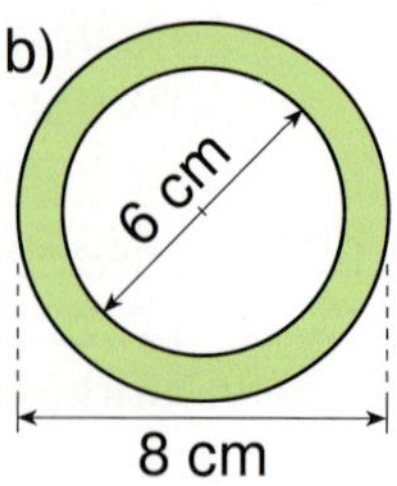

c)
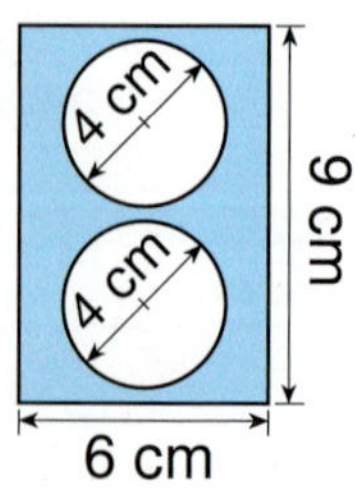

Befragung ergibt: Sport in der Freizeit ganz vorn

Die Ergebnisse einer Befragung von Jugendlichen aus ganz Deutschland wurden gestern vorgestellt. Danach steht Sport bei Mädchen und Jungen aller Altersgruppen an erster Stelle.
Von den 50 000 Befragten nannten 45% Sport als liebste Freizeitbeschäftigung, und zwar nicht, wie bei vielen Angehörigen der älteren Generation, vom Fernsehsessel aus, sondern auf dem Sportplatz oder in der Sporthalle. Besonders Fußball und Schwimmen

Prozentsätze

1 Sportverein Neustadt: 1 500 Mitglieder

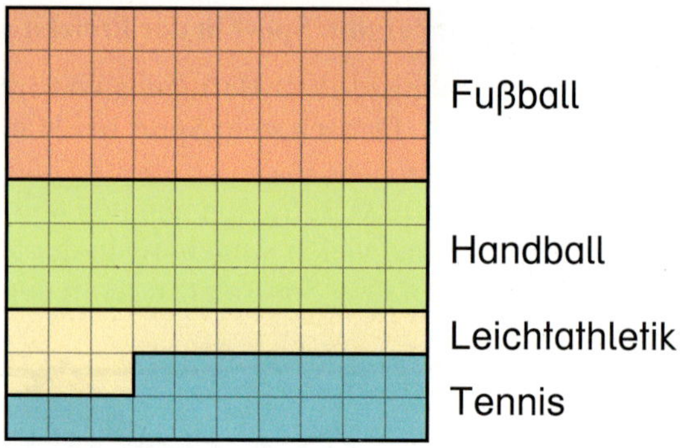

100% sind 1 500 Mitglieder

a) Lies ab, wie viel % der Mitglieder in den einzelnen Abteilungen des Sportvereins sind.

b) Berechne für jede Abteilung die Anzahl der Mitglieder.

Fußball: 40%

	%	Mitglieder	
:100 ↓	100	1 500	↓ :100
· 40 ↓	1	15	↓ · 40
	40	☐	

2 In den Bildern sind die Prozentsätze für andere Vereine dargestellt. Lies den Prozentsatz für jede Abteilung ab und berechne die Anzahl der Mitglieder.

a) TUS Birkenmoor

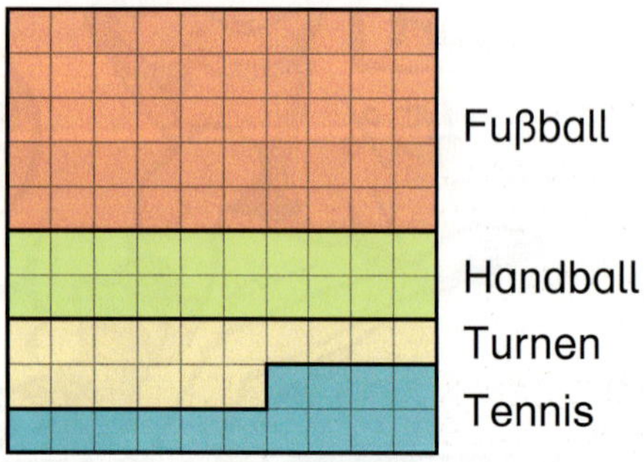

100% sind 800 Personen

b) TSV Schöntal

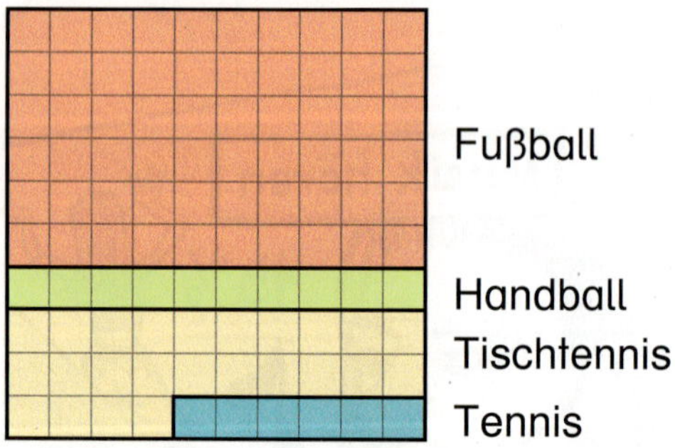

100% sind 1 200 Personen

3 a) Zeichne ein Hunderterquadrat (10 Karos lang, 10 Karos breit). Färbe die Anteile für die Abteilungen.

b) Berechne für jede Abteilung die Mitgliederzahl.

SG Burgstadt

Fußball	40%
Handball	20%
Leichtathletik	25%
Tennis	15%

100% sind 900 Personen

Brüche und Prozentsätze

1 Hassan vergleicht die Klassen 5a und 5b.
Lies im Bild ab, welche Klasse sportlicher ist.

2 Vergleiche wie Hassan.

a)

	Schüler	Urkunden
7a	20	4
7b	18	9

b)

	Schüler	Urkunden
8a	14	7
8b	12	3

c)

	Schüler	Urkunden
9a	16	4
9b	20	5

3 Welcher Bruchteil der Fläche ist gefärbt? Gib den Bruchteil auch in % an.

a) b) c) d) e)

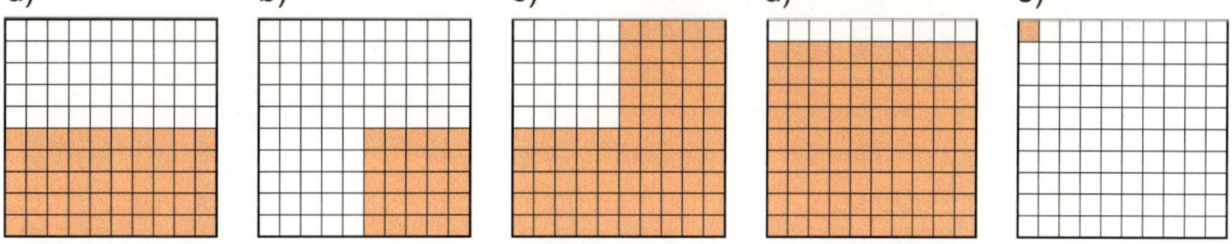

4 Welcher Bruchteil ist gefärbt? Wie viel % der Fläche sind es?

a) b) c) d) e) f)

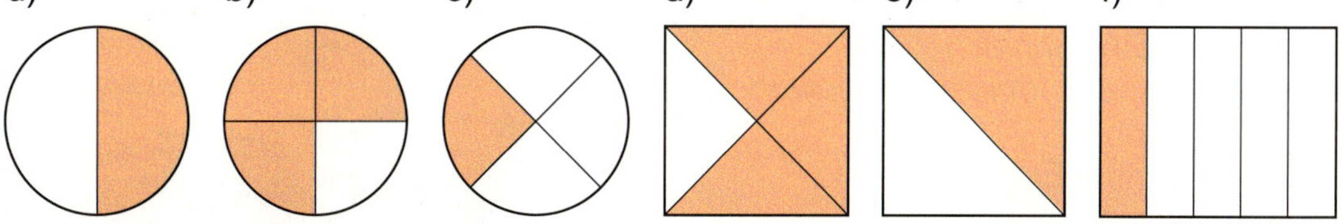

5 Von den 20 Schülerinnen und Schülern der Klasse 6a sind 10 im Sportverein.
Wie viel % sind es?

Prozentwert berechnen

Von den 6 000 Sitzplätzen der Sporthalle sind 85% besetzt.
Wie viele Sitzplätze sind besetzt?

	%	Plätze	
: 100 ↓	100	6 000	↓ : 100
· 85 ↓	1	60	↓ · 85
	85	5 100	

Nebenrechnung

$60 \cdot 85$

6	0	·	8	5
	4	8	0	
		3	0	0
	1			
	5	1	0	0

5 100 Plätze sind besetzt.

%	Plätze
100	6 000

100% sind 6 000 Plätze.

	%	Plätze	
: 100 ↓	100	6 000	↓ : 100
	1	60	

1% sind 60 Plätze.

	%	Plätze	
: 100 ↓	100	6 000	↓ : 100
· 85 ↓	1	60	↓ · 85
	85	5 100	

85% sind 5 100 Plätze.

1 Das Fußballstadion hat 65 000 Plätze.
Beim Schlagerspiel sind 92% der Plätze besetzt.
Wie viele Plätze sind besetzt?

2

a) 2% von 1 200 kg
5% von 1 100 kg
4% von 2 200 kg
3% von 3 300 kg

b) 1% von 720 m
3% von 210 m
4% von 120 m
2% von 340 m

c) 3% von 610 €
2% von 430 €
4% von 820 €
5% von 210 €

3

a) 12% von 4 000 kg
23% von 8 000 kg
87% von 6 000 kg
73% von 2 000 kg

b) 48% von 400 m
53% von 700 m
68% von 900 m
74% von 500 m

c) 37% von 860 €
59% von 230 €
47% von 645 €
94% von 992 €

4 Im letzten Jahr hatte Lindenberg 950 Einwohner.
In diesem Jahr ist die Einwohnerzahl 4% höher.
Wie viele Einwohner sind hinzugekommen?

Preisnachlass

1 Berechne immer den Preisnachlass und den neuen Preis.

Das Prozentspiel

Ihr braucht jede dieser Karten viermal.

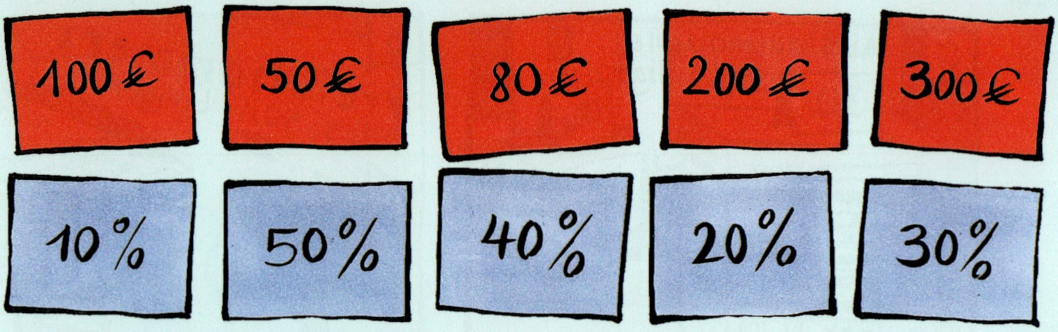

Außerdem braucht ihr eine Tabelle zum Eintragen der Ergebnisse.

Name	1. Runde	2. Runde	3. Runde	4. Runde	5. Runde

Spielregel „Hoch gewinnt"

- Die Karten vor jeder Runde mischen.
- Jeder zieht ein rote und eine blaue Karte.
- Jeder rechnet seine Prozentaufgabe aus. Tragt die Ergebnisse in die Tabelle ein.
- Wer das höchste Ergebnis hat, ist Rundensieger und bekommt einen Punkt.
- Wer nach 5 Runden die meisten Punkte hat, ist Sieger.

Spielregel „Niedrig gewinnt"

- Rundensieger ist, wer das kleinste Ergebnis hat.

1 Nach welcher Regel wird hier gespielt?

Rabatt und Skonto

1 Famile Kramer hat einen neuen Küchenherd für 498 € bekommen. Frau Kramer zahlt sofort bei Lieferung und kann 2% Skonto abziehen.

a) Wie viel € kann Frau Kramer vom Rechnungsbetrag abziehen?

b) Wie viel € zahlt Frau Kramer für den Küchenherd?

2 Berechne immer 2% Skonto.

a) 428 €	b) 7 430 €	c) 60 500 €	d) 3 572 €
372 €	1 470 €	17 200 €	1 348 €
148 €	2 510 €	38 500 €	7 428 €
917 €	3 820 €	23 400 €	9 217 €

3 Frau Schack kauft ein neues Auto für 11 250 €. Der Händler gewährt ihr einen Rabatt von 5%.

a) Wie viel € kann Frau Schack von der Rechnung abziehen?

b) Wie viel € zahl Frau Schack für das Auto?

Skonto und Rabatt sind Preisnachlässe.
Skonto wird bei kurzfristiger Bezahlung gewährt.
Alle anderen Preisnachlässe heißen Rabatt.

4 Maurermeister Urban kauft Kalksandsteine für 12 480 €. Die Fabrik gewährt ihm 15% Rabatt.

a) Wie viel € beträgt der Rabatt?

b) Wie viel € überweist Herr Urban an die Fabrik?

5 a) Berechne den Skontobetrag.

b) Berechne den Betrag, der bei sofortiger Zahlung überwiesen werden muss.

Friseurmeisterin Arp

Ladeneinrichtung für 11 270 €

Bei sofortiger Zahlung 2% Skonto

Malermeister Loose

Farben für 2 750 €

Bei sofortiger Zahlung 3% Skonto

Firma Computex

Bildschirme für 1 860 €

Bei sofortiger Zahlung 2% Skonto

Berechnung der Zinsen

1 Jana hatte ein Jahr lang ein Guthaben von 600 € auf dem Sparkonto. Die Bank schreibt ihr 3% von 600 € als Zinsen gut.

a) Wie viel € bekommt Jana an Zinsen gutgeschrieben?

b) Wie hoch ist Janas neues Guthaben?

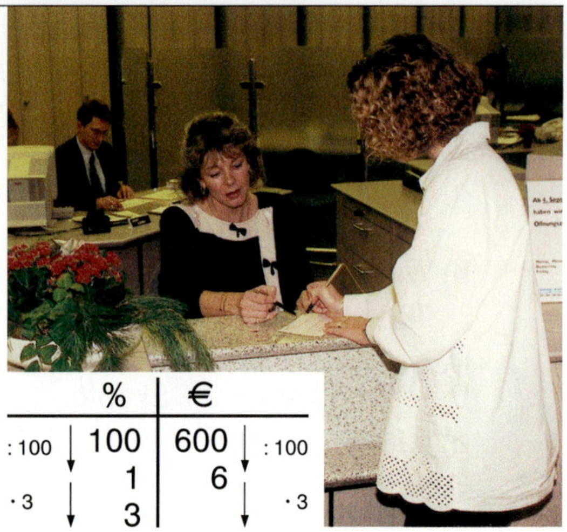

	%	€	
: 100 ↓	100	600	↓ : 100
	1	6	
· 3 ↓	3		↓ · 3

Wer Geld bei der Bank anlegt, bekommt dafür Zinsen.

Kapital	**Zinssatz**	**Zinsen**
500 €	**2%**	**2% von 500 € = 10 €**

2 Berechne die Zinsen für ein Jahr für ein Kapital von 700 €.

Zinssatz: a) 2% b) 3% c) 5% d) 9% e) 4%

3 Oliver hat am Anfang des Jahres 750 € auf dem Sparkonto. Die Sparkase verzinst sein Guthaben mit 2%.

a) Wie viel € Zinsen bekommt Oliver am Jahrsende?

b) Wie hoch ist Olivers Guthaben am Jahresende?

4 Steffi legt 480 € für ein Jahr auf ihr Sparkonto. Die Bank zahlt ihr 3% Zinsen.

a) Wie viel € Zinsen bekommt Steffi nach einem Jahr?

b) Wie hoch ist Steffis Guthaben nach einem Jahr?

5 Berechne die Zinsen für ein Jahr.

Kapital	350 €	590 €	1 200 €	7 580 €	2 750 €	1 230 €
Zinssatz	2%	3%	4%	4%	3%	2%

6 Wie viel € Zinsen bekommen die Kunden von der Bank gutgeschrieben?

Frau Herbst	Herr Dold	Katja	Dennis
4 750 €	2 870 €	295 €	274 €
Zinssatz: 3%	Zinssatz: 4%	Zinssatz: 3%	Zinssatz 2%

1 Für die Anschaffung einer neuen Waschmaschine leiht Familie Oberle bei der Bank für ein Jahr 750 €. Der Zinssatz ist 12%.
Wie viel € Zinsen muss Familie Oberle nach einem Jahr bezahlen?

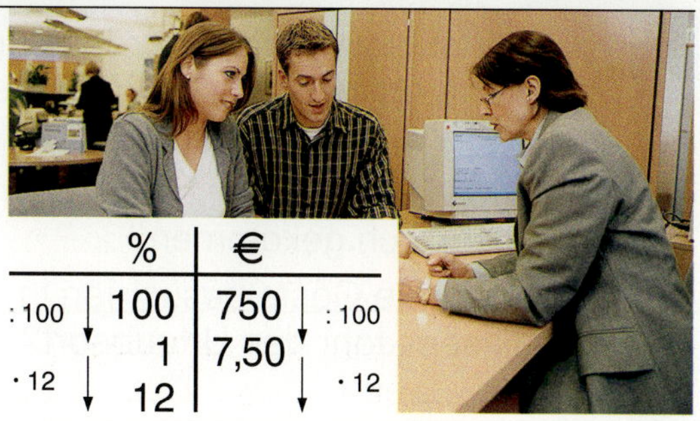

	%	€	
: 100 ↓	100	750	↓ : 100
	1	7,50	
· 12 ↓	12		↓ · 12

Wer Geld bei der Bank leiht, muss Zinsen bezahlen.

Kreditbetrag	**Zinssatz**	**Zinsen**
800 €	**11%**	**11% von 800 € = 88 €**

2 Familie Stahl hat für die Renovierung ihres Hauses bei der Bank einen Kredit von 6 000 € zu einem Zinssatz von 12% aufgenommen.
Wie viel € Zinsen muss die Familie nach einem Jahr bezahlen?

3 Berechne die Zinsen für einen Kredit von 8 000 €.
Zinssatz: a) 12% b) 11% c) 14% d) 17% e) 13%

4 Frau Ziemer möchte Möbel für ihr Büro kaufen. Sie nimmt bei der Bank einen Kredit über 2 450 € auf. Der Zinssatz ist 12%.
a) Wie viel € Zinsen fallen in einem Jahr an?
b) Nach einem Jahr zahlt Frau Ziemer den Kredit samt Zinsen zurück.
Wie viel € bezahlt sie insgesamt?

5 Berechne die Zinsen für ein Jahr.

Kreditbetrag	2 500 €	1 350 €	1 870 €	4 950 €	6 560 €	7 280 €
Zinssatz	11%	13%	17%	12%	14%	15%

6 Maurermeister Schilp nimmt einen Kredit über 18 500 € für einen Lieferwagen auf. Nach einem Jahr zahlt er den Kredit samt 13% Zinsen zurück.
a) Wie viel € Zinsen zahlt Herr Schilp?
b) Welchen Betrag zahlt Herr Schilp nach einem Jahr an die Bank?

7 Wie viel € betragen die Zinsen für ein Jahr?

Frau Hamann	Herr Sellmer	Frau Özkan	Herr Jatzek
4 750 €	5 450 €	2 250 €	7 850 €
Zinssatz 12%	Zinssatz 14%	Zinssatz 17%	Zinsatz 16%

Vermischte Übungen

1 Ein Urlaubsort an der Nordsee hatte im vergangenen Jahr 17 000 Gäste. In diesem Jahr sind es 5% mehr.

a) Wie viele Gäste sind in diesem Jahr zusätzlich gekommen?

b) Wie viele Gäste besuchten in diesem Jahr den Urlaubsort?

2

Ort	Gäste 1999	Gäste 2000
Erlengrund	23 500	4% mehr
Bad Wiesbach	16 200	6% mehr
Birkenmoor	11 900	3% mehr

a) Wie viele Gäste sind in diesem Jahr mehr in jeden Ort gekommen?

b) Wie viele Gäste waren es in diesem Jahr in jedem Ort insgesamt?

3 Bäcker Lange hatte im vergangenen Jahr Einnahmen von 52 400 €. In diesem Jahr konnte er seine Einnahmen um 8% steigern.

a) Um wie viel € stiegen die Einnahmen in diesem Jahr?

b) Wie hoch waren die Gesamteinnahmen von Herrn Lange in diesem Jahr?

4 Im Schlussverkauf senkt ein Bekleidungsgeschäft alle Preise um 35%.

a) Wie hoch ist jeweils der Preisnachlass?

b) Wie hoch sind die neuen Preise?

5 Herr Scholz leiht sich bei der Bank 2 750 € zum Zinssatz 12%. Nach einem Jahr zahlt er das Geld einschließlich Zinsen zurück.

a) Wie viel € Zinsen zahlt Herr Scholz?

b) Wie hoch ist der Betrag, den Herr Scholz an die Bank zahlt?

6 Die Bank in Neustadt zahlt auf Sparguthaben im Jahr 2% Zinsen. Wie viel € Zinsen bekommen die Kunden für ihr Guthaben?

Frau Bosse	Herr Seifert	Hassan	Julia
2 500 €	1 800 €	350 €	280 €

Verschiedene Möglichkeiten beim Kaufen

1 Svenja möchte das Modell King kaufen.
Berechne den Preis bei Barzahlung und den Preis bei Zahlung in einem Jahr.

Preis:	980,00 €
Preisnachlass:	
3% von 980 € =	29,40 €
Preis bei Barzahlung:	980,00 €
	− 29,40 €

Preis:	980,00 €
Zinsen:	
13% von 980 € =	127,40 €
Preis bei Zahlung in 1 Jahr:	980,00 €
	+ 127,40 €

2 Wie groß ist der Unterschied zwischen dem Preis bei Barzahlung und dem Preis bei Zahlung in einem Jahr?

3 a) Welche Vorteile hat die Barzahlung? Gibt es auch Nachteile?
b) Welche Vorteile und welche Nachteile hat die Zahlung in einem Jahr?

4 Manuel arbeitet in einer Gärtnerei. Für die Fahrt zur Arbeit kauft er das Modell King. Die Rechnung möchte er in einem Jahr bezahlen.
Wie viel € sollte Manuel jeden Monat sparen?

5 a) Berechne für das Modell Speedy den Preis bei Barzahlung.
b) Berechne für das Modell Speedy den Preis bei Zahlung in einem Jahr.
c) Berechne den Unterschied zwischen den beiden Preisen.

6 Berechne auch für das Modell X4U den Unterschied zwischen den beiden Preisen.

Ratenzahlung

1

Antonia berechnet die Monatsrate für das Modell „Waschkönig“.

Aufschlag in € berechnen.

12% von 460 €

	%	€	
: 100 ↓	100	460	↓ : 100
	1	4,60	
· 12 ↓	12	55,20	↓ · 12

Gesamtpreis bei Teilzahlung berechnen.

$$\begin{array}{r} 460{,}00\ € \\ +\ {}_{1}55{,}20\ € \\ \hline 515{,}20\ € \end{array}$$

Monatsrate berechnen.

515,20 € : 10 = 51,52 €

Eine Monatsrate beträgt 51,52 €.

Berechne für jedes der Geräte die Höhe einer Monatsrate bei Teilzahlung.

2 Ein Küchenherd kostet 350 €. Bei Zahlung in 10 gleichen Monatsraten fordert der Händler 14% Aufschlag.

a) Berechne den Aufschlag in €.

b) Wie hoch ist der Gesamtpreis bei Teilzahlung?

c) Wie hoch ist jede der 10 Monatsraten?

3 Frau Dannert kauft eine Kücheneinrichtung für 1 000 € auf Abzahlung. Sie zahlt 10 Monate lang jeden Monat 110 €.

a) Wie viel € zahlt Frau Dannert insgesamt für die Kücheneinrichtung?

b) Wie viel € zahlt Frau Dannert mehr als bei Barzahlung?

c) Wie viel % Aufschlag hat der Händler berechnet?

4 Welche Vorteile hat die Teilzahlung in 10 Monatsraten? Welche Nachteile gibt es?

1 a) Berechne für das Modell Super X die Höhe einer Monatsrate in €.
b) Wie hoch sind alle 12 Monatsraten zusammen?
c) Wie viel € zahlt man bei Teilzahlung mehr als bei Barzahlung?

2 a) Berechne für jedes der übrigen Geräte die Höhe einer Monatsrate in €.
b) Berechne für jedes Gerät den Teilzahlungspreis.
c) Wie viel € zahlt man für jedes Gerät mehr als bei Barzahlung?

3 Ein Möbelhändler bietet ein Jugendzimmer für 800 € an.
Bei Teilzahlung sind 12 Monatsraten von 9% des Barzahlungspreises zu bezahlen.
a) Wie hoch ist eine Monatsrate in €?
b) Wie hoch sind alle Monatsraten zusammen?
c) Wie viel € liegt der Teilzahlungspreis über dem Barzahlungspreis?

4 a)

b)

Wiederholen und Üben

1

a) b) c) d) e)

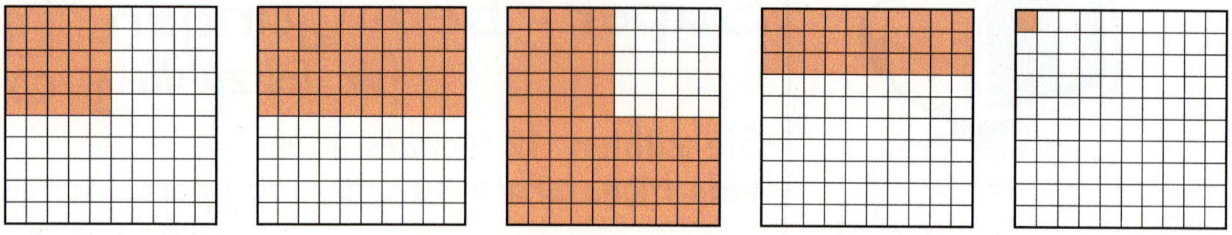

a) Gib die gefärbten Bruchteile an. Schreibe sie auch in Prozent.

b) Gib die weißen Bruchteile an. Schreibe sie auch in Prozent.

2 Berechne immer 1% des Geldbetrages.

a) 600 € b) 900 € c) 2000 € d) 350 € e) 760 € f) 8750 €

3 Das Schulzentrum wird von 850 Schülerinnen und Schülern besucht. Von ihnen haben 48% das Schwimmabzeichen. Wie viele Schülerinnen und Schüler des Schulzentrums haben das Schwimmabzeichen?

4

2% von	5% von	10% von	25% von
480 m	1200 kg	275 €	164 m^2
370 m	7300 kg	384 €	288 m^2
910 m	1850 kg	129 €	324 m^2
570 m	1070 kg	306 €	448 m^2

5 Bei einer Verkehrskontrolle hat die Polizei 208 Fahrzeuge überprüft. 25% der überprüften Fahrzeuge weisen Mängel auf. Wie viele Fahrzeuge hatten Mängel?

6 Berechne die Zinsen für ein Jahr.

Kapital	250 €	990 €	1080 €	1850 €	2450 €	3270 €	5310 €
Zinssatz	2%	3%	4%	3%	3%	5%	5%

7

a) Berechne für jedes Gerät den Aufschlag in €.

b) Wie viel € müssen insgesamt in einem Jahr für jedes Gerät gezahlt werden?

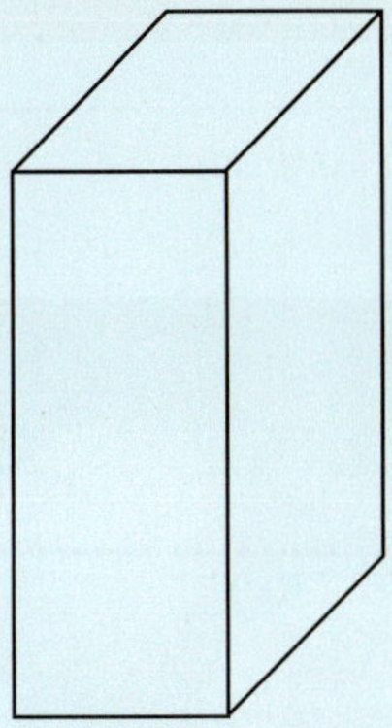

Rechtecksäule
(Quader)

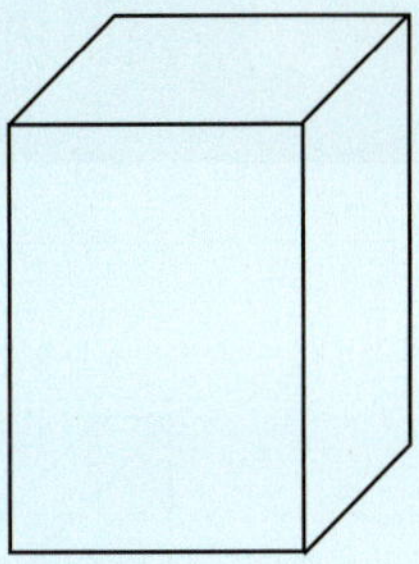

Quadratsäule

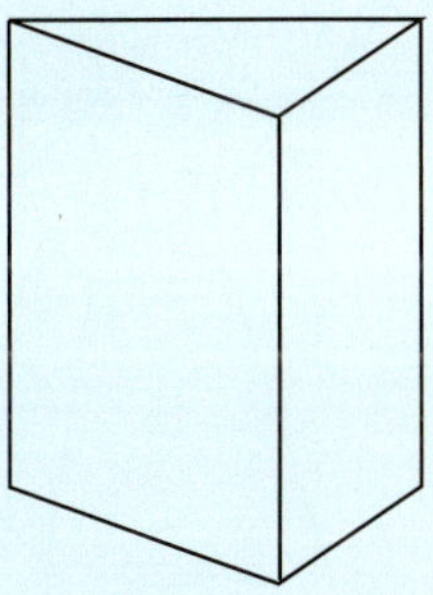

Dreiecksäule

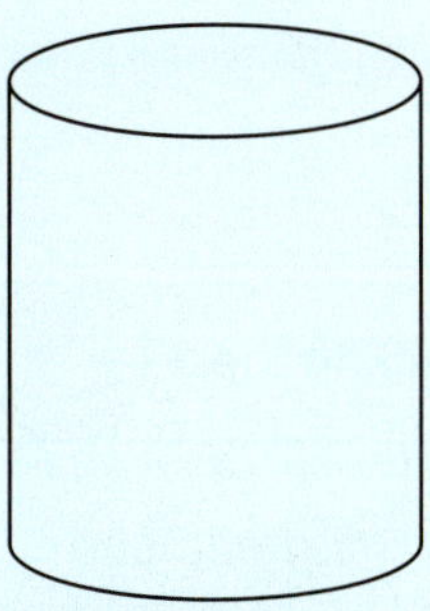

Rundsäule
(Zylinder)

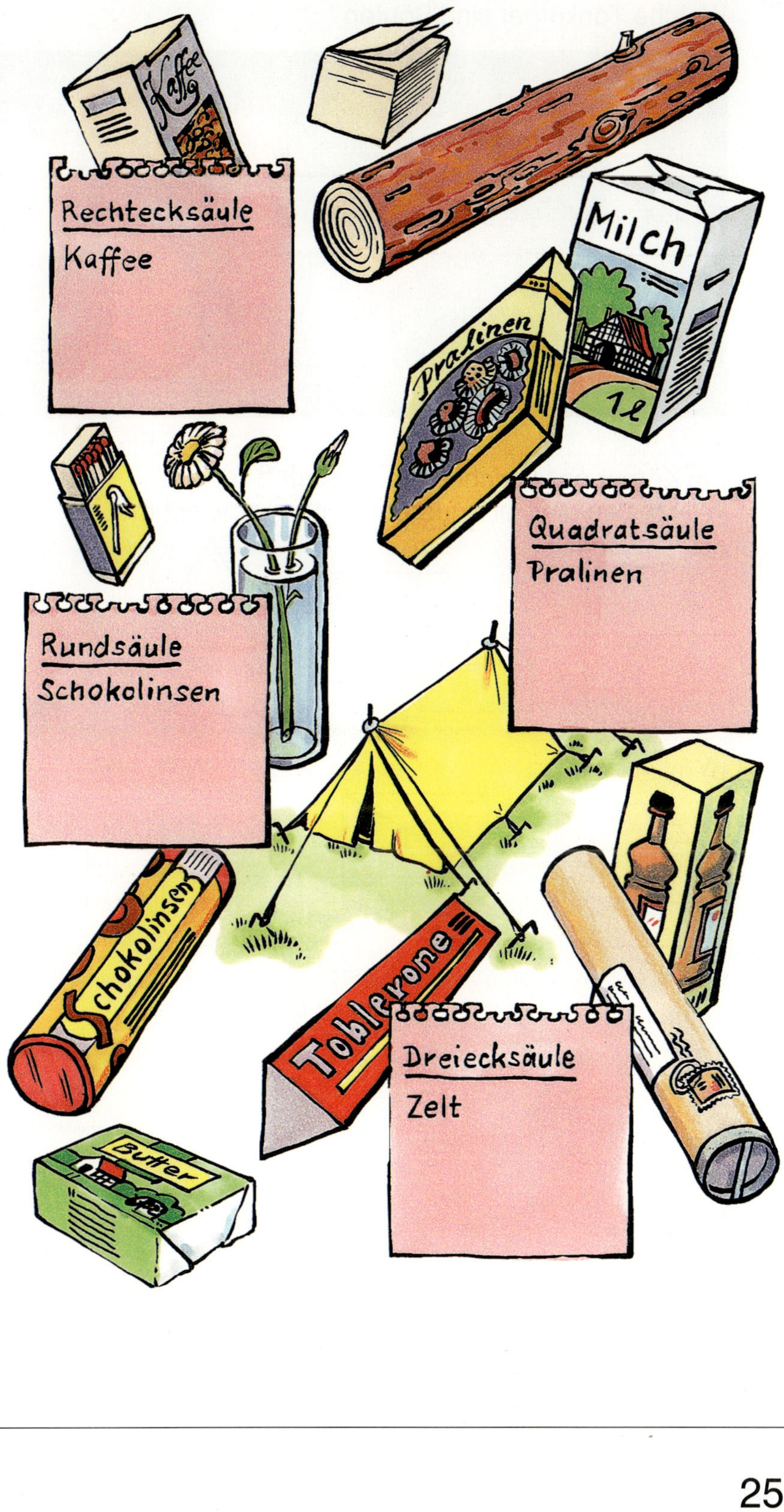

Säulen erkennen

1 Die Schüler der Klasse 9 haben Körper aus Ton geformt.
Welche Tonkörper sind Säulen?

2 Ein Körper passt nicht dazu. Warum?
Was haben die vier anderen Körper gemeinsam?

a)

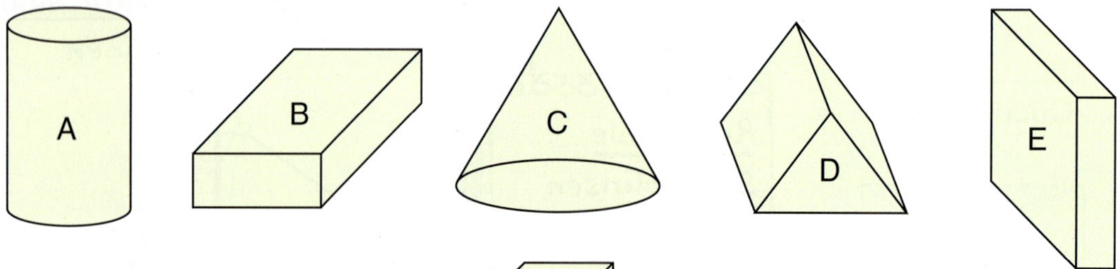

b)

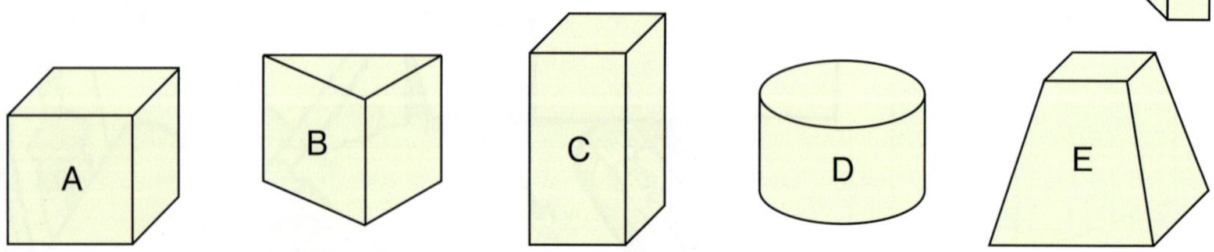

Säulen und ihre Netze

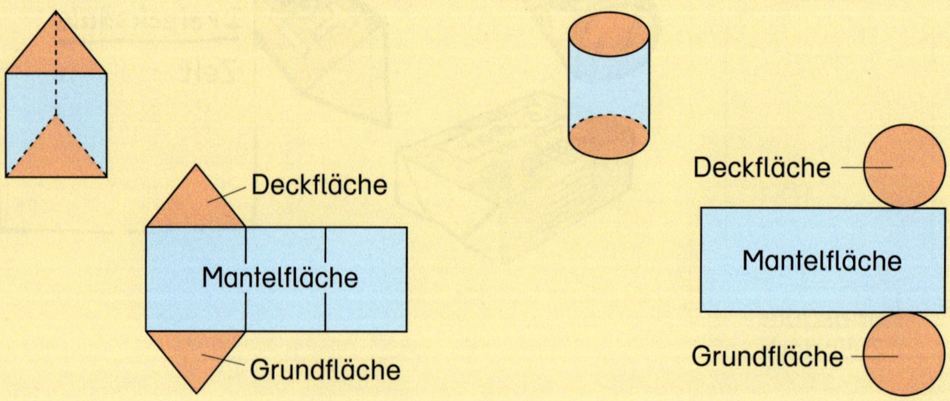

Netze von Säulen

1

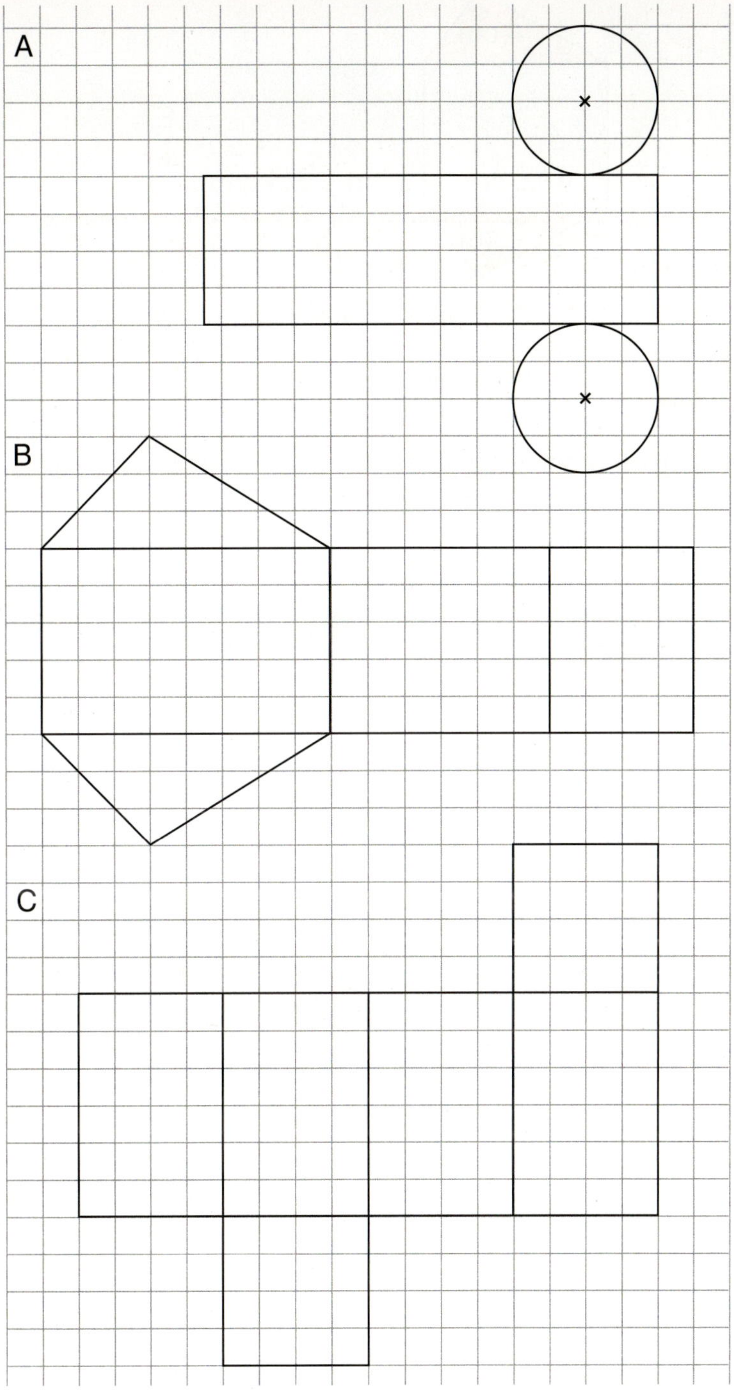

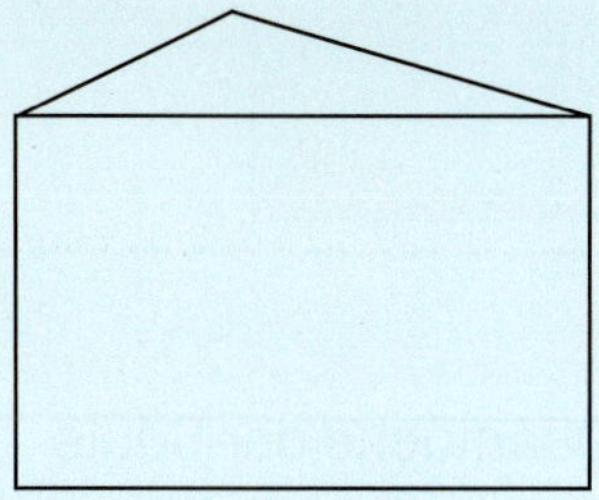

Dreiecksäule

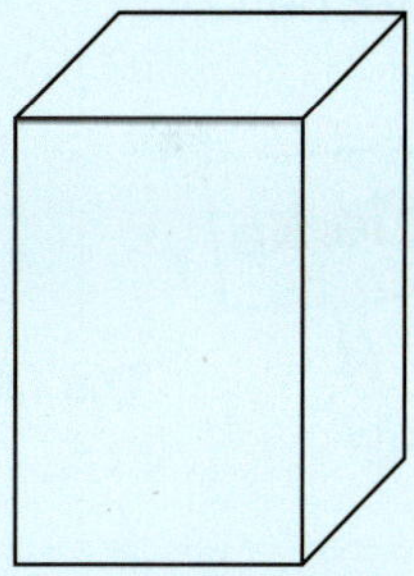

Quadratsäule

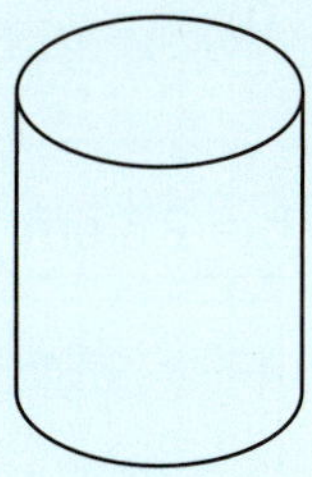

Rundsäule
(Zylinder)

a) Welches Netz gehört zu welcher Säule?

b) Übertrage jedes Netz in doppelter Größe in dein Heft.
Färbe die Deckfläche und die Grundfläche rot.
Färbe die Mantelfläche blau.

Oberfläche von Dreiecksäulen

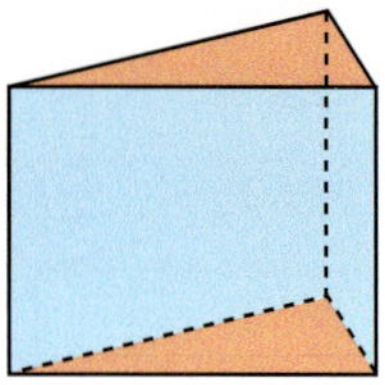

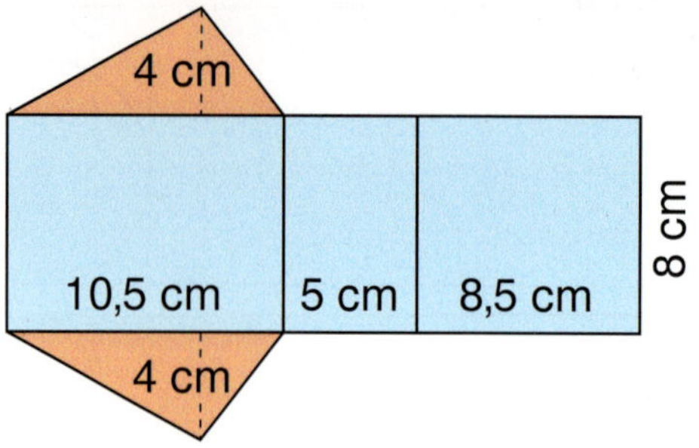

Oberfläche der Säule = 2 · Grundfläche + Mantelfläche

$O = 2 \cdot G + M$

Grundfläche G: $\frac{10{,}5 \cdot 4}{2} = 21$

Mantelfläche M: $(10{,}5 + 5 + 8{,}5) \cdot 8 = 24 \cdot 8 = 192$

Oberfläche O: $2 \cdot 21 + 192 = 234$

$O = 234\ cm^2$

Die Oberfläche eines Körpers ist die Summe seiner Einzelflächen.

1 Zeichne das Netz in der angegebenen Größe.
Berechne die Oberfläche der Säule.

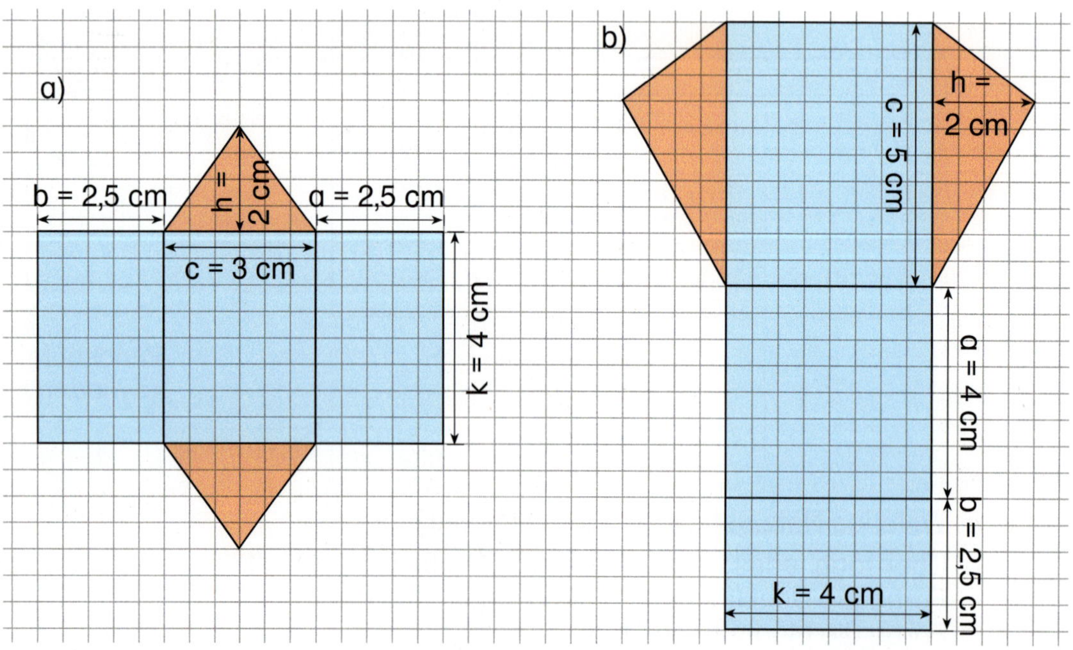

Volumen von Dreiecksäulen

Volumen der Säule = Grundfläche · Körperhöhe

$V = G \cdot k$

Grundfläche G: $\frac{8 \cdot 4}{2} = 16$

$G = 16\ cm^2$

Volumen V: $16 \cdot 6 = 96$

$V = 96\ cm^3$

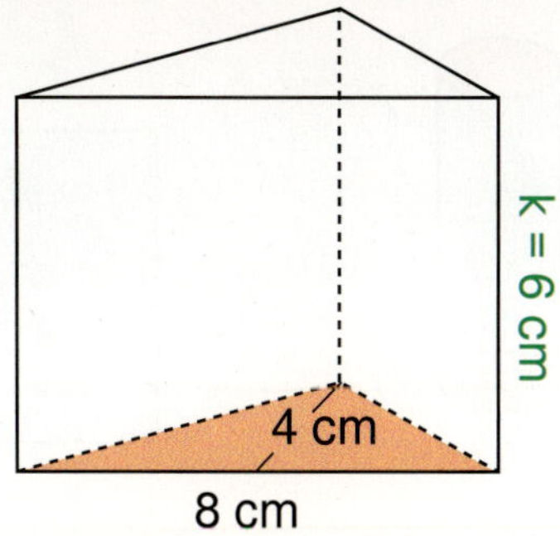

Volumen einer Säule = Grundfläche · Körperhöhe

1 Berechne das Volumen der abgebildeten Dreiecksäule.

a)

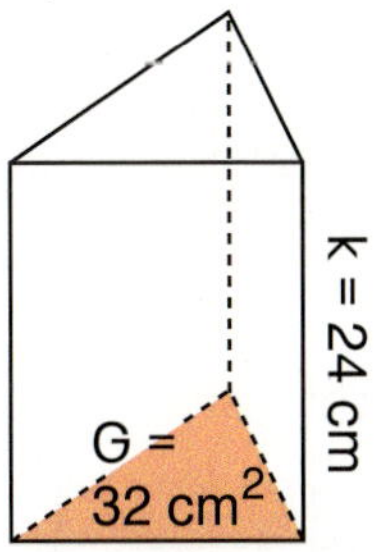

b)

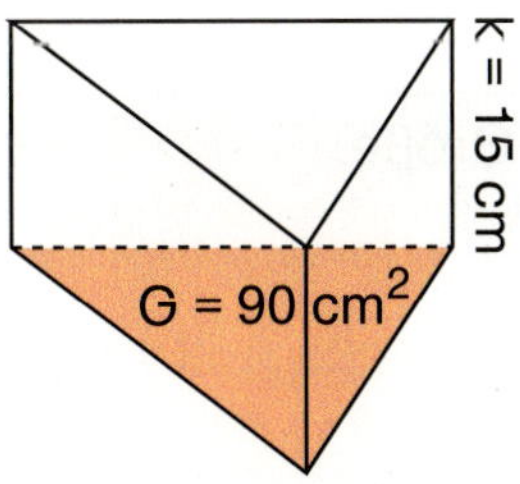

c)

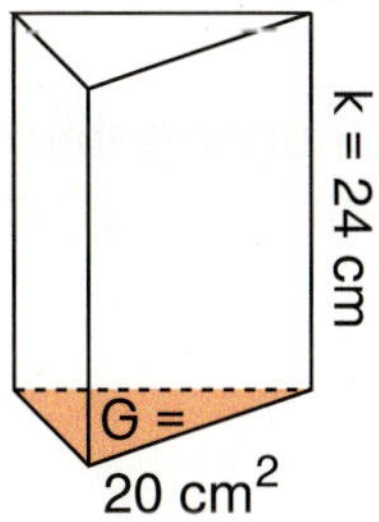

d)

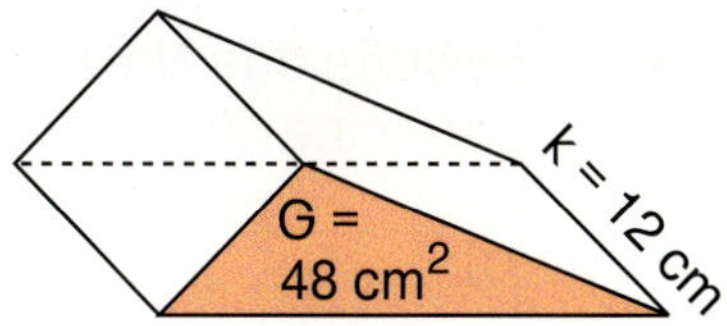

2 Berechne das Volumen der Dreiecksäule.

	a)	b)	c)	d)	e)	f)
Grundfläche G	48 cm²	2 cm²	196 cm²	72 cm²	4 m²	60 m²
Körperhöhe k	20 cm	15 cm	32 cm	25,7 cm	5 m	9 m

3 Berechne das Volumen.

a)

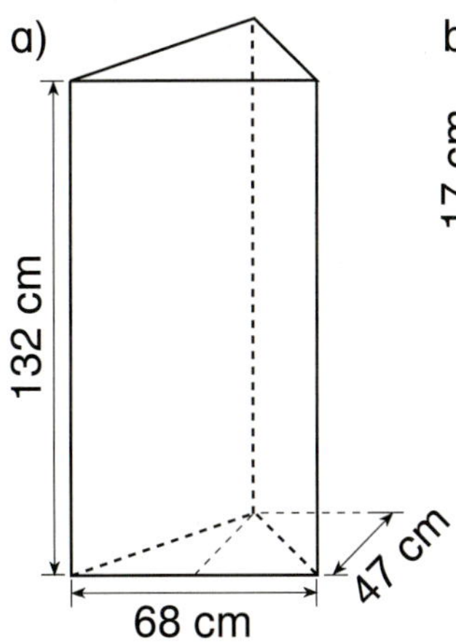

b)

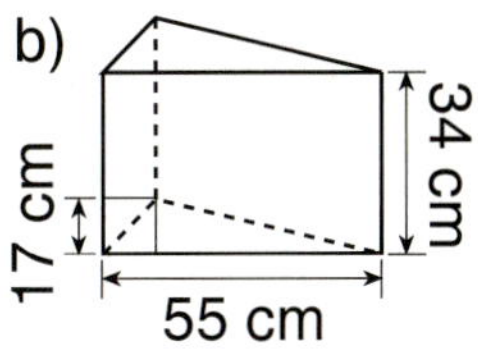

c)

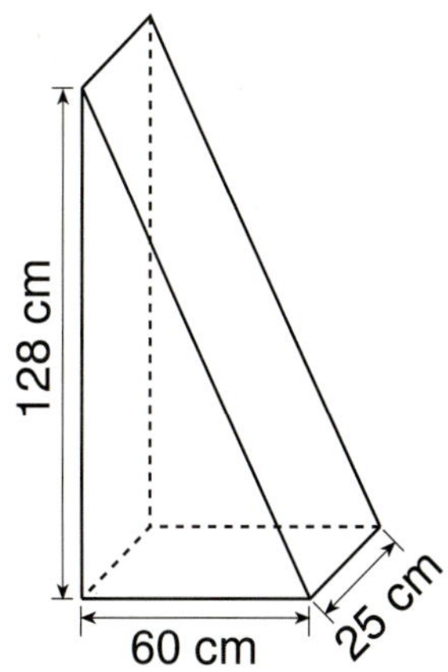

d)

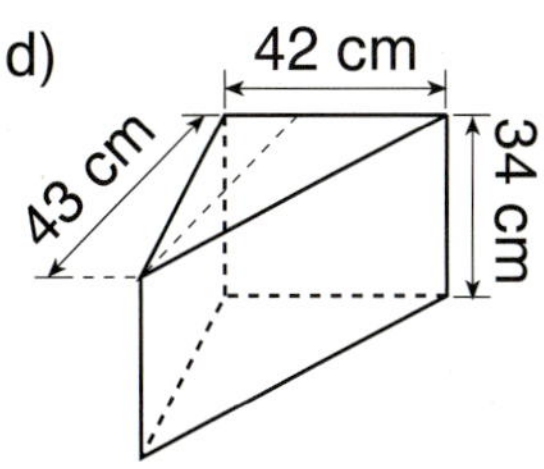

Oberfläche von Zylindern

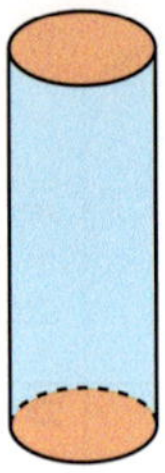

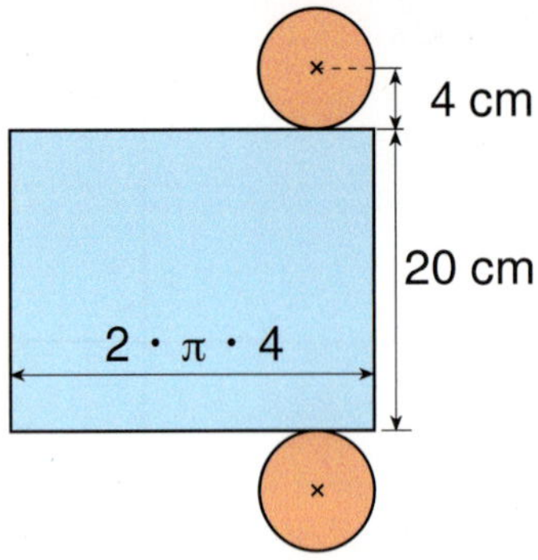

Oberfläche des Zylinders = 2 · Grundfläche + Mantelfläche

$O = 2 \cdot G + M$

Grundfläche G: $\pi \cdot 4 \cdot 4 = 50{,}24$

Mantelfläche M: $(2 \cdot \pi \cdot 4) \cdot 20 = 25{,}12 \cdot 20 = 502{,}40$

Oberfläche O: $2 \cdot 50{,}24 + 502{,}40 = 602{,}88$

$O = 602{,}88\ cm^2$

---

1 Zeichne das Netz in der angegebenen Größe.
Berechne die Oberfläche des Zylinders.

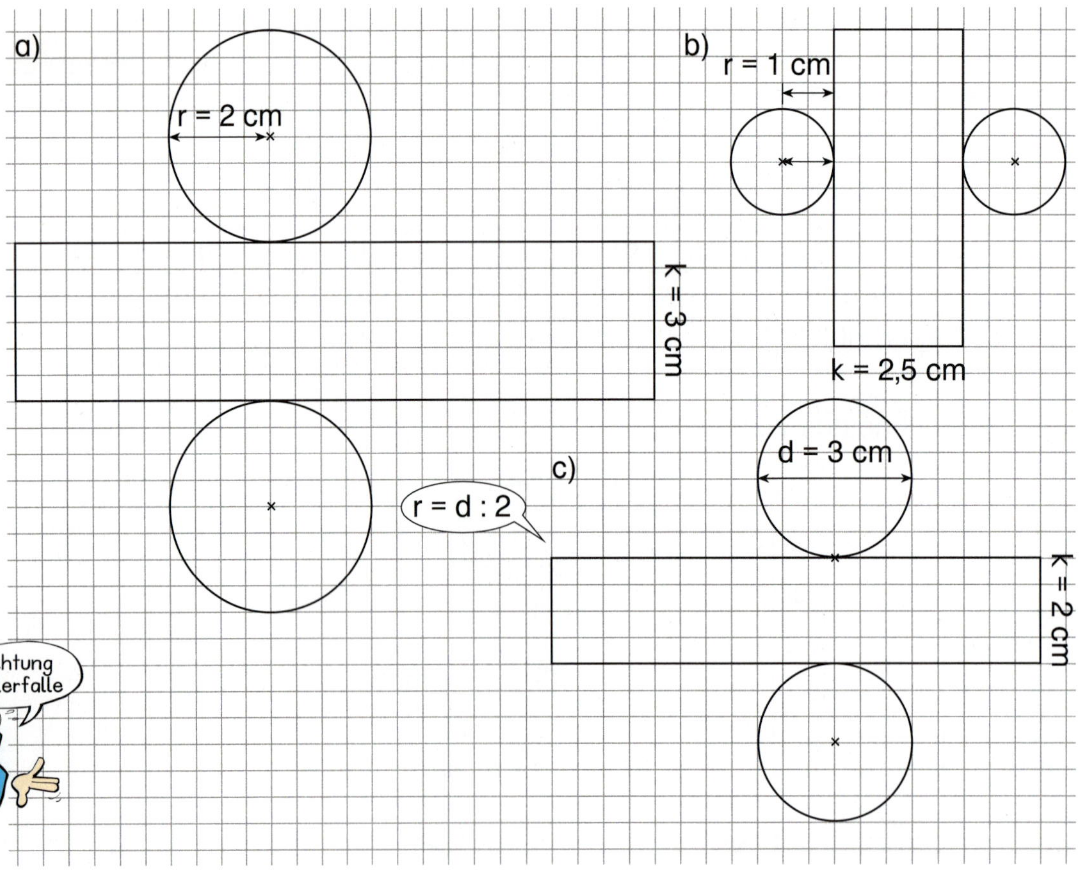

Volumen von Zylindern

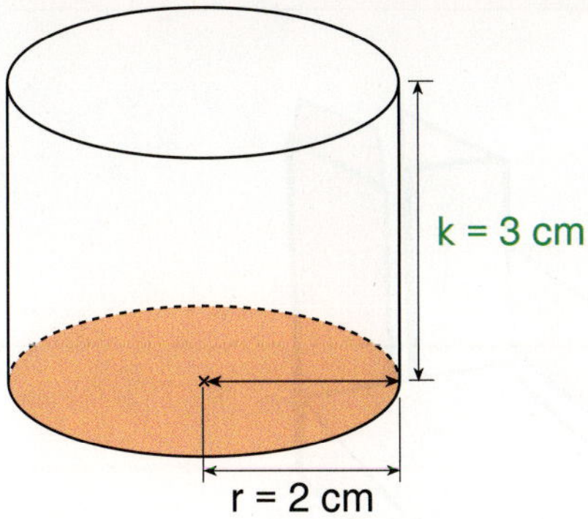

Volumen des Zylinders = Grundfläche · Körperhöhe

$V = G \cdot k$

Grundfläche G: $\pi \cdot 2 \cdot 2 = 12{,}56$

$G = 12{,}56\ cm^2$

Volumen V: $12{,}56 \cdot 3 = 37{,}68$

$V = 37{,}68\ cm^3$

1 Berechne das Volumen des Zylinders.

a)

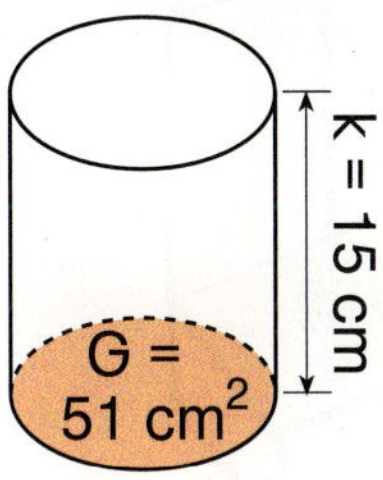

b)

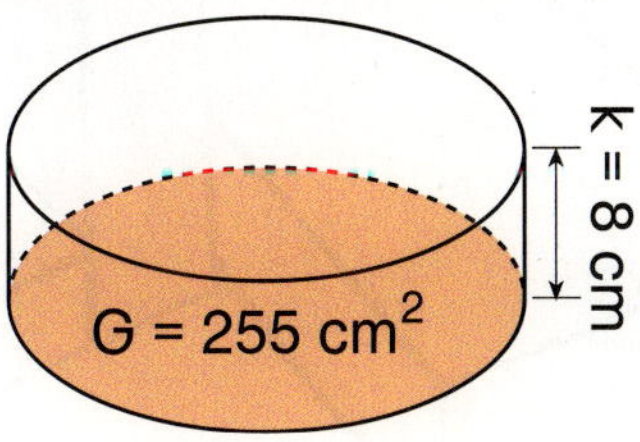

c)

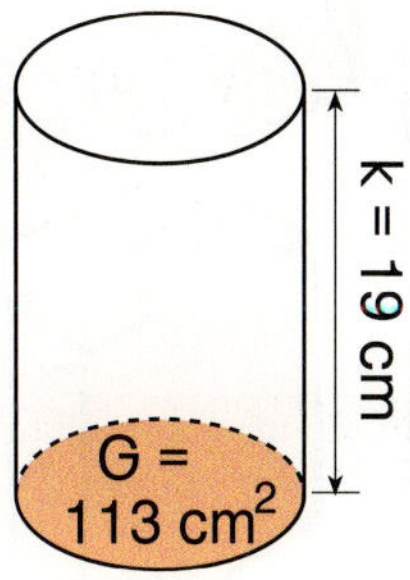

d)

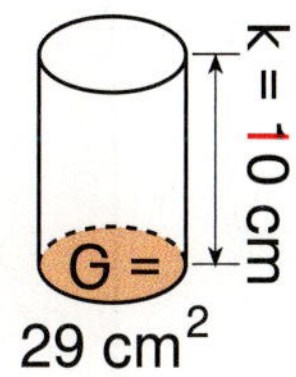

2 Berechne das Volumen des Zylinders.

	a)	b)	c)	d)	e)	f)
Grundfläche G	$50\ cm^2$	$314\ cm^2$	$30\ cm^2$	$2{,}5\ cm^2$	$79\ m^2$	$114\ m^2$
Körperhöhe k	16 cm	4 cm	14,7 cm	4 cm	5 m	2 m

3 Berechne das Volumen des Zylinders.
Ordne die Zylinder nach ihrem Volumen. Beginne mit dem kleinsten Volumen.

a)

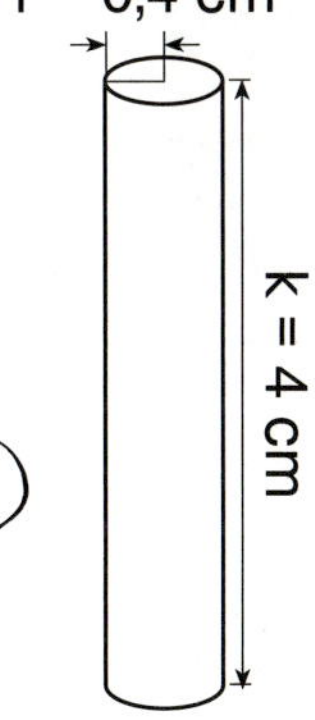

b)

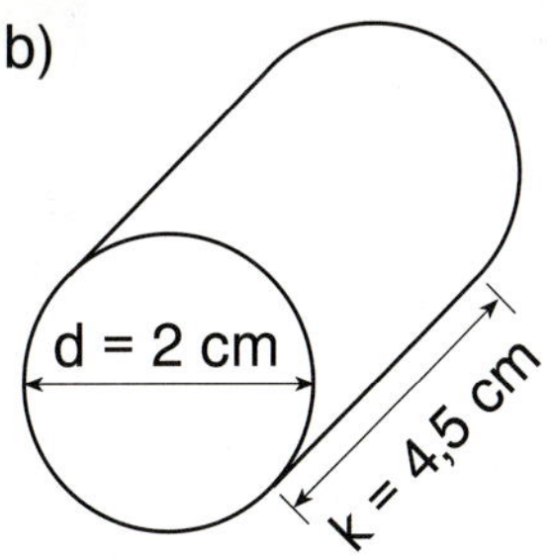

c)

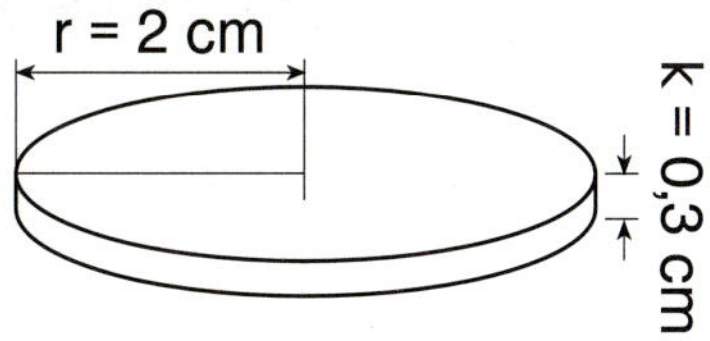

r = d : 2

d)

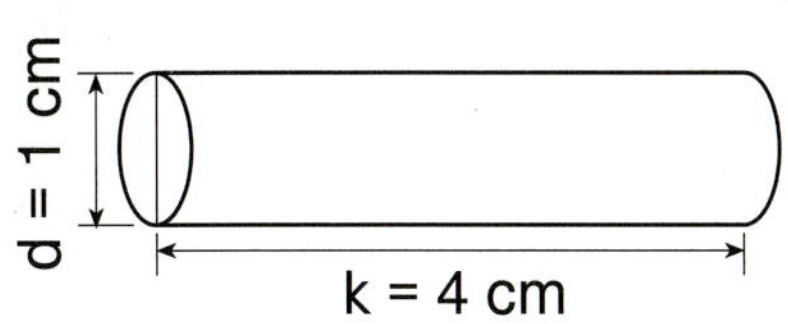

Wiederholen und Üben

1 Welche Säulen erkennst du?

2 a) Berechne die Oberfläche des Körpers.
b) Berechne das Volumen des Körpers.

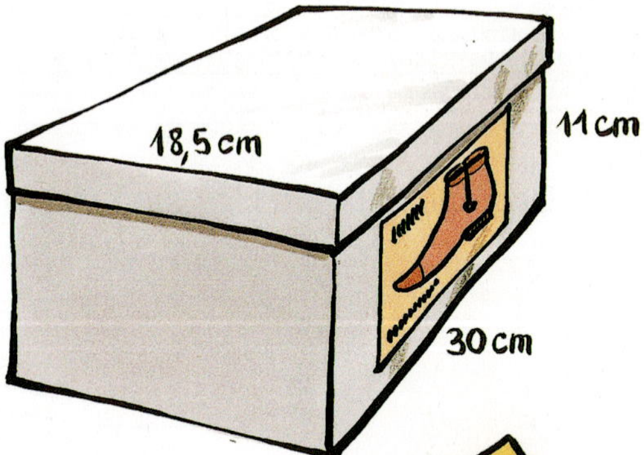

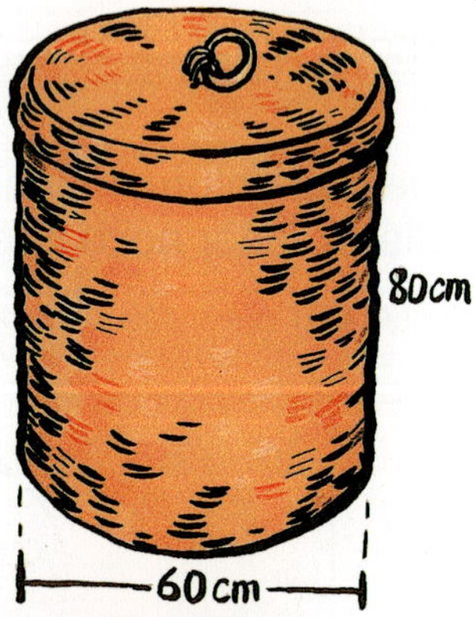

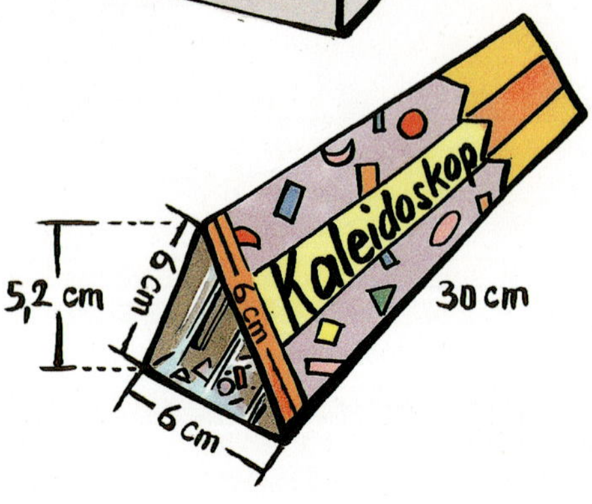

Computer

Computerarbeitsplatz

1 Lege eine Tabelle an.

Eingabe	Ausgabe
Tastatur	Lautsprecher

Tabellenkalkulation

So ist das Rechenblatt bei einem Computer eingestellt.

Die **Spalten** werden mit Buchstaben beschriftet.

Die **Zeilen** werden mit Zahlen beschriftet.

	A	B	C	D	E	F	G	H
1						☆	**19**	
2				**29**				**88**
3		☺			**12**			
4		**17**					**78**	
5				☎				
6								
7	**62**		**34**		**45**		**44**	
8								
9					♡			
10		**45**				**2**	☾	**97**
11				**84**				
12								

Dort wo sich **Spalte** und **Zeile** kreuzen entsteht eine **Zelle**.
Hier kreuzt die Spalte **C** die Zeile **3**. Die Zelle hat deshalb den Namen **C3**.

1 Suche auf dem Rechenblatt das Telefon.
a) In welcher Spalte ist es? b) In welcher Zeile ist es? c) Wie heißt die Zelle?

2 In welcher Zelle befinden sich
a) das Herz ♡ b) der Smiley ☺ c) der Stern ☆ c) der Mond ☾

3 Die Zahl 45 findest du in zwei Zellen.
Wie heißen sie?

4 Welche Zahlen befinden sich in den Zellen
a) C7 b) E3 c) B4 c) F10

5 In welchen Zeilen befinden sich nur zwei Zahlen?

6 Stellt euch gegenseitig Suchaufgaben.
a) In welcher Zelle befindet sich …?
b) Welche Zahl befindet sich in Zelle …?

Rechnen in Tabellen

1 Übertrage das Rechenblatt auf deinen Computer.

	A	B	C	D	E	F	G
1	Ergebnisse beim Dart						
2							
3		Jan	Lea	Marc	Kim	Annika	Tom
4	1.Runde	49	67	56	42		
5	2.Runde	54	45	68	58		
6	3.Runde	69	63	72	49		
7							
8	Endstand	172					

Die Inhalte der Zellen B4, B5 und B6 sollen addiert werden, das Ergebnis soll in B8 stehen.

1. Schritt: Das Gleichheitszeichen eingeben.
=

2. Schritt: Die Rechnung eingeben.
B4 + B5 + B6

2 Berechne den Endstand aus Aufgabe 1 für alle Dartspieler.

3 Annika und Tom erhalten einen Abzug von 10 Punkten, weil sie zu spät kommen.

a) Ergänze die Tabelle in **A7** mit **Abzug.**

b) Erweitere die Tabelle um die neuen Werte und führe die entsprechenden Berechnungen durch.

Annika	Tom
52	63
49	81
74	78

4 Verändere die Werte.
Lea hatte in der 2. Runde 48 Punkte und Kim in der 3. Runde nur 46 Punkte.
Achte auf den Endstand.

1 Dominic möchte gern wissen, was er für die Klassenparty zahlen muss.
Tamara zeigt ihm diese Tabelle.
Erstelle sie am Computer mit Hilfe der Tipps.

	A	B	C	D	E
1	Abrechnung der Klassenparty				
2					
3		Anzahl	Einzelpreis		Gesamtpreis
4			in €		in €
5	Cola	4	0,98		3,92
6	Limo	3	0,78		
7	Wasser	6	0,49		
8	Chips	4	1,48		
9				Summe	
10	Schüler	12		Preis je Schüler in €	

Tipp 1 Das Malzeichen
Der * auf deiner Tastatur ist das Malzeichen.

Tipp 2 Das Geteiltzeichen
Der / auf deiner Tastatur ist das Geteiltzeichen.

2 a) Was wird in Zelle **E5** berechnet?
b) Berechne die Gesamtpreise für Limo, Wasser und Chips.

3 Bilde in **E9** die Summe aller Gesamtpreise.

Tipp 3 Preis je Schüler
Den Preis je Schüler erhältst du, wenn du die Summe durch die Anzahl der Schüler teilst.
= E9 / B10

4 An der Party nehmen 16 Schüler und Schülerinnen teil.
Verbraucht werden 7 Cola, 4 Limo, 6 Wasser und 9 Tüten Chips.
Wie viel € muss jetzt jeder zahlen?

Projekt: Abschlussfahrt nach Berlin

Die Klasse 9 will mit 14 Schülern nach Berlin fahren und hat sich über die Kosten informiert.

Kostenberechnung der Berlinfahrt		
Fahrt		
Unterkunft		
Verpflegung		
Berlin-Ticket		
Museumspass		
Eintritt Zoo		
Eintritt Diskothek		
Zuschuss Schule		
Anzahl der Schüler		Su

1 Übertrage das Rechenblatt auf deinen Computer.
Trage die Zahlen in die Zellen ein.

2 Vergleiche:

a) Was kostet die Berlinfahrt je Schüler bei Fahrt mit der Bahn?

b) Was kostet die Berlinfahrt je Schüler bei Fahrt mit dem Bus?

c) Ab welcher Schülerzahl würde sich die Fahrt mit dem Bus lohnen?

3 Das Busunternehmen bietet euch an, alle Fahrten in Berlin kostenfrei durchzuführen. Ihr könntet dann auf das Berlin-Ticket verzichten. Lohnt sich jetzt die Fahrt mit dem Bus?

4 Berechnet die Kosten eurer eigenen Abschlussfahrt.

Alles paletti

Grundrechenarten und schriftliche Rechenverfahren

1

a)	b)	c)	d)
12 + 33	7 500 – 80	7 · 9	36 : 6
77 – 31	5 600 + 450	8 · 40	270 : 9
180 + 70	8 000 – 370	90 · 30	630 : 70
250 – 60	3 612 + 222	3 · 200	1 600 : 4
425 + 80	13 500 – 380	40 · 50	640 : 80

2

a)	b)	c)
2,5 cm – 1,2 cm	0,40 € · 5	4,500 kg : 5
1,25 m + 3,30 m	1,20 m · 4	6,40 € : 8
3,50 € – 0,80 €	1,500 kg · 3	0,810 kg : 9
5,500 kg + 4,500 kg	0,750 t · 10	8,500 km : 10
7,650 km – 1,250 km	7,30 € · 100	9,750 kg : 100

3 Welche der beiden untereinander stehenden Aufgaben hat das höhere Ergebnis? Notiere den zugehörigen Buchstaben.

7 · 6 + 9 (a)	670 – 230 (c)	2 · 700 (e)	60 · 80 (g)	560 : 7 (i)
8 + 8 – 8 (b)	3 · 90 (d)	3000 : 2 (f)	7 · 700 (h)	30 · 3 (j)

4

a)	b)	c)
56 734 + 34 567	5 758 · 5	1 345 : 3
60 984 – 44 554	2 098 · 40	34 580 : 5
45 687 – 6 784	567 · 56	23 464 : 7
89 067 + 124 566	1 209 · 37	68 460 : 20
17 978 – 2 987	9 786 · 78	147 756 : 12

5

a)	b)	c)
13,56 m + 23,78 m	75,45 m · 5	937,50 € : 3
134,60 € – 79,99 €	92,789 kg · 7	60,00 m : 8
7,840 t + 123,70 t	150,99 € · 65	47,000 t : 20
10,005 kg – 0,689 kg	0,333 l · 30	3,885 kg : 5
170,738 km – 17,999 km	98,75 m · 87	39,05 m : 11

6 Runde das Ergebnis auf 2 Stellen nach dem Komma.

a)

1,75	0,985	114,35	·	3,7
37,35	4,560	273,69	·	9,7
139,78	709,09	385,76	·	8,9

b)

12,3	22,7	567,3	:	4
39,24	40,65	125,9	:	7
92	68	170	:	3

7 Ermittle das Ergebnis durch Überschlagen.
Notiere den zugehörigen Buchstaben.

37 498 + 16 282	34 567 + 66 559	54 385 – 33 888	35 674 – 22 450
53 780 (a)	101 126 (c)	20 497 (e)	58 024 (g)
45 321 (b)	62 126 (d)	10 497 (f)	13 224 (h)

Alles paletti

Sachrechnen und Größen

1

a) 20 mm = ☐ cm
120 cm = ☐ m
2 300 m = ☐ km
450 m = ☐ km

b) 2 000 g = ☐ kg
6 344 g = ☐ kg
230 g = ☐ kg
20 500 kg = ☐ t

c) 3 h = ☐ min
4 h 24 min = ☐ min
12 Wochen = ☐ Tage
4 Jahre = ☐ Monate

d) 1 409 Cent = ☐ €
69 Cent = ☐ €
50 m = ☐ km
500 g = ☐ kg

2 Übertrage die Tabelle ins Heft und berechne die fehlenden Werte.

Abfahrt	7.10 Uhr	13.35 Uhr	8.05 Uhr	12.44 Uhr	
Fahrzeit			3 h 45 min	5 h 48 min	2 h 50 min
Ankunft	12.35 Uhr	17.12 Uhr			13.16 Uhr

3 Berechne die fehlenden Werte.

a) Teppichboden

m²	€
1	35
25	

b) Holzleisten

m	€
1	1,50
23	

c) Tapete

m	€
9	8,10
1	

d) Wandfarbe

l	€
5	17,50
1	

e) Kartoffeln

kg	€
20	30
1	
8	

f) Apfelsinen

Stück	€
8	0,72
1	
18	

g) Joghurt

Becher	€
6	2,40
1	
10	

h) Milch

l	€
5	3,45
1	
2	

4 5 kg Kartoffeln kosten 5,95 €.
Wie viel € muss Herr Risch für 20 kg Kartoffeln zahlen?

5 Welches Angebot ist am günstigsten?

a)

b)

Bruch- und Prozentrechnung

1 Welche Bruchteile sind gefärbt?

a) b) c) d) e)

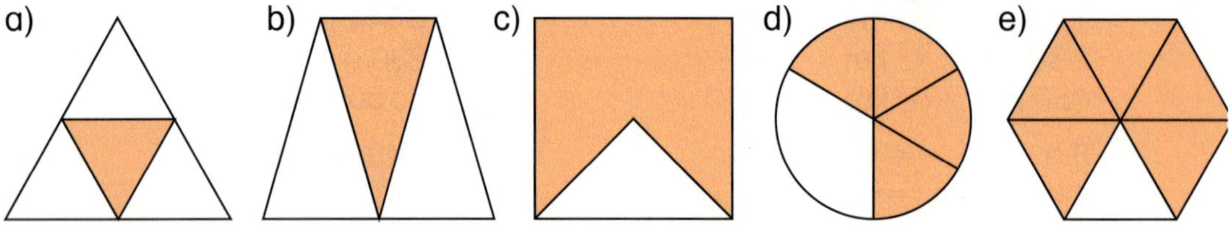

2 Berechne die Bruchteile

a) $\frac{1}{4}$ von 12
$\frac{1}{6}$ von 54
$\frac{3}{5}$ von 45

b) $\frac{1}{3}$ von 174
$\frac{1}{6}$ von 1 068
$\frac{2}{3}$ von 1737

c) $\frac{1}{4}$ von 1 kg
$\frac{1}{2}$ von 1 m
$\frac{3}{8}$ von 1 km

d) $\frac{1}{8}$ von 4,800 kg
$\frac{1}{6}$ von 3,600 km
$\frac{4}{5}$ von 0,50 m

3 Prüfe, ob du das Ergebnis kürzen kannst.
Schreibe das Ergebnis, wenn möglich, als gemischte Zahl.

a) $\frac{1}{4} + \frac{1}{4}$
$\frac{2}{5} + \frac{2}{5}$
$\frac{5}{8} - \frac{3}{8}$

b) $\frac{1}{2} + \frac{1}{4}$
$\frac{1}{6} + \frac{2}{3}$
$\frac{3}{5} - \frac{1}{10}$

c) $2\frac{1}{4} + 1\frac{1}{4}$
$3\frac{4}{5} - 1\frac{1}{5}$
$1\frac{3}{4} + \frac{3}{4}$

d) $\frac{2}{3} \cdot 3$
$\frac{4}{5} \cdot 6$
$\frac{3}{8} \cdot 9$

e) $\frac{4}{5} : 2$
$\frac{6}{9} : 3$
$1\frac{5}{10} : 5$

4 Gibt den gefärbten Teil als Bruchteil und in Prozent an.

a) b) c) d) e)

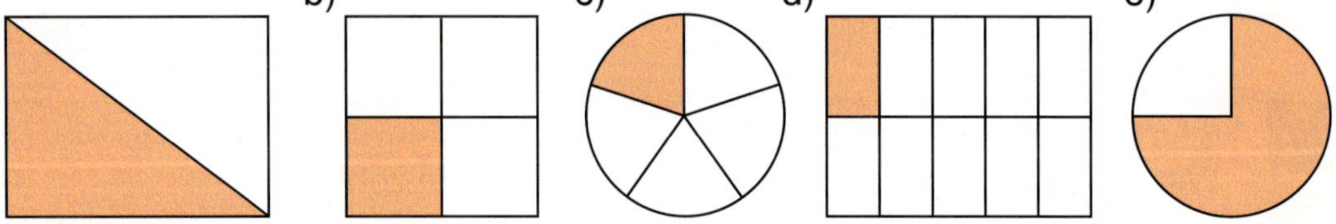

5 Berechne den Prozentwert.

a) 20% von 100 m
30% von 800 m
50% von 40 m

b) 12% von 1 300 Besuchern
75% von 8 700 Besuchern
34% von 23 400 Besuchern

c) 35% von 245 €
48% von 3 345 €
76% von 54 678 €

6 Wie viel € Zinsen werden den Kunden gutgeschrieben?

a) Frau Kosak
3 000 €
5% Zinsen

b) Herr Eren
4 200 €
3% Zinsen

c) Frau Spitz
4 350 €
4% Zinsen

d) Frau Neumann
4 345 €
6% Zinsen

Alles paletti

Geometrie

1 Berechne den Flächeninhalt.

a)
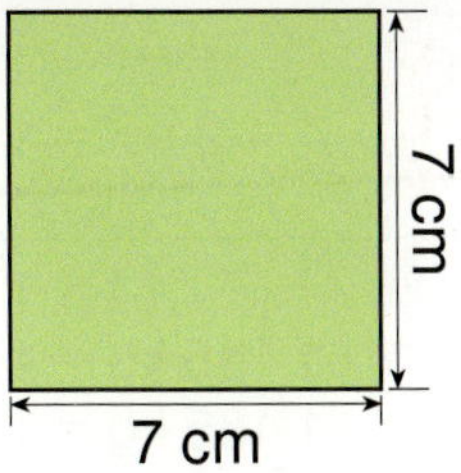

b)
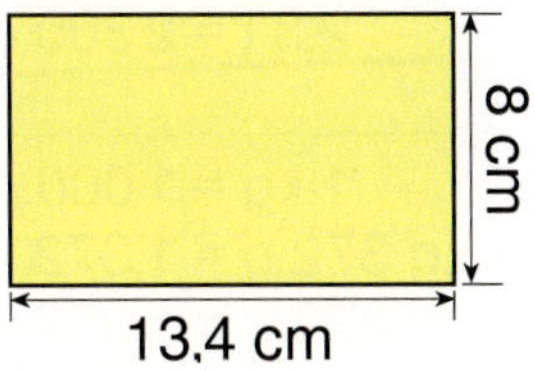

c)
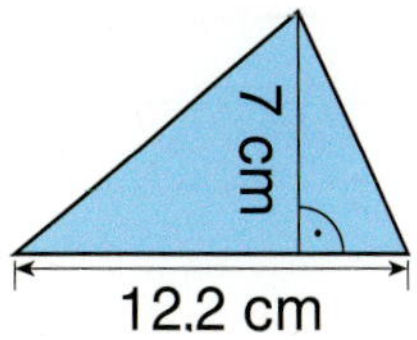

d)
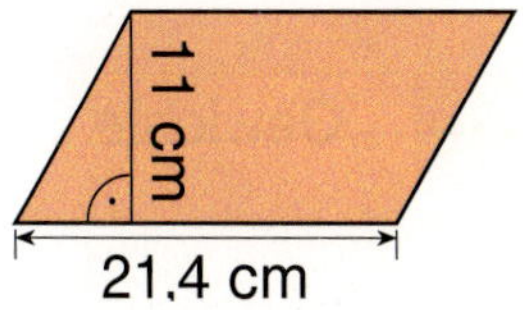

2 Familie Hüsken hat eine neue Wohnung bezogen. Lisa und David bekommen eigene Zimmer.

a) Wie groß ist das Zimmer von Lisa?

b) Wie groß ist das Zimmer von David?

c) Beide Zimmer werden mit Teppichboden ausgelegt. 1 m^2 Auslegeware kostet 29 €. Wie hoch sind die Kosten für beide Räume?

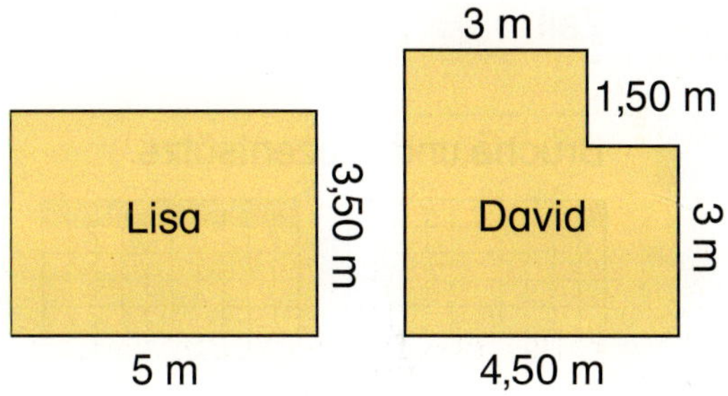

3 Welcher Körper kann aus dem Netz gefaltet werden?

a)
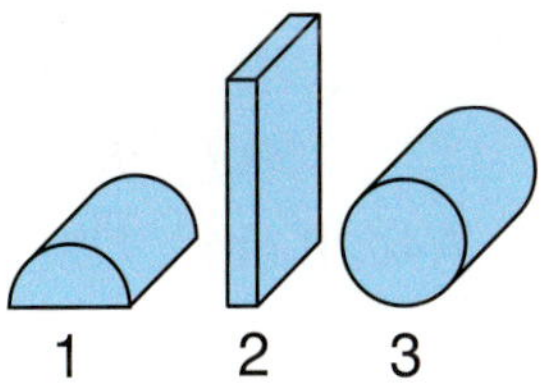

b)
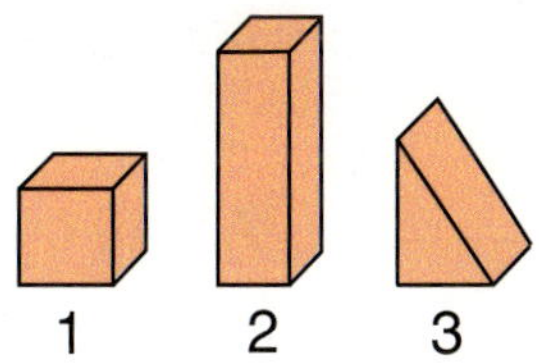

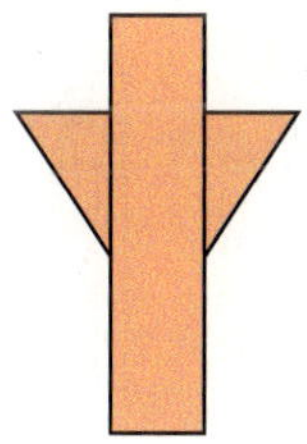

4 Berechne das Volumen der Säule.

a)
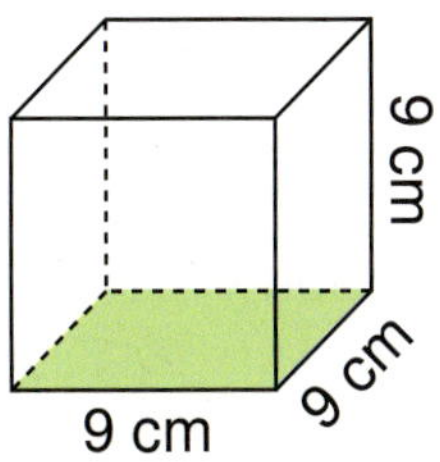

b)
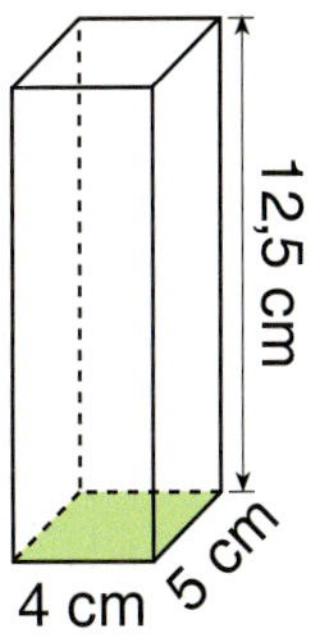

c)
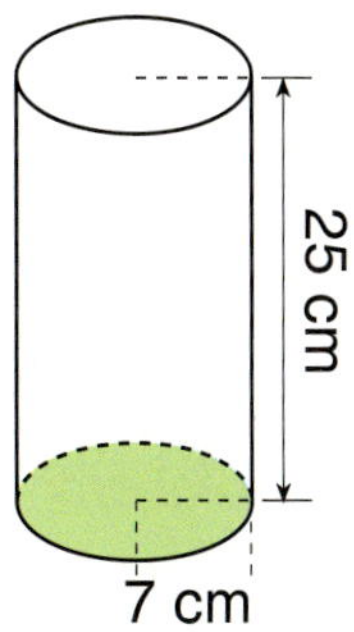

d)
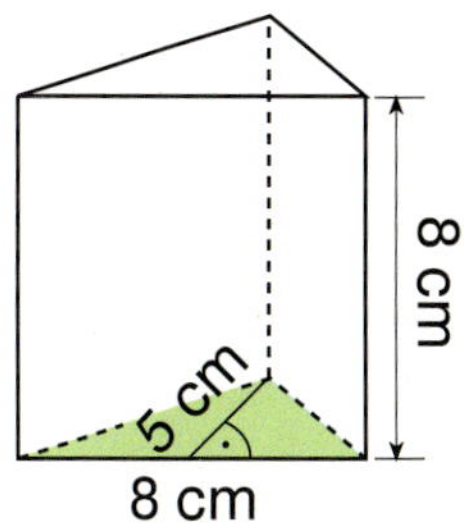

Grundwissen

Längen

1 cm = 10 mm | 1 m = 100 cm | 1 km = 1 000 m
2 cm 7 mm = 2,7 cm | 1 m 8 cm = 1,08 m | 1 km 275 m = 1,275 km
27 mm = 2,7 cm | 108 cm = 1,08 m | 1 275 m = 1,275 km

Raum- und Hohlmaße

1 l = 1 000 cm^3 | 1 m^3 = 1 000 l
2,3 l = 2 300 cm^3 | 1,2 m^3 = 1 200 l

Gewichte

1 kg = 1 000 g | 1 t = 1 000 kg
1 kg 372 g = 1,372 kg | 1 t 485 kg = 1,485 t
1 372 g = 1,372 kg | 1 485 kg = 1,485 t

Zeit

1 min = 60 s | 1 h = 60 min | 1 Tag = 24 h

Brüche und Prozentsätze

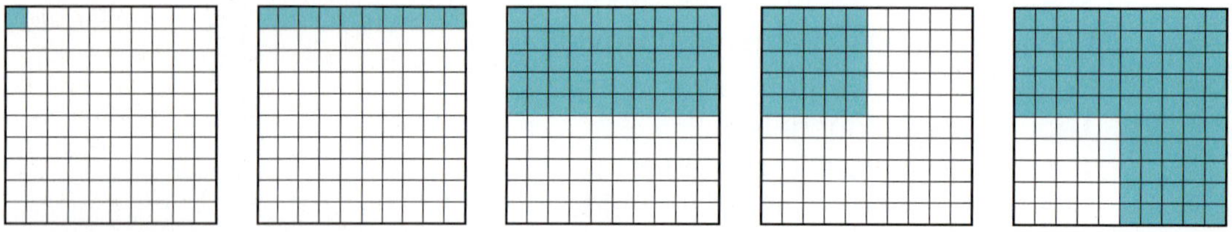

$\frac{1}{100} = 1\%$ $\frac{1}{10} = \frac{10}{100} = 10\%$ $\frac{1}{2} = \frac{50}{100} = 50\%$ $\frac{1}{4} = \frac{25}{100} = 25\%$ $\frac{3}{4} = \frac{75}{100} = 75\%$

Berechnungen in der Geometrie

Rechteck

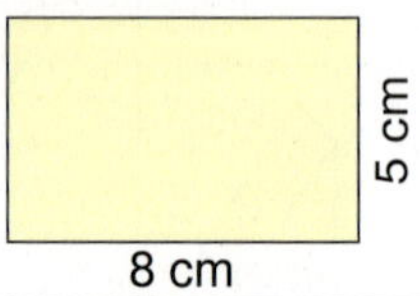

A = a · b

8 · 5

A = 40 cm^2

Parallelogramm

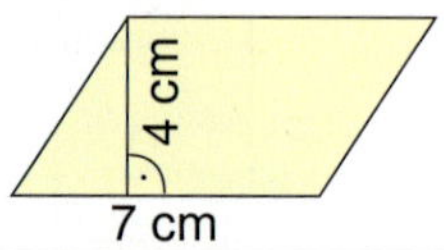

A = g · h

7 · 4

A = 28 cm^2

Dreieck

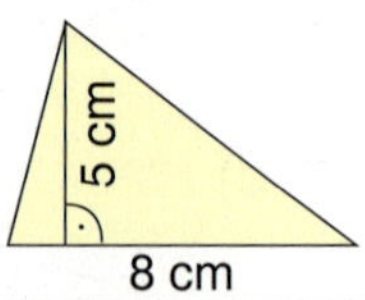

$A = \frac{g \cdot h}{2}$

$\frac{8 \cdot 5}{2}$

A = 20 cm^2

Kreis

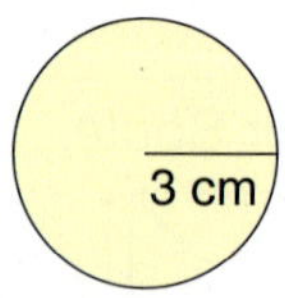

A = π · r · r | u = 2 · π · r

3,14 · 3 · 3 | 2 · 3,14 · 3

A = 28,26 cm^2 | u = 18,84 cm

Quader

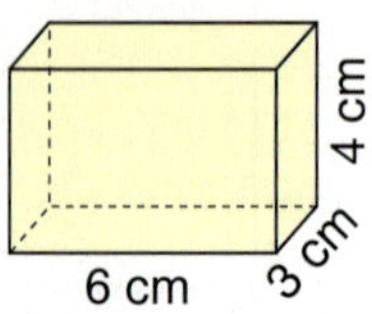

V = a · b · c

6 · 3 · 4

V = 72 cm^3

Säule

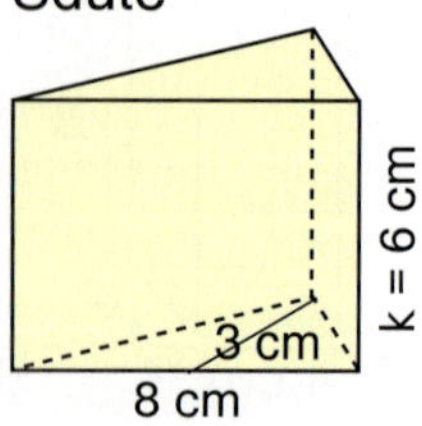

Grundfläche G:
G = 12 cm^2

Volumen V:
V = G · k

12 · 6

V = 72 cm^3